CAL NEWPORT

EINE WELT OHNE E-MAIL

Für Max, Asa und Josh:

Möge eure Zukunft nicht vom Posteingang bestimmt sein.

CAL NEWPORT

EINE WELT OHNE E-MAIL

Konzentrierter arbeiten
in der Kommunikationsflut

Übersetzung aus dem Englischen
von Friederike Moldenhauer

REDLINE | VERLAG

Bibliografische Information der Deutschen Nationalbibliothek:
Die Deutsche Nationalbibliothek verzeichnet diese Publikation in der Deutschen Nationalbibliografie; detaillierte bibliografische Daten sind im Internet über http://d-nb.de abrufbar.

Für Fragen und Anregungen:
info@redline-verlag.de

1. Auflage 2021

Übersetzung: Friederike Moldenhauer, Hamburg
Redaktion: Britta Fietzke, Frankfurt a. Main
Umschlaggestaltung: Marc Fischer, München
Umschlagabbildung: grebeshkovmaxim/Shutterstock
Satz: Daniel Förster, Belgern
Druck: GGP Media GmbH, Pößneck
Printed in Germany

ISBN Print 978-3-86881-760-7
ISBN E-Book (PDF) 978-3-96267-142-6
ISBN E-Book (EPUB, Mobi) 978-3-96267-143-3

Wir produzieren nachhaltig
www.m-vg.de

Weitere Informationen zum Verlag finden Sie unter

www.redline-verlag.de

Beachten Sie auch unsere weiteren Verlage unter www.m-vg.de

Inhalt

Einleitung

Das hyperaktive Schwarmdenken

Ende 2010 kam Nish Acharya in Washington D.C. an, bereit, seinen Job anzutreten. Präsident Barack Obama hatte ihn zum Leiter Innovation und Entrepreneurship ernannt und zum leitenden Berater des Wirtschaftsministeriums gemacht. Zu Acharyas Aufgaben zählte die Koordination von 26 verschiedenen Bundesbehörden und über 500 Universitäten, um Fördergelder in Höhe von insgesamt 100 Millionen Dollar zu verteilen. In anderen Worten entwickelte er sich gerade zu einem der typischen Macher aus der Hauptstadt: ständig das Smartphone in der Hand, Nachrichten fliegen hin und her, 24 Stunden am Tag. Aber dann brach das Netzwerk zusammen.

Eines Dienstagmorgens, erst einige Monate, nachdem er seinen neuen Posten angetreten hatte, bekam Acharya eine E-Mail von seinem IT-Verantwortlichen, der ihm erklärte, dass das Büronetzwerk aufgrund eines Computervirus vorübergehend heruntergefahren werden müsse. »Wir gingen alle davon aus, dass sich das innerhalb weniger Tage beheben ließe«, erzählte mir Acharya in einem Interview, das ich später wegen dieses Ereignisses mit ihm führte. Doch diese Vorhersage erwies sich als außerordentlich optimistisch. In der folgenden Woche berief eine Staatssekretärin des Wirtschaftsministeriums eine Besprechung ein und erklärte, dass man davon ausgehe, dass der Virus seinen Ursprung im Ausland habe. Der Heimatschutz empfehle, dass man das Netzwerk bis auf Weiteres – also bis zur Rückverfolgung des Angriffs – abgeschaltet lassen solle. Zur Sicherheit müssten daher die Festplatten aller Computer, Laptops, Drucker – also alle Geräte im Büro mit einem Chip – gelöscht werden.

Eine der wichtigsten Folgen dieses vollständigen Abschaltens war, dass das Büro nun keine E-Mails empfangen oder versenden konnte. Aus Sicherheitsgründen durften generell keine privaten E-Mail-Adressen für die Kommunikation zu Regierungsbelangen verwendet werden. Außerdem verhinderten bürokratische Hürden, übergangsweise die Netzwerke anderer Bundesbehörden zu nutzen. Damit waren Acharya und sein Team praktisch von dem hektischen Pingpong digitaler Nachrichten abgeschnitten, das zur Arbeit übergeordneter Institutionen der US-Bundesregierung einfach dazugehörte. Der Black-out dauerte sechs Wochen. Der Tag, an dem das all dies begann, ging als »Dunkler Dienstag« in die Geschichte von Acharyas Büro ein – man nahm es mit Galgenhumor.

Wenig überraschend verwandelte der plötzliche und unerwartete Ausfall der E-Mails einige Aspekte von Acharyas Arbeit »zu einer ziemlichen Hölle«. Weil der Rest der Regierung nach wie vor von diesem Kommunikationsinstrument abhängig war, fürchtete er, wichtige Meetings oder Anfragen zu verpassen. »Es gab also eine existierende Leitung«, beschrieb er die Situation, »aber ich war davon abgeschnitten.« Auch die Logistik war schwierig. So gehörte es zu Acharyas Aufgaben, zahlreiche Besprechungen anzusetzen, dies war aber ohne E-Mails eine recht mühsame Angelegenheit.

Allerdings geschah etwas, womit Acharya nicht gerechnet hätte: Entgegen seiner Erwartung kam seine Arbeit in diesen sechs Wochen nicht zum Erliegen, sondern er musste stattdessen feststellen, dass er seine Aufgaben tatsächlich *besser* erledigt bekam. Da er bei einer Frage nun nicht mehr die Möglichkeit hatte, einfach kurz eine E-Mail zu schicken, erhob er sich von seinem Schreibtisch, um die betreffende Person persönlich zu sprechen. Weil es nun so schwierig war, diese Besprechungen zu organisieren, plante er längere Termine ein, während deren er die Menschen wirklich kennenlernen und die Feinheiten der Themen begreifen konnte, mit denen sie sich beschäftigten. Wie sich herausstellte, erwiesen sich diese längeren Sitzungen Acharya zufolge als »sehr wertvoll«, gerade für ein neu berufenes Mitglied des Stabs, das versuchte, die subtilen Dynamiken innerhalb der US-Regierung zu verstehen.

Da er in dieser Zeit aber keinen E-Mail-Eingang zwischen den Besprechungen checken musste, entstand eine Phase der kognitiven Ruhe, die Acharya »Leerraum« nannte. Sie ermöglichte es ihm, tiefer in die Forschungsliteratur und Gesetzestexte einzutauchen, die für seine Themenbereiche relevant waren. Aufgrund der ruhigeren und bewussteren Art und Weise, in der er jetzt Denkarbeit verrichtete, kam Acharya auf einige bahnbrechende Ideen, die schließlich die Agenda seiner Behörde für das ganze folgende Jahr bestimmen sollten: »In Washingtons Politikszene nimmt sich niemand diese Zeit. Alle gucken ständig neurotisch auf ihr Handy, um E-Mails zu checken – das aber bremst den Einfallsreichtum.«

In unserem Gespräch über den Dunklen Dienstag und dessen Nachwirkungen fiel mir auf, dass viele Schwierigkeiten, die den Totalausfall zur »Hölle« machten, lösbar schienen. Wie Acharya einräumte, konnte er seine Besorgnis, er wäre vom Kommunikationsstrom abgeschnitten, lindern, indem er täglich das Weiße Haus anrief. Mithilfe dieser Telefonate fand er heraus, welche Sitzungen stattfanden, bei denen er dabei sein musste. Vermutlich hätte auch ein engagierter Assistent oder ein jüngeres Teammitglied diese Anrufe tätigen können. Aber darüber hinaus gab es noch das Ärgernis, Meetings planen zu müssen, aber das hätte ebenso von einem Assistenten oder einer Art automatisiertem System zur Terminplanung übernommen werden können. Kurzum: Scheinbar war es möglich, die grundlegenden Vorteile des E-Mail-Blackouts beizubehalten, während viele der lästigen Begleiterscheinungen vermieden werden konnten. »Was würden Sie von dieser Arbeitsweise halten?«, fragte ich Acharya, nachdem ich ihm meine Vorschläge unterbreitet hatte. Für einen Moment war es still in der Leitung. Ich hatte eine derart absurde Idee vorgeschlagen – nämlich vorübergehend ohne E-Mails zu arbeiten –, dass Acharyas Gedanken einen Moment lang innehielten.

■ ■ ■

Seine Reaktion überraschte mich nicht. Eine allgemein akzeptierte Prämisse moderner Wissensarbeit lautet, dass die E-Mail unsere Rettung sei. Sie verwandelte schwerfällige, altmodische Büros, in denen Sekretärinnen Telefonnotizen und Aktenvermerke auf Papier schrieben, die dann mittels Rollwagen verteilt wurden, in eine schnittigere und effizientere Sache. Dieser Prämisse entsprechend ist es, wenn Sie sich von Hilfsmitteln wie E-Mail oder Messenger-Diensten überfordert fühlen, ein sicheres Zeichen dafür, dass Sie zu Schludrigkeit neigen. Sie müssen ganz einfach Ihren E-Mail-Eingang in konzentrierten Blöcken überprüfen, Ihre Benachrichtigungen abschalten und Ihre Betreffzeilen präziser formulieren! Wenn Ihnen die Belastung durch den Posteingang wirklich zu viel wird, dann muss vielleicht Ihr ganzes Unternehmen seine »Regeln« optimieren, was beispielsweise den Zeitrahmen betrifft, innerhalb dessen eine E-Mail zu beantworten ist. Nie aber wird der Wert konstanter elektronischer Kommunikation grundsätzlich hinterfragt, die unser modernes Arbeiten definiert. Dies gilt als absolut reaktionär und nostalgisch – als würde man etwa den guten alten Tagen der Pferdekutschen oder des romantischen Kerzenlichts hinterherjammern.

Aus dieser Perspektive betrachtet war Acharyas Dunkler Dienstag eine Katastrophe. Aber was ist, wenn wir das Ganze umkehren? Was wäre, wenn E-Mails Wissensarbeit nicht retten würden, sondern wir stattdessen kleine Vorteile gegen große Nachteile bezüglich wahrer Produktivität (keine hektische Betriebsamkeit, sondern *echte* Ergebnisse) eintauschten? Was, wenn dies in den letzten 20 Jahren zu einem *langsameren* Wirtschaftswachstum geführt hätte? Was, wenn unsere Probleme mit diesen Instrumenten nicht auf schlechten Gewohnheiten basierten (die sich leicht ändern ließen), sondern darauf, dass sie unsere Arbeitsweisen unerwartet und drastisch verändert haben? Was, wenn – in anderen Worten – der Dunkle Dienstag keine Katastrophe war, sondern ein Vorgeschmack darauf, wie die innovativsten Führungskräfte und Unternehmer ihre Arbeit in naher Zukunft organisieren werden?

■ ■ ■

Schon seit mindestens fünf Jahren bin ich von der Frage besessen, wie E-Mail unsere Arbeit grundlegend verändert hat. In diesem Prozess war das Jahr 2016 ein wichtiger Wendepunkt, das Jahr, in dem ich ein Buch mit dem Titel *Konzentriert Arbeiten* (*Deep Work)* herausgebracht habe, das sich dann zu einem Überraschungshit entwickelte.

In diesem Buch vertrete ich die Hypothese, dass die Wissensbranche die Konzentrationsfähigkeit unterschätzt. Während die Fähigkeit, mittels digitaler Nachrichten blitzschnell zu kommunizieren, nützlich ist, erschweren die ständigen Unterbrechungen durch diese Tools das Fokussieren. Das wiederum hat mehr Einfluss auf unsere Fähigkeit, wertvollen Output zu produzieren, als wir annehmen. Bei dem Schreiben von *Konzentriert Arbeiten* habe ich nicht viel Zeit auf die Reflexion verwandt, wie es dazu kam, dass wir in der Flut unserer

E-Mails ertrinken, ohne eine Veränderung des Systems vorzuschlagen. Ich dachte, bei diesem Problem gehe es vorwiegend um einen Informationsmangel. Sobald Organisationen oder Firmen die Bedeutung von Konzentration begriffen – so lautete meine Überlegung –, könnten sie ihre Arbeitsweise spielend leicht ändern, um die Prioritäten richtig zu setzen.

Ich musste feststellen, dass ich da etwas zu optimistisch war. Während meiner Lesereise lernte ich sowohl Führungskräfte als auch Angestellte kennen und schrieb in meinem Blog neben weiteren Artikeln über dieses Thema auch für *The New York Times* und *The New Yorker.* Dabei wurde mir bewusst, wie düster und komplex der Istzustand der Wissensbranche ist. Permanente Kommunikation ist nichts, was hin und wieder mal der eigentlichen Arbeit im Wege steht, sondern ist mittlerweile untrennbar damit verknüpft, wie wir arbeiten. Leicht umsetzbare Versuche, die Ablenkungen zu minimieren, indem man schlechte Angewohnheiten ablegt oder kurzlebige Interventionen wie Freitage ohne E-Mail initiiert, werden davon torpediert. Eine echte Verbesserung – das begriff ich nun – würde einen grundsätzlichen Wandel voraussetzen, wie wir unsere beruflichen Aufgaben erledigen. Ebenso begriff ich, dass diese Veränderungen nicht auf die Schnelle zu haben waren: Während es in den frühen 2000er-Jahren noch schick war, sich über diese neue Flut von zu vielen E-Mails zu beschweren, ist daraus mittlerweile ein viel ernsteres Problem geworden. Diese Flut hat inzwischen für viele einen Punkt erreicht, an dem sie ihren eigentlichen produktiven Output nur früh morgens, abends oder am Wochenende schaffen können. Die Werktage hingegen kämpfen sie wie Sisyphos gegen einen überquellenden Posteingang an – eine Herangehensweise, die wahrlich Grund für Kummer ist.

Dieses Buch stellt meinen Versuch dar, dieser Krise zu begegnen. Zum ersten Mal fasse ich die Erkenntnisse darüber, wie wir in diese Kultur der nicht enden wollenden Kommunikation geraten sind, zusammen und stelle die Effekte dar, die sie sowohl auf unsere Produktivität als auch auf unsere geistige Gesundheit hat. Darüber hinaus erkunde ich einige überzeugende Visionen alternativer Arbeitsformen. Die Vorstellung einer Welt ohne E-Mail war derart radikal, dass sie Nish Acharya kalt erwischte. Aber mittlerweile bin ich davon überzeugt, dass eine solche Welt nicht nur umsetzbar, sondern tatsächlich wünschenswert ist. Mein Ziel mit diesem Buch ist es, einen Entwurf für die zu erwartende Revolution zu skizzieren. Bevor ich darstelle, was Sie von den folgenden Seiten erwarten können, müssen wir ein besseres Verständnis des derzeitigen Problems bekommen.

■ ■ ■

Als sich E-Mails in den 1980er- und 1990er-Jahren immer weiter in der Berufswelt verbreiteten, brachten sie eine Neuerung mit: reibungslose Kommunikation im großen Stil. Mit diesem neuen Instrument sanken die beachtlichen Kommunikationskosten hinsichtlich Zeit und sozialem Kapital auf fast Null. Wie der Autor Chris Anderson in seinem Buch *Free* von 2009 bemerkte, können die Dynamiken, Kosten auf Null zu reduzieren »äußerst mysteriös« sein.[1] Das erklärt auch, warum nur wenige Menschen die Veränderungen, die diese kostenlose Kommunikation ausgelöst hat, voraussagten. Nicht nur haben wir die schon existierende Masse an Sprachnachrichten, Faxe und Notizen auf dieses neue, bequeme elektronische Medium verlagert: Wir haben auch die zugrunde liegenden *Arbeitsabläufe* komplett transformiert, die unseren Arbeitsalltag bestimmen. Wie noch nie zuvor führten wir nun einen Dialog. Die zuvor holprige Abfolge einzelner Arbeitsschritte, die unseren Berufsalltag ausmachten, glätteten wir zu einem gleichmäßigen Teppich kontinuierlichen Geredes, in dem die Ecken und Kanten dessen, was wir früher für unsere eigentliche Arbeit hielten, verschmelzen.

Einer Studie zufolge verschickte und erhielt ein durchschnittlicher Angestellter im Jahr 2019 durchschnittlich 126 berufliche E-

Mails täglich. Das heißt, ungefähr alle vier Minuten ging eine Nachricht ein oder aus.[2] Die Softwarefirma RescueTime untersuchte dieses Verhalten mit einer Zeiterfassungssoftware und berechnete, dass ihre Nutzer durchschnittlich alle sechs Minuten nach E-Mails oder in die Nachrichtentools wie Slack schauten.[3] An der University of California, Irvine, führte ein Forscherteam ein ähnliches Experiment durch. Es untersuchte das Verhalten am Computer von vierzig Mitarbeitern eines großen Unternehmens über den Verlauf von zwölf Arbeitstagen. Die Wissenschaftler stellten fest, dass die Angestellten an einem Tag durchschnittlich siebenundsiebzig Mal ihren E-Mail-Eingang kontrollierten – der aktivste von ihnen tat dies mehr als vierhundert Mal täglich.[4] Eine von Adobe durchgeführte Befragung ergab, dass Wissensarbeiter angeben, sich mehr als drei Stunden am Tag mit dem Versenden oder Empfangen beruflicher E-Mails zu beschäftigen.[5]

Das Problem ist also nicht das Instrument an sich, sondern die neue Art zu arbeiten, die damit einherging. Um diese neuen Arbeitsabläufe besser verstehen zu können, definiere ich sie folgendermaßen:

Das hyperaktive Schwarmdenken

Ein Arbeitsablauf, bei dem eine fortwährende Konversation im Zentrum steht, die von unstrukturierten und ungeplanten Mitteilungen angetrieben wird – übermittelt von digitalen Kommunikationsmedien wie E-Mail und Messenger-Diensten.

Der Workflow, die Arbeitsabläufe, des hyperaktiven Schwarmdenkens hat im ganzen Wissenssektor Verbreitung gefunden. Ob Sie nun Softwareprogrammierer, Marketingberaterin, Manager, Zeitungsredakteurin oder Professorin sind – Sie gestalten Ihren Arbeitstag so, dass Sie sich mit den laufenden Dialogen des Schwarmdenkens in Ihrer Organisation beschäftigen. Dieser Arbeitsvorgang bringt uns aber dazu, dass wir uns ein Drittel unserer Arbeitszeit um unseren E-Mail-Eingang kümmern und alle sechs Minuten überprüfen, ob neue Nachrichten eingetroffen sind. Mittlerweile haben wir uns daran gewöhnt, aber wenn man dieses Verhalten im Kontext der jüngeren Vergangenheit betrachtet, dann stellt dies eine dermaßen radikale Verschiebung unserer Arbeitskultur dar, dass sich ein genauerer Blick darauf durchaus lohnt.

Gerechterweise muss man einräumen, dass das hyperaktive Schwarmdenken offensichtlich keine so schlechte Idee ist. Zu den Vorteilen dieses Arbeitsablaufes gehört, dass er einfach und unglaublich anpassungsfähig ist. Wie mir von einem Wissenschaftler erklärt wurde, bestach die E-Mail zum Teil durch die Tatsache, dass dieses eine simple Hilfsmittel bei fast jeder Art von geistiger Arbeit angewendet werden konnte. Es bedurfte einer viel niedrigeren Lernkurve, als für jede einzelne Aufgabenstellung eine andere maßgeschneiderte digitale Anwendung zu erlernen. Unstrukturierte Konversationen sind darüber hinaus eine effektive Methode, unerwartete Problemstellungen zu identifizieren und daraufhin die entsprechenden Reaktionen schnell zu koordinieren.

Doch wie ich im ersten Teil dieses Buches aufzeigen werde, erweist sich der erst durch E-Mail ermöglichte Workflow des Schwarmdenkens als spektakulär ineffektiv. Die Erklärung für dieses Scheitern liegt in unserer Psychologie begründet. Über eine kleine Gruppe von etwa zwei bis drei Personen hinaus ist diese Art unstrukturierter Zusammenarbeit nicht für den Menschen gemacht: Unser Gehirn ist nicht entsprechend entwickelt, um so zu arbeiten. Gründet sich die Arbeit Ihrer Organisation auf Schwarmdenken, dann können Sie weder Ihren Posteingang noch Chats über längere Zeit ignorieren, ohne den gesamten Ablauf auszubremsen. Das ständige Hin und Her des Schwarmdenkens zwingt Sie dazu, Ihre Aufmerksamkeit häufig abwechselnd auf die Arbeit an sich und auf die Kommunikation über Ihre Arbeit zu lenken. Wie ich ausführen werde, zeigt die zukunftsweisende Forschung in der Psychologie und den Neurowissenschaften, dass dieser Wechsel zwischen Kontexten – seien diese auch noch so kurz – viel geistige Energie kostet. Nicht nur wird die kognitive Leistung gemindert, sondern es stellt sich auch ein Gefühl von Erschöpfung und eine reduzierte Effektivität ein. In der Momentaufnahme scheint es, dass die Fähigkeit der schnellen Aufgabenverteilung und Rückmeldungsvergabe zu einer Verschlankung des Prozesses führt, aber wie ich zeigen werde, sorgt sie vermutlich auf lange Sicht dafür, dass die Produktivität *sinkt*, denn es sind für die Bewältigung desselben Arbeitsaufkommens mehr Zeit und höhere Kosten nötig.

In dem ersten Teil des Buchs zeige ich, inwiefern der soziale Aspekt der Arbeitsabläufe gemäß des Schwarmdenkens unseren »sozialen« Schaltkreisen im Gehirn widerspricht. Sie wissen auf rationaler Ebene, dass die sechshundert ungelesenen E-Mails in Ihrem Posteingang nicht entscheidend sind. Daher erinnern Sie sich selbst daran, dass die Verfasser dieser Nachrichten Besseres zu tun haben, als ungeduldig auf Ihre Antwort zu warten, sehnsüchtig auf ihren Monitor zu starren und diese Wartezeit zu verfluchen. Aber ein älterer Teil Ihres Gehirns, der sich mit der Zeit auf die Wahrnehmung des subtilen Gefüges sozialer Verbindungen spezialisiert und so dafür gesorgt hat, dass wir als Spezies seit dem Paläolithikum so wahnsinnig gut gediehen sind, ist beunruhigt. Er sorgt sich, dass Sie Ihren sozialen Verpflichtungen nicht nachkommen. Was diese sozialen Schaltkreise betrifft, versuchen Mitglieder Ihres Stammes, Ihre Aufmerksamkeit auf sich zu ziehen und Sie ignorieren sie – das nimmt Ihr Gehirn als einen Notfall wahr. Dieser permanente Zustand des Unbehagens ist das leise besorgte Hintergrundrauschen, von dem viele Wissensarbeiter glauben, es würde zum Posteingang einfach dazugehören, dabei ist es ein Artefakt einer unglücklichen Diskrepanz zwischen modernen Arbeitsmethoden und vorzeitlichen Gehirnen.

Die einleuchtende Frage lautet also: Warum sollten wir überhaupt einem Arbeitsablauf folgen, der mit so vielen negativen Folgen verbunden ist? Wie ich am Schluss von Teil I erläutern werde, ist die Entstehung des hyperaktiven Schwarmdenkens kompliziert. Es war nie eine aktive *Entscheidung*, sondern ist irgendwie aus eigenem Antrieb so gekommen. Unser Glaube, dass hektische Kommunikation gleichzusetzen sei mit Arbeit, ist hauptsächlich eine aufgeladene Narration, die wir uns selbst erzählen, um den plötzlichen Veränderungen, die von komplexen Dynamiken angetrieben werden, einen Sinn zu verleihen.

Vielleicht sollte uns vor allem der Versuch, die Willkür hinter unserer Arbeitsweise zu verstehen, uns zu einer Suche nach besseren Alternativen motivieren. Darum geht es im zweiten Teil. Hier stelle ich ein Konzept vor, das ich die *Theorie der Aufmerksamkeitsökonomie* nenne. Sie besagt, dass wir Arbeitsabläufe so auf speziell angelegte Prozesse aufbauen, dass sie das meiste aus unseren menschlichen Gehirnen herausholen, gleichzeitig aber unnötige Qualen minimieren. Das mag offensichtlich erscheinen, aber tatsächlich widerspricht es der üblichen Sichtweise, wie Wissensarbeit erledigt wird. Ich werde zeigen, dass wir – geleitet von den Gedanken des äußerst einflussreichen Ökonomen Peter Drucker – davon ausgehen, dass Wissensarbeiter autonome Blackboxes sind. Damit ignorieren wir die Details, wie sie etwa ihre Arbeit erledigen, sondern beschränken uns stattdessen darauf, ihnen klare Ziele und motivationale Führung zu unterstellen. Das ist ein Fehler. Im Wissensbereich liegt zurzeit großes Produktivitätspotenzial brach. Um dieses zu heben, müssen wir uns viel systematischer Gedanken über die Erreichung unseres gemeinsamen Ziels machen: eine Anzahl in Netzwerken verbundener menschlicher Gehirne dazu zu bringen, den größtmöglichen Wert möglichst nachhaltig zu erwirtschaften. Tipp: Die richtige Antwort hat vermutlich nichts damit zu tun, alle sechs Minuten in den E-Mail-Eingang zu schauen.

Ein großer Abschnitt von Teil II untersucht verschiedene Prinzipien für die Anwendung des Aufmerksamkeitsökonomie-Gedankens, um die Arbeitsabläufe auf organisationaler, Team- und individueller Ebene entsprechend zu fördern. Das bedeutet, sich von dem hyperaktiven Schwarmdenken weg und zu stärker strukturierten Ansätzen hinzubewegen. Denn Letztere vermeiden die Probleme, die entstehen, wenn man permanent miteinander kommuniziert, was ich in Teil I ausführlich schildere. Einige der auf diesen Prinzipien basierenden Ideen stammen von innovativen Organisationen, die mit neuen Workflows experimentieren und ungeplante Kommunikation minimieren. Andere Ideen entstanden aus der Praxis komplexer Wissensorganisationen, die schon vor der Erfindung digitaler Netzwerke effektiv gearbeitet haben.

Die Prinzipien, die ich in Teil II beschreibe, verlangen jedoch nicht, dass Sie Nachrichtentools wie E-Mails und Messenger-Dienste aus Ihrem Arbeitsalltag verbannen, denn diese stellen sehr nützliche Kommunikationswege dar und es wäre rückständig, wollte man, nur um des Arguments willen, zu den alten und komplizierteren Vorgehensweisen zurückkehren. Doch diese Prinzipien werden Sie dazu bringen, die digitale Nachrichtenübermittlung von einer selbstverständlichen Gegebenheit auf ein Mittel zu reduzieren, das man hin und wieder einsetzt. Eine Welt ohne E-Mails, wie es der Titel dieses Buches vorschlägt, ist also kein Universum ohne SMTP oder POP3, sondern es ist eine Welt, in der Sie den Großteil des Tages tatsächlich Ihre Aufgaben voranbringen, statt über diese Aufgaben zu sprechen. Ständig kleine Aufträge via E-Mail hin- und herzuschieben, wird es dann nicht mehr geben.

Meine Ratschläge richten sich an ganz verschiedene Leserinnen und Leser. Dazu gehören Geschäftsführer, die den Betrieb ihres Unternehmens anders organisieren möchten, Teams, die effektiver arbeiten wollen, Soloselbstständige sowie Freiberufler, die ihren Produktionswert maximieren wollen, und sogar der einzelne Mitarbeiter, der seine Kommunikation verbessern möchte, indem er sie aus aufmerksamkeitsökonomischer Sicht betrachtet. Entsprechend geht es in den genannten Beispielen nicht nur im Großen um den CEO, der seine Unternehmenskultur drastisch verändern möchte, sondern auch um meine eigenen Experimente im Kleinen mit einem aus der Softwareentwicklung stammenden System, mit dem ich meine administrativen Aufgaben aus meiner Inbox ausgelagert und strukturierter bewältigt bekommen habe.

Nicht jeder Vorschlag aus Teil II kann auf jede Situation angewendet werden. Arbeiten Sie beispielsweise in einer Firma, deren Mitarbeiter schon immer zu den Jüngern des hyperaktiven Schwarmdenkens gehörten, können Sie nur in Grenzen Veränderungen anstoßen, ohne den Zorn dieser auf sich zu ziehen. Daher bedarf es einer besonderen Aufmerksamkeit, die für Sie nützlichen und umsetzbaren Strategien auszuwählen. (Ich versuche Sie bei dieser Auswahl zu unterstützen, indem ich verschiedene Beispiele anführe, wie die Prinzipien in den einzelnen Kontexten funktioniert haben.) Sind Sie Gründer eines Start-ups, haben Sie wahrscheinlich mehr Erfahrung mit radikal neuen Arbeitsprozessen als der Geschäftsführer eines Großunternehmens.

Aber ich glaube fest daran, dass jeder – sei es der einzelne Freiberufler oder eine ganze Organisation – seine Wettbewerbsfähigkeit verbessern wird … Wenn er denn die Arbeitsweise hyperaktiven Schwarmdenkens kritisch reflektiert und daraufhin gewisse Elemente systematisch durch Prozesse ersetzt, die besser an die Struktur des menschlichen Gehirns angepasst sind. Die Zukunft der Arbeit wird immer kognitiver sein. Das bedeutet, je früher wir die wahre Funktionsweise des Gehirn ernst nehmen und Strategien entwickeln, die diesen Voraussetzungen am besten entsprechen, desto schneller wird uns bewusst, dass das hyperaktive Schwarmdenken zwar bequem, aber katastrophal ineffektiv für die Organisation unserer Arbeit ist.

Daher sollte man dieses Buch nicht als rückständig oder technologiefeindlich abtun. Ganz im Gegenteil – seine Botschaft ist zutiefst zukunftsorientiert. Wenn wir das ganze Potenzial digitaler Netzwerke in unserem beruflichen Umfeld ausschöpfen wollen, dann müssen wir kontinuierlich und offensiv weiter an der Optimierung ihrer Nutzung arbeiten. Gegen die Mängel des hyperaktiven Schwarmdenkens anzugehen, ist keineswegs der Akt einer technologiefeindlichen Revolte … Wenn überhaupt, besteht die wahre Fortschrittsbremse darin, dieses stumpfe Arbeitsinstrument der Bequemlichkeit halber zu nutzen, obwohl es Wege der deutlichen Verbesserung gibt.

Diesem Ansatz zufolge ist eine Welt ohne E-Mail kein Schritt zurück, sondern ein Schritt nach vorn – in eine aufregende technologische Zukunft, die wir erst langsam beginnen zu verstehen. In der Wissensarbeit gibt es noch keinen Henry Ford, aber Arbeitsabläufe optimierende Innovationen werden denselben Einfluss bekommen wie seine Erfindung des Fließbands – das ist unvermeidlich. Unsere Zukunft kann ich nicht im Einzelnen voraussagen, aber ich bin davon überzeugt, dass der Blick in den E-Mail-Eingang alle sechs Minuten nicht dazugehören wird. Diese Welt ohne E-Mail wird kommen, und ich hoffe, dieses Buch trägt dazu bei, dass Sie von ihren Möglichkeiten genauso begeistert sind wie ich.

TEIL I

Die Causa E-Mail

1

E-Mails senken die Produktivität

DIE VERBORGENEN KOSTEN DES HYPERAKTIVEN SCHWARMDENKENS

Als ich Sean kennenlernte, berichtete er mir von der Kommunikation in seinem Büro, und mir kam dies alles sehr bekannt vor. Er war Mitbegründer einer kleinen Technologiefirma, die Anwendungen für den internen Bereich großer Organisationen entwickelte. In dem Londoner Büro waren sieben Angestellte mit dieser Aufgabe beschäftigt, die alle bekennende Verfechter des hyperaktiven Schwarmdenkens und entsprechender Arbeitsweisen waren. »Gmail war bei uns immer geöffnet«, erklärte mir Sean. »Wir haben alles per E-Mail gemacht.« Sobald Sean morgens die Augen aufschlug, fing er sofort an, Nachrichten zu schreiben und zu lesen – so ging das bis nach Feierabend. Einer von Seans Mitarbeitern bat ihn sogar, spät abends keine E-Mails mehr zu schicken, denn allein das Wissen, dass sich die E-Mails seines Chefs morgens im Posteingang stapelten, stresste ihn.

Doch dann legte die Überaktivität noch einen Gang zu. »Es gab diesen Hype über Slack, also beschlossen wir, diesen Instant-Messaging-Dienst auszuprobieren.« Die Anzahl der hin- und hergeschickten Textnachrichten stieg insbesonders, als ein anstrengender Kunde Zugang zu den Firmenchannels bekam. Was es diesem ermöglichte, Kontrolle auszuüben und Fragen zu stellen, wann immer er dazu Lust hatte. Sean erinnerte sich: »Andauernde Unterbrechungen, jeden Tag.« Er spürte, dass seine Aufmerksamkeit zwischen den Nachrichten und seiner Aufgabe vor und zurück peitschte, bis er schließlich nicht mehr klar denken konnte. Irgendwann hasste er den Ton des Nachrichteneingangs: »Ich hasste es – und kriege heute noch Gänsehaut von diesem Geräusch.« Sean fürchtete, dass diese mentale Plackerei seine Firma ineffektiver machte. »Ich habe bis nachts um eins gearbeitet«, erklärte er, »weil das die einzige Zeit war, in der ich nicht abgelenkt wurde.« Darüber hinaus kamen ihm Zweifel, ob all dieses unaufhörliche Geplapper überhaupt notwendig war. Als er sich anschaute, wie sein Team Slack nutzte, fand er heraus, welche die häufigste Funktion bei ihnen war: das Plug-in, das animierte GIFs in die Nachrichten einfügte. Sean erkannte den neuesten Tiefpunkt, als zwei seiner Projektleiter plötzlich kündigten. »Sie waren ausgebrannt.«

■ ■ ■

Sean ist nicht der Einzige, der das Gefühl hat, dass dieses ganze digitale Hin und Her unserer Produktivität schadet. Im Herbst 2019 lud ich meine Leser dazu ein, im Rahmen meiner Recherchen zu diesem Buch an einer Umfrage zum Thema E-Mail und verwandten Anwendungen wie Slack im Beruf teilzunehmen. Über 1.500 Leser folgten diesem Aufruf und viele von ihnen teilten Seans Frust. Dabei ging es nicht um die Programme an sich, die offensichtlich eine effiziente Kommunikationsart sind, sondern darum, dass sie die Arbeitsabläufe, die das hyperaktive Schwarmdenken hervorruft, erst ermöglichen. Ein Teil dieser Umfrageantworten betrafen die schiere Anzahl der Kommunikationsschritte, die durch diesen Workflow generiert würden.

»Jeden Tag gibt es dieses Sperrfeuer aus E-Mails, in denen es um Terminabsprachen und Deadlines geht, und sie sind nicht mal sinnvoll«, beklagte Art, ein Rechtsanwalt. George, ebenfalls Anwalt, verglich seinen Posteingang mit »einer Lawine von Nachrichten«, in der Wichtiges untergehe.

Ein anderer Themenschwerpunkt befasste sich mit der Ineffektivität, wenn Klärungen in einen endlosen Dialog ausarten. »Dass E-Mails asynchron verfasst werden, ist Fluch und Segen zugleich«, kommentierte eine Finanzanalystin namens Rebecca. »Es ist insofern ein Segen, als dass ich eine Frage stellen oder eine Aufgabe delegieren kann, ohne eine bestimmte Person dafür ausfindig machen zu müssen. Der Fluch besteht darin, dass unterschwellig immer die Erwartung da ist, dass wir rund um die Uhr unsere E-Mails checken und umgehend reagieren.« Ganz ähnlich beklagte ein IT-Projektmanager: »Eine einfache E-Mail-Anfrage, die man innerhalb weniger Stunden hätte bearbeiten können, kann einen unglaublichen Schwanz an weiteren E-Mails hinter sich herziehen, der von immer mehr Leuten in cc gelesen wird.« Eine Angestellte aus der öffentlichen Verwaltung merkte an, dass die Tatsache, dass diese Kontakte digital stattfinden, dazu führe, dass die Nachrichten »übermäßig formal« und »weniger kreativ oder auf den Punkt« seien. Sie führte ihren Gedanken weiter aus: »Ein Projekt oder eine Aufgabe, die ziemlich einfach von einer Arbeitsgruppe gemeinsam an einem Tisch erledigt werden könnte, wird viel komplizierter, wenn man versucht, das ganze Gespräch per E-Mail zu führen – es geht immer hin und her.«

Ein anderes weit verbreitetes Argument dafür, dass E-Mails die Produktivität hemmen, lautet, sie sorgten dafür, dass man viel mehr irrelevante Informationen verarbeiten müsse. »Die laufenden Updates, die ich erhalte, sind frustrierend ... das hat nichts mit meinen Aufgaben zu tun«, beklagte sich Jay, ein Lehrer. »Mittlerweile glauben die Leute, dass das Schreiben von E-Mails wirklich ›arbeiten‹ bedeute«, schrieb die Redakteurin Stephanie. »Das Schreiben von E-Mails hat eine performative Dimension, insbesondere wenn man alle in cc setzt. So etwa ›Guck mal, wie viel Arbeit ich erledige‹. Das nervt.« Andrea, eine Personalberaterin, formulierte es folgendermaßen: »Bei mindestens der Hälfte der E-Mails bleiben immer noch Fragen offen … Es fühlt sich teilweise so an, als würden manche einfach eine E-Mail losschicken, ohne sich zu überlegen, ob und wie ich sie beantworten könnte.«

Nicht nur bei Sean, sondern auch bei meinen Lesern kamen Messenger-Dienste wie Slack nicht gut weg. Viele, die meine Umfrage beantworteten, brachten mit ihnen nur noch die gesteigerte Erwartung an noch schnellere Reaktionszeiten in Verbindung. »Slack ist einfach nur eine Kette von Messages. Es lädt die Leute dazu ein, fast unbegrenzt zu posten«, stellte ein Führungskräfte-Coach namens Mark fest. »Es ist fürchterlich.«

Natürlich sind die obigen Berichte nur anekdotenhaft. Aber wie ich noch ausführen werde, sind laut der relevanten Literatur zu dem Thema die von meinen Lesern geschilderten Probleme sogar noch schlimmer, als sie selbst sie wahrnehmen. Vielleicht haben E-Mails dazu geführt, dass bestimmte Tätigkeiten effizienter erledigt werden. Doch die Wissenschaft zeigt, dass die Arbeitsweise des hyperaktiven Schwarmdenkens, die durch diese Technologie erst ermöglicht wurde, für die allgemeine Produktivität bislang katastrophal ist.

DER STETE, STETE MULTITASKING-WAHN

Ende der 1990er-Jahre befand sich Gloria Mark in einer beneidenswerten beruflichen Situation, denn ihre Forschung beschäftigte sich mit dem Bereich der computergestützten kollaborativen Arbeit (*computer-supported collaborative work*, CSCW). Wie der Name verrät, untersucht CSCW, wie die entstehende Technologie Menschen bei einer produktiveren Zusammenarbeit hilft. Seit seinem Aufkommen in den

1970er-Jahren konzentrierte sich CSCW auf so trockene Themen wie Management-Informationssysteme und Prozessautomation. Das Fach nahm in den 1990er-Jahren erneut Fahrt auf, als Computernetzwerke und das Internet dafür sorgten, dass Arbeit ganz anders angegangen werden konnte.

Zu jener Zeit war Mark bei dem Forschungszentrum Informationstechnik in Bonn tätig. Wie sie mir erzählte, konnte sie dort »an allem arbeiten, was mich interessierte«. Praktisch hieß das, dass sie in einige wenige Projekte »tief eintauchen« konnte, bei denen es meist um neue Kollaborationssoftware ging, wie beispielsweise die Arbeit an einem medienübergreifenden System DOLPHIN. Dessen Zweck war die Optimierung von Besprechungen. Ein anderes, PoliTeam, sollte dazu dienen, die Schreibarbeiten innerhalb von Ministerien zu vereinfachen. Wie es nun mal üblich ist, verbrachte Mark ihre Mittagspause mit den Kollegen und Kolleginnen. Nach der ausgedehnten Mahlzeit ging sie mit ihnen eine »Runde« über das Institutsgelände und sie diskutierten ihre Ideen während dieses Verdauungsspaziergangs. »Auf dem Gelände stand ein Schloss [das Frauenhofer-Institutszentrum Schloss Birlinghoven], das war wunderschön«, erzählte sie mir.

Im Jahr 1999 beschloss Mark, wieder in ihre Heimat, die USA, zurückzukehren. Ihr und ihrem Mann war es gelungen, eine Stelle an der University of California, Irvine zu bekommen. So packten sie also ihre Sachen, verabschiedeten sich von den intensiven Arbeitssessions, den entspannenden Mittagspausen und nachmittäglichen Spazierrunden um das Schloss, und zogen gen Westen los. Nachdem sie ihren neuen Job angetreten hatte, fiel Mark auf, wie *beschäftigt* alle schienen. »Es fiel mir wirklich schwer, mich zu konzentrieren«, erinnerte sie sich, »denn ich hatte all diese verschiedenen Projekte, mit denen ich mich auseinandersetzen musste.« Schnell verblasste die Erinnerung an die ausgedehnten Mittagspausen in Deutschland. »Ich hatte kaum die Zeit, um mir ein Sandwich oder einen Salat zu besorgen. Und wenn ich wieder zurückkam, sah ich, wie all meine Kollegen ihr Mittagessen an ihrem Schreibtisch vor dem Monitor aßen.« Mark beschäftigte die Frage, wie verbreitet diese Arbeitsgewohnheiten waren, und überzeugte eine Firma in Irvine davon, mit einem Forschungsteam den Büroalltag zu begleiten. Sie schauten der vierzehnköpfigen Arbeitsgruppe aus dem Wissenssektor drei Tage lang über die Schulter und dokumentierten haarklein, womit sie ihre Zeit am Arbeitsplatz verbrachten. Das Ergebnis ist mittlerweile eine berühmte – oder berüchtigte, je nach Perspektive – Studie, die 2004 bei einer Konferenz über die Interaktion von Mensch und Computer vorgestellt wurde. »Constant, Constant, Multitasking Craziness«[1] (Der stete, stete Multitasking-Wahn) lautete ihr provokanter Titel. So nämlich beschrieb eine Untersuchungsteilnehmerin ihren typischen Arbeitstag.

»Unsere Studie bestätigt, was viele unserer Kollegen und wir selbst schon seit längerer Zeit im Alltag beobachtet haben: Die Arbeit mit Information läuft sehr fragmentiert ab«, formulieren es Mark und ihr Koautor Victor González in der Diskussion ihrer Ergebnisse. »Was uns allerdings überraschte, war, wie sehr diese Arbeit zerstückelt ist.« Die Haupterkenntnis dieses Papers lautet, dass – sobald formal angesetzte Besprechungen abgeschafft wurden – alle beobachteten Untersuchungsteilnehmer durchschnittlich *alle drei Minuten* ihre Aufmerksamkeit einer anderen Aufgabe zuwandten. Die Erfahrung, die Mark machte, als sie ihre Arbeit in Kalifornien anfing, nämlich plötzlich in alle Richtungen gezerrt zu werden, war nicht nur subjektiv. Vielmehr war dies anscheinend ein Merkmal eines Arbeitsalltags, das sich allmählich in der gesamten Wissensarbeit ausbreitete.

Auf meine Frage hin, was die Ursache dieser Zerfaserung war, antwortete Mark ohne Zögern mit »E-Mail«. Zu diesem Schluss kam sie teilweise durch die Lektüre der einschlägigen Literatur. Spätestens seit den 1960er-Jahren erforschten Wissenschaftler, wie Manager ihre Arbeitszeit verbringen. Obwohl sich die verschiedenen aufgezeichneten Kriterien über die Jahre verändert haben, blieben doch zwei Faktoren gleich: »planmäßige Sitzungen« und »Schreibtischarbeit«. Forschungsergebnisse zu diesen beiden Kategorien arbeitete Mark aus Studien ab 1965 heraus. Im Jahr 2006 führte sie abschließend ihre ursprüngliche Studie über den Multitasking-Wahn erneut durch.

Mark erstellte eine Tabelle mit allen Daten, aus der ein klarer Trend ersichtlich wurde. Zwischen 1965 und 1984 verbrachten die untersuchten Mitarbeiter ca. 20 Prozent ihres Arbeitstages mit Schreibtischarbeit und ca. 40 Prozent mit termingebundenen Meetings. In den Untersuchungen ab 2002 sind die Anteile ungefähr vertauscht. Wie kam es zu dieser Verschiebung? Wie Mark betont, »waren E-Mails dann weit verbreitet«[2] in dem untersuchten Zeitraum zwischen 1984 und 2002.

Sobald sich E-Mails am modernen Arbeitsplatz durchgesetzt hatten, mussten sich Menschen zur Besprechung ihrer Aufgaben nicht länger in einem Raum gegenübersitzen, sie konnten nun einfach elektronische Nachrichten verschicken, wie es ihnen passte. Da das Bearbeiten von E-Mails in diesen Studien als »Schreibtischarbeit« zählte, verringert sich die Zeit, die in Besprechungen verbracht wird, um die Zeit, die man nun am Schreibtisch sitzt. Im Gegensatz zu persönlichen Besprechungen entwickeln sich jedoch Gespräche, die in E-Mails geführt werden, asynchron. Normalerweise vergeht eine gewisse Zeit zwischen dem Absenden einer Nachricht und deren Lesen. Das bedeutet, dass die kondensierte Interaktion, die früher das Merkmal synchroner Besprechungen war, nun auf eine größere Zeitspanne verteilt wird: Im Laufe des Tages entsteht ein eigener Rhythmus durch das wiederholte kurze Checken des Posteingangs. Laut Marks und Gonzáles' Studie dauerte ein durchschnittliches termingebundenes Meeting ca. 42 Minuten. Im Gegensatz dazu beträgt die durchschnittliche Zeit, um in den Posteingang zu schauen, bevor man sich wieder etwas anderem zuwendet, nur zwei Minuten und 22 Sekunden. Interaktion beschränkt sich nun auf kleine Zeitabschnitte, die alle anderen typischen Aufgaben eines Wissensarbeiters fragmentieren.

In diesen unscheinbaren Datentabellen in den Forschungspapers von CSCW, die vor über zehn Jahren veröffentlicht worden sind, finden sich einige der ersten empirischen Belege für meine Hypothese des hyperaktiven Schwarmdenkens, die ich in der Einleitung angerissen habe. Da man bekanntlich nicht zu viel Gewicht auf eine einzelne Studie legen sollte, ist es gut, dass andere Forscher ebenfalls anfingen, sich ähnliche Fragen zu stellen, während Gloria Mark die Transformation von Wissensarbeit durch Kommunikationstechnologie untersuchte.

Ein Forschungsbeitrag, der 2011 in dem Magazin *Organizational Studies* erschien, dokumentierte die Wiederholung von Marks und González' Pionierstudie, bei der dieses Mal vierzehn Angestellte einer australischen Telekommunikationsfirma begleitet wurden. Die Wissenschaftler fanden heraus, dass die untersuchten Mitarbeiter ihren Arbeitstag in 88 klar von einander getrennte »Episoden« einteilten, von denen 60 der Kommunikation galten.[3] In der Zusammenfassung heißt es: »Diese Daten … stützen anscheinend die Annahme, dass Wissensarbeiter sehr fragmentierte Arbeitstage erleben.« Mit ihrem Team untersuchte Gloria Mark 2016 die Angewohnheiten von Angestellten der Forschungsabteilung eines großen Unternehmens. Mithilfe von Tracking-Software ermittelten die Forscher, dass die Mitarbeiter durchschnittlich über 77-mal am Tag ihre E-Mails überprüften.[4]

Forschungsarbeiten, die sich mit der durchschnittlichen Anzahl von gesendeten und erhaltenen E-Mails pro Tag beschäftigen, zeigen ebenfalls einen Trend zu zunehmender Kommunikation auf: Im Jahr 2005 waren es noch 50 E-Mails pro Tag,[5] 2006 schon 69[6] und 2011 war die Zahl auf 92[7] angestiegen. Die Technologieforschungsfirma Radicati Group veröffentlichte in ihrem Bericht von 2015 die Prognose, dass im Jahr 2019, als ich mit meiner Arbeit an diesem Kapitel begann, ein Berufstätiger am Tag durchschnittlich 126 E-Mails schicken und erhalten würde.[8]

Diese gesamte Recherche dokumentierte also eingehend sowohl den Anstieg als auch die realen Arbeitsabläufe des hyperaktiven Schwarmdenkens im Wissenssektor seit 2006. Aber die genannten

Studien sind nur ein kleiner Ausschnitt unseres derzeitigen Dilemmas, denn die Untersuchungen bezogen sich nur auf maximal einige Dutzend Angestellte und einige wenige Tage. Um ein umfassenderes Bild davon zu bekommen, was eigentlich in einem normalen Büro vorgeht, das mit digitalen Netzwerken arbeitet, müssen wir uns die Ergebnisse einer kleinen Softwarefirma anschauen. RescueTime beschäftigt sich mit dem Thema Produktivität und hat in den letzten Jahren still und heimlich mithilfe eines Wissenschaftsduos eine bemerkenswerte Datenmenge erhoben, die es wie noch nie zuvor erlaubt, einen Blick in die Feinheiten der Kommunikation von modernen Wissensarbeitern zu werfen.

■ ■ ■

Das wichtigste Produkt von RescueTime ist das gleichnamige Zeiterfassungstool, das auf verschiedenen Endgeräten im Hintergrund mitläuft und aufzeichnet, wie viel Zeit man mit den diversen Applikationen und Webseiten verbringt. Die Unternehmensgeschichte geht ins Jahr 2006 zurück, als eine Gruppe von Entwicklern von Webapplikationen die Nase voll hatte, jeden Tag schwer zu schuften, um am Ende doch nur das Gefühl zu haben, nichts geschafft zu haben. Von der Neugier getrieben wollten sie herausfinden, wo ihre ganze Zeit geblieben war, und schusterten ein paar Skripte zusammen, um ihre Tätigkeiten zu tracken. Wie Robby MacDonnell, der aktuelle CEO von RescueTime, mir erzählte, machte ihr Experiment unter ihren Freunden schnell die Runde: »Immer mehr Leute wollten mithilfe unserer Applikation herausfinden, wie es bei ihnen aussah.« Im Winter 2008 hatte ihre Idee das Interesse des angesehenen Inkubators Y Combinator in Kalifornien gewonnen und die Firma wurde gegründet.

Das Hauptziel von RescueTime besteht darin, den einzelnen Nutzern eine eingehende Rückmeldung bezüglich ihrer Tätigkeiten zu geben und ihnen somit eine Steigerung ihrer Produktivität zu ermöglichen. Da das Tool eine Webanwendung ist, werden alle Daten auf zentralen Servern gespeichert und man kann daher die Daten von Zehntausenden Usern zusammenfassen und analysieren. Nach einigen Fehlstarts war RescueTime entschlossen, diese Analysen gründlich durchzuführen. Im Jahr 2016 stellten sie zwei Datenwissenschaftler in Vollzeit ein, die die Daten in das richtig Format brachten, um die Trends zu extrahieren, während gleichzeitig die Privatsphäre der Kunden gewahrt blieb. Dann machten sie sich daran, zu ergründen, wie diese modernen, zielorientierten Wissensarbeiter im Alltag ihre Zeit verbrachten. Die Ergebnisse waren erstaunlich.

In einem Bericht von 2018 wurde das anonymisierte Verhalten von über 50 000 aktiven Nutzern der Zeiterfassungssoftware analysiert.[9] Wie sich zeigte, schaute die Hälfte dieser Nutzer alle sechs Minuten oder noch häufiger in ihre Kommunikationskanäle, wie E-Mail und Slack. Der häufigste Intervall, in dem Nachrichten gecheckt wurden, lag sogar bei *einmal in der Minute*. Mehr als ein Drittel der analysierten Nutzer schauten alle drei Minuten oder häufiger in ihrem Postfach nach. Dabei muss man bedenken, dass diese Durchschnittswerte vermutlich sogar noch höher sind, denn es wurden auch Phasen berücksichtigt, in denen die Mitarbeiter nicht an ihren Monitoren saßen, etwa in der Mittagspause oder während persönlicher Gespräche. (Als es darum ging, die durchschnittlichen Zeiten zu berechnen, in denen die Probanden ihre Aufmerksamkeit von einem Thema zum anderen lenkten, berücksichtigte Gloria Marks Studie im Vergleich dazu nicht die Zeit, die mit angesetzten Besprechungen verbracht wurde.)

Um zu verstehen, wie rar Phasen ohne Unterbrechungen waren, berechneten die Datenwissenschaftler von RescueTime ebenfalls den längsten Intervall, den jeder Nutzer ungestört arbeitete, also ohne die E-Mails oder Messenger-Nachrichten zu checken. Bei der Hälfte der untersuchten Personen dauerte der längste Intervall ohne Ablenkung nicht länger als 40 Minuten, am häufigsten betrug dieser Intervall nur mickrige 20 Minuten. Mehr als zwei Drittel der Nutzer erlebten in dem untersuchten Zeitraum nie mehr als eine Stunde ohne Unterbrechungen. Madison Lukaczyk, eine der Datenwissenschaftler, legte eine Tabelle mit ihren eigenen Kommunikationsdaten offen, um diese Beobachtungen anschaulicher zu machen. Während der gesamten Arbeitszeit von sieben Tagen hatte Lukaczyk nur acht Zeitblöcke von über 30 Minuten Länge, in denen sie keine ihrer Kommunikationstools öffnete. Das ergibt durchschnittlich pro Tag etwas mehr als eine dieser ablenkungsfreien Phasen. (Und das für eine Person, die ihr Geld damit verdient, Ablenkung durch Technologie zu untersuchen!)

In einem thematisch ähnlich angelegten Bericht versuchten die Datenwissenschaftler von RescueTime den Zusammenhang zwischen Kommunikation und Produktivität herzustellen, indem sie sich auf die Phasen beschränkten, die ihre Nutzer nach eigenen Angaben als »produktiv« bezeichneten.[10] Für jeden Nutzer teilten sie diese produktiven Phasen in Fünf-Minuten-Abschnitte auf und suchten nach den Abschnitten, in denen sie *weder* E-Mails noch Instant-Messenger-Apps checkten. Diese isolierten Abschnitte entsprachen ungefähr der ablenkungsfreien produktiven Arbeitszeit. Der durchschnittliche Nutzer in dieser Untersuchung hatte insgesamt täglich nur 15 solcher ununterbrochenen Phasen produktiver Arbeitszeit. Etwas deutlicher: Es geht hier nicht um 75 Minuten *am Stück*, sondern um die Abschnitte aufmerksamer produktiver Arbeit auf den gesamten Arbeitstag verteilt.

Die Schlussfolgerung aus diesen Daten von RescueTime sind spektakulär: Es dauert fast nie länger als einige Minuten, bis der moderne Wissensarbeiter die nächste E-Mail oder Message sendet oder liest. Zu behaupten, wir würden zu häufig unsere Nachrichten checken, ist untertrieben: In der Realität nutzen wir elektronische Kommunikationsmittel *kontinuierlich*.

Was in der Analyse der eben dargestellten Datensätze fehlt, ist ein Eindruck, was in den ganzen E-Mails steht, die wir ständig im Laufe des Tages verschicken. Um diese Lücke zu füllen, bat ich die 1.500 Teilnehmer meiner Umfrage, sich einen typischen Tag aus den vorangegangen Wochen herauszunehmen und die eingegangenen E-Mails den folgenden sieben Kategorien zuzuordnen: Planung (Meetings ansetzen, Telefonate arrangieren etc.), Information (nach meiner Definition: Eine Antwort auf die E-Mail war unnötig), Verwaltungsaufgaben, Diskussionen, Kundenkommunikation, Persönliches und Diverses.

Ich war neugierig, welche Art berufliche E-Mails wohl bei meinen Lesern am häufigsten vorkamen. Zu meiner Überraschung waren *alle Kategorien* vertreten. Die durchschnittliche Anzahl der eingegangenen E-Mails zu den Themen Planung, Verwaltung, Diskussion, Kundenkommunikation und Diverses betrug zwischen acht und zehn pro Tag. Um Persönliches ging es nur unwesentlich seltener. Der einzige Ausreißer waren die E-Mails, die allein der Information dienten, es waren durchschnittlich 18 pro Tag.

Zusammengenommen führen uns diese unterschiedlichen Beobachtungen zu einer klaren, aber irritierenden Sicht auf die Interaktion im modernen Büroumfeld. Der Gedanke, Kommunikationstools würden nur gelegentlich die Arbeit unterbrechen, erweist sich als unzutreffend. In einem realistischeren Modell teilen Wissensarbeiter ihre Aufmerksamkeit im Prinzip zwischen zwei parallelen Tätigkeitsbereichen auf: einerseits Aufgaben erledigen und andererseits die stets präsente, permanente und überwältigende Menge an elektronischer Kommunikation über diese Aufgaben managen. Die Autoren der 2011 erschienen australischen Studie unterstreichen dies: »Unsere Ergebnisse führen uns zu dem Schluss, dass eine solche Unterscheidung [zwischen primärer Arbeit und Unterbrechungen aufgrund von Kommunikation, C. N.] in einem von Kommunikationsmedien geprägten Umfeld nicht trägt. Sie verlangen ständig die Aufmerksamkeit der Mitarbeiter.« Nicht nur kommunizieren wir alle durchgängig, sondern auch die Anzahl der verschiedenen besprochenen Themen ist recht groß, wie die Antworten meiner Leser auf meine Umfrage zeigten. Die Organisation der modernen Wissensarbeit gleicht tatsächlich einem Schwarmdenken. Die kollektive Intelligenz verschiedener Gehirne wird elektronisch zu einer steten Ebbe und Flut von Information und simultanen Konversationen verknüpft.

Allerdings muss man dabei bedenken, dass der Ansatz dieser *parallelen Arbeitssphären* für Wissensarbeit – wenn auch vielleicht in seiner Schwere gewöhnungsbedürftig – offensichtlich nichts Negatives ist. Beispielsweise könnte man folgendermaßen argumentieren: Diese fortlaufende Kommunikation ist effizient, weil sie auf den Überbau verzichtet, der für die Koordination geplanter Sitzungen nötig ist. Darüber hinaus erlaubt sie allen, genau dann die präzisen Information zu bekommen, wenn sie auch benötigt werden. Zu Beginn der digitalen Revolution der Kommunikation verwandelte die in der Zwischenzeit leider verstorbene Soziologin Deirdre Boden 1994 dieses überzeugende Argument in einen Vergleich: Sie stellte eine Analogie her zwischen dem zunehmend hektischen Austausch von Nachrichten mit dem »Just-in-Time«-Prozess, der sich schon damals für die Produktion und große Einzelhandelsketten als extrem profitabel erwiesen hatte.[11] Außerdem könnte man argumentieren, dass eine große Anzahl dieser unterschiedlichen täglich kommunizierten Themen auch flexibel ist: Der größere Datendurchlauf wurde nur dadurch möglich, dass extrem effiziente Messaging-Methoden vorhanden waren.

Jedoch hat dieser Optimismus eine rissige Fassade, denn der abstrakte Wert der Arbeitsabläufe im hyperaktiven Schwarmdenken löst sich schnell in Luft auf, wenn wir uns gezwungenermaßen mit der konkreten Realität unseres Gehirns auseinandersetzen müssen. Wie funktionieren unsere uralten Echsenhirne, die sich in einer Umwelt entwickelt haben, wie sie konträrer zu elektronischen Netzwerken und reibungsarmer Nachrichtenübertragung nicht sein könnte, wenn sie plötzlich ihre Aufmerksamkeit auf viele unterschiedliche Aspekte aufteilen müssen?

DAS SEQUENZIELLE HIRN IN EINER PARALLELEN WELT

Wir setzen es als selbstverständlich voraus, dass wir unsere Aufmerksamkeit auf etwas richten können. Grundlegende Erkenntnisse der Neurowissenschaften zeigen, dass wir uns von unseren Vorfahren, den Primaten, unter anderem durch eine Fähigkeit unterscheiden: Unser präfrontaler Kortex funktioniert wie ein Verkehrspolizist für unsere Aufmerksamkeit. Es verstärkt die empfangenen Signale von Gehirnarealen, die durch das aktuelle Objekt unserer Aufmerksamkeit angeregt werden, während es Signale aller anderen Bereiche unterdrückt.[12] So reagieren andere Tiere auf unmittelbare Stimuli, wie das Reh, das vielleicht den Kopf hebt, wenn es das Knacken eines Astes wahrnimmt. Doch nur Menschen sind in der Lage, sich auch auf ein Objekt oder eine Ereignis zu konzentrieren, dass nicht in ihrer direkten Umgebung und genau diesem Moment geschieht: Dazu gehören etwa die Planung einer Mammutjagd oder ein Exposé zur neuen Unternehmensstrategie.

Aus der Perspektive des fieberhaft arbeitenden Geistesmenschen ist es von ernsthaftem Nachteil, dass sich dieser Prozess im präfrontalen Kortex nur auf ein einziges Aufmerksamkeitsziel konzentrieren kann. »Unsere Hirne verarbeiten Informationen nicht parallel«[13] – dies stellten Adam Gazzaley und Larry Rosen ungeschönt in ihrem Buch *Das überforderte Gehirn* von 2016 fest. Wenn Sie versuchen, gleichzeitig verschiedene elektronische Konversationen zu führen, während Sie eigentlich an einer übergeordneten Aufgabe sitzen, bei dem Sie etwa einen Bericht verfassen oder ein Computerprogramm schreiben sollen, ist Ihr präfrontaler Kortex maximal gefordert: Ständig muss er zwischen unterschiedlichen Objekten hin und her springen, für das er bestimmte Netzwerke im Gehirn entweder aktivieren oder hemmen muss. Es überrascht nicht, dass das Umschalten von verschiedenen Netzwerken nicht unverzüglich vonstatten geht, dafür bedarf es sowohl Zeit als auch kognitive Ressourcen. Versuchen Sie dann, es schnell hinzukriegen, geht alles schief.

Spätestens Anfang des 20. Jahrhunderts machte man die Beobachtung, dass der schnelle Wechsel zwischen Aufmerksamkeitszielen unsere Denkleistung verlangsamt. Das war lange vor der Erkenntnis, dass der präfrontale Kortex für diese Wechsel zuständig ist. Einer der ersten Forschungsberichte, die dieses Phänomen dokumentierten, erschien 1927. Darin stellte Arthur Jersild eine grundlegende Versuchsanordnung vor, die die Kosten der wechselnden Aufmerksamkeit erheben sollte: Man gibt Probanden zwei verschiedene Aufgaben, misst die Zeit, die sie brauchen, um jede Aufgabe einzeln zu lösen und danach erhebt man die benötigten Zeit, wenn sie zwischen den beiden Aufgaben hin und her springen müssen.[14] In einem Experiment legte Jersild beispielsweise den Teilnehmern eine Liste mit zweistelligen Zahlen vor. Die Aufgabe bestand darin, zu jeder Zahl eine 6 hinzuzuaddieren, bei einer anderen sollten die Probanden eine 3 abziehen. Wurden die Teilnehmer gebeten, einen Vorgang jeweils zu wiederholen, etwa eine 6 zu jeder Ziffer hinzuzufügen, hatten sie viel schneller die Aufgabe erledigt, als wenn sie bei jeder zweiten Ziffer 3 abziehen sollten.[15] Sobald Jersild die Aufgaben noch komplizierter machte, also 17 hinzufügen und 13 abziehen ließ, wurde die Zeitdifferenz zwischen der Erledigung der beiden Aufgabenarten noch größer – ein Hinweis darauf, dass anspruchsvollere Aufgaben auch anspruchsvollere Netzwerkwechsel auslösen.

In den Jahrzehnten nach Jersilds Erkenntnissen modifizierten zahllose andere Studien sein klassisches Experiment, aber kamen im Prinzip alle zu demselben Ergebnis: Zwischen Netzwerken hin und her zu wechseln verlangsamt das Denken. Das Ziel dieser nachfolgenden Untersuchungen war jedoch, die Funktionsweise des Gehirns herauszufinden. Erst 2009 fingen Wissenschaftler an, der Frage ernsthaft nachzugehen, wie sich diese durch den Wechsel entstehenden Kosten auf die praktische Leistung am Arbeitsplatz auswirken würde. Just zu jener Zeit veröffentlichte eine gerade ernannte Hochschuldozentin namens Sophie Leroy eine Untersuchung über organisationales Verhalten, in dem sie all diese Fäden zusammenführte. In ihrem Titel stellt sie eine simple Frage, die genau das erfasst, was mit dem hyperaktiven Schwarmdenken und seiner Herangehensweise an die Zusammenarbeit schiefläuft: *Warum ist es so schwierig, meine Arbeit zu erledigen?*[16]

■ ■ ■

Wie Gloria Mark kam Leroy zu dem Thema, weil sie aufgrund persönlicher Erfahrungen ein Interesse an der Psychologie der Wissensarbeit hatte. Als sie 2001 ihre Dissertation an der New York University begann, hatte sie einige Jahre als Markenberaterin in New York hinter sich. Dort bekam sie aus erster Hand mit, wie die Arbeit im Wissenssektor immer stärker fragmentiert wurde: »Es war so viel Arbeit«, berichtete sie mir, »dass die Leute ständig zwischen unterschiedlichen Zielen [der Aufmerksamkeit, C. N.] hin und her wechselten.« Zu jener Zeit befasste man sich an den Universitäten im Kontext des organisationalen Verhaltens noch nicht mit den psychologischen Folgen all dieser Unterbrechungen. Leroy wollte dies daher ändern.

Ihre Untersuchung basierte auf folgenden Experimenten: Die Teilnehmer hatten fünf Minuten, um ein kniffliges Silbenrätsel zu lösen. Einige von ihnen erhielten eine Version, die sie leicht in der vorgegebenen Zeit lösen konnten, die andere Gruppe erhielt eine *unlösbare* Version des Rätsels, sodass die Aufgabe nach Ablauf der fünf Minuten unvollendet bleiben musste. Darüber hinaus wurden einige Probanden unter Zeitdruck gesetzt, indem in dem Befragungsraum eine

Stoppuhr zu sehen war und sie alle 60 Sekunden mit einem Signal über die restliche Zeit informiert wurden. Anderen Teilnehmern hingegen wurden solche Signale nicht gegeben, sondern ihnen wurde versichert, dass sie das Rätsel sicher innerhalb des Zeitrahmens würden beenden können.

In dieser Anordnung waren vier Kombinationen aus Aufgabe gelöst/ungelöst und Zeitdruck/kein Zeitdruck möglich. Bei jeder dieser Kombinationen präsentierte Leroy den Probanden nach den ersten fünf Minuten unangekündigt eine psychologische Übung, die Lexikalische Entscheidungsaufgabe. Mit ihrer Hilfe sollte geprüft werden, wie viel den Teilnehmern noch von dem Silbenrätsel im Kopf geblieben war, Leroy nannte dieses Maß verbliebener Aufmerksamkeit *»Aufmerksamkeitsrest«* (*attention residue*). Sie fand heraus, dass sich dieser unter geringem Zeitdruck nicht unterschied, gleichgültig, ob die Probanden das Rätsel gelöst hatten oder nicht. In beiden Fällen blieb ein Konzept, das dem Rätsel ähnelte, den Teilnehmern stärker im Kopf als etwas völlig anderes.

Unter der Versuchsbedingung mit hohem Zeitdruck und ungelöstem Rätsel wurde ein ähnliches Maß an Aufmerksamkeitsrest erhoben. Einen Ausreißer gab es jedoch bei der Kombination aus hohem Zeitdruck und gelöstem Rätsel: Hier war der Aufmerksamkeitsrest geringer. Leroys Hypothese lautete: Ist eine Aufgabe auf eine präzise Zeit beschränkt und wird innerhalb dieser vollständig erledigt, fällt es dem Gehirn leichter, damit abzuschließen und zum nächsten Thema überzugehen. (Für unseren Zweck ist es leider so, dass das Hin- und Herspringen zwischen E-Mail-Eingang und Instant-Messengern nicht auf eine bestimmte Dauer beschränkt ist oder wir das Gefühl haben, unsere Aufgaben erfüllt zu haben, bevor wir uns wieder dem Posteingang widmen.)

Im nächsten Schritt veränderte Leroy die Versuchsbedingungen leicht: Alles blieb gleich, jedoch sollten die Teilnehmer, sobald das Rätsel gelöst war, sofort im Anschluss eine zweite Aufgabe erfüllen, bevor der Aufmerksamkeitsrest erhoben wurde. Diese zweite Aufgabe imitierte eine Tätigkeit aus dem normalen Arbeitsalltag: Die Probanden sollten Bewerbungen lesen und bewerten. Die Leistung der Probanden wurde anhand der Detailfülle gemessen, mit der sie sich an die Bewerbungen erinnern konnten, nachdem sie diese fünf Minuten lang genau betrachtet hatten. Die Relation zwischen Aufmerksamkeitsrest und Abschneiden bei dieser zweiten Aufgabe war klar: Die drei Bedingungen, auf die ein großer Aufmerksamkeitsrest zurückzuführen war, sorgten auch bei der Bewerbungsaufgabe für eine vergleichbare Leistung, diese fiel hingegen unter den Bedingungen für einen geringen Aufmerksamkeitsrest deutlich schlechter aus. Je mehr die erste Aufgabe den Probanden noch im Gedächtnis war, desto schlechter schnitten sie bei der zweiten ab.

»Jedes Mal, wenn man seine Aufmerksamkeit von einer Aufgabe auf eine andere lenkt«, erklärte mir Leroy in einem Gespräch, »zwingt man im Prinzip das Gehirn dazu, auch alle kognitiven Ressourcen umzulenken. Doch darin sind wir leider nicht sonderlich gut.« Die aktuellen Bedingungen, unter denen Wissensarbeiter tätig sind, fasst sie als einen Zustand der »geteilten Aufmerksamkeit« zusammen. Denn das Gehirn kommt kaum dazu, etwas zum Abschluss zu bringen, bevor es sich wieder einer anderen Aufgabe zuwenden soll. Insofern kommt es zu einem Durcheinander von Aktivierungen und gleichzeitigen Hemmungen, die schlussendlich dazu führen, dass unsere Leistung leidet. Leroy fand also eine klare Antwort auf die Frage, die sie in der Überschrift ihrer Studie gestellt hatte: Warum ist es so schwierig, unsere Arbeit zu erledigen? Weil unsere Hirne nicht darauf ausgelegt sind, sich parallel auf unterschiedliche Sachen zu konzentrieren.

E-MAILS SIND KEIN JOB

Ein Freund von mir ist sowohl Unternehmensberater als auch ein großer Fan von Berufsratgebern. (In seiner Firma hat er einen Lesezirkel zum Thema Selbstoptimierung gegründet.) Wenn wir uns treffen, fachsimpeln wir natürlich über unsere Arbeit und Produktivität im Allgemeinen. Als ich gerade mit diesem Buch begann, hatten wir uns für eine Wandertour an seinem Wohnort bei Rock Creek Park, Washington D.C. verabredet. Ich schilderte ihm währenddessen meine Bedenken hinsichtlich E-Mails und wie wir es schaffen könnten, die Situation zum Besseren zu verändern. Er war skeptisch und zählte rasch die Vorteile auf, die häufiges Schreiben von E-Mails böte, und die die Nachteile, jedenfalls aus seiner Perspektive als Führungskraft von mehreren anderen Beratern, weit übertrumpften. Das alles klang plausibel und ich notierte sogleich seine Bemerkungen nach unserem Ausflug.

In seiner Argumentation ging es um die Effizienz von Kommunikation. Wie er mir erklärte, erlaubten ihm E-Mails, »unterschiedliche Ansprechpartner schnell zu koordinieren, um alles voranzutreiben«. Wenn jemand in seinem Team nicht mehr weiterkam, konnte eine kurze E-Mail diese Blockade postwendend beseitigen. Daher konnte es der Effektivität seines Teams ernsthaft schaden, wenn er länger nicht in seine E-Mails schaute. Mein Freund sah sich als Orchesterdirigent, der dafür sorgte, dass die Tätigkeiten von allen Beteiligten auf koordinierte Weise ablaufen konnten. Seine Anwesenheit inmitten des Gedränges, so glaubte er, sei dort am nützlichsten und daher wertvoll.

Viele Menschen sehen das ähnlich. Sie erkennen an, dass einige Tätigkeiten mit wesentlich weniger Unterbrechungen besser laufen würden, wenden diese Erkenntnis jedoch nicht auf den eigenen Alltag an. Angesichts der dargestellten Forschungsergebnisse würden sie wahrscheinlich einräumen, dass das permanente Hin- und Herwechseln zwischen Aufmerksamkeitszielen ihre kognitive Auffassungsgabe vorübergehend einschränke, sie würden dies allerdings nicht als Problem sehen. Denn für sie ist es wichtiger, ihrem Team oder ihren Kunden zur Verfügung zu stehen, als scharfsinnig zu sein. Wie mein Freund zu mir an diesem Tag in Rock Creek Park sagte: »Nicht alle erledigen die ganze Zeit konzentrierte Arbeit« – und bezog sich dabei auf mein Buch *Konzentriert Arbeiten*.

Die Implikation dieser Stichelei ist die, dass es tatsächlich eine kleine Gruppe von Berufen gibt, die ununterbrochenes konzentriertes Nachdenken besonders wertschätzt: Schriftsteller, Programmierer, Wissenschaftler. Aber für die meisten Jobs gilt, dass es wichtig ist, bei allem mittendrin dabei zu sein. Dafür finden wir ein klassisches Beispiel in Paul Grahams viel zitiertem Essay »Maker's Schedule, Manager's Schedule« (Terminpläne von Machern und von Managern) aus dem Jahr 2009.[17] Hier stellt er fest, dass Manager einen Großteil des Tages mit Besprechungen verbringen, während schon eine einzige Sitzung für einen Macher eine »Katastrophe« bedeuten kann, weil sie ihm den Tag zerschießt und seine Arbeit an einer schwierigen Problemlösung unterbricht. Ob sie nun Graham gelesen haben oder nicht, so haben doch viele Wissensarbeiter, wie mein Beraterfreund, die darunterliegende These internalisiert, dass ablenkungsfreie Arbeit nur für wenige Arbeitsbereiche wichtig sei.

Ich bin zu dem Schluss gekommen, dass diese Einteilung in »Macher« und »Manager« nicht ausgereift ist. Für viele unterschiedliche Posten im Wissensbereich – wenn nicht sogar für die *meisten* – ist es entscheidend, dass man das Tempo bremsen, einen Schritt nach dem anderen machen und jeder einzelnen Aufgabe ungeteilte Aufmerksamkeit widmen kann. Selbst wenn es für diese Aufgabe nicht unbedingt nötig ist, regelmäßig Stunden auf hochkonzentriertes ununterbrochenes Arbeiten zu verwenden. Die Kehrseite dieser Aussage ist, dass der Workflow des hyperaktiven Schwarmdenkens dem Versuch entgegensteht, sich auf Denkarbeit zu konzentrieren, also die Produktivität hemmt. Es ist offensichtlich, dass das ständige Wechseln des Aufmerksamkeitsziels ungünstig für Grahams Macher ist, aber ich werde im Folgenden zeigen, dass es für seine Manager genauso schlecht ist.

■ ■ ■

Führungskräfte, deren Position Managementaufgaben beinhaltet, betonen zu Recht die Bedeutung der permanenten Kommunikation in ihrem Job – jedenfalls so, wie er *im Moment definiert* ist. Gehorcht Ihr Team zurzeit dem Arbeitsrhythmus des hyperaktiven Schwarmdenkens, dann müssen Sie die Kommunikationskanäle genauestens beobachten. Beim Schwarmdenken stehen Manager häufig im Zentrum eines Netzes von Ad-hoc-Verbindungen – wenn sie ausfallen, bricht das gesamte Netz zusammen. Aber ist angesichts all der verschiedenen Möglichkeiten zu arbeiten, dieses hyperaktive Mailen und Texten *wirklich* der *beste* Weg, um Teams, Abteilungen oder sogar ein ganzes Unternehmen zu führen? Immer wenn jemand an dieser Stelle auf die Antwort »Ja« besteht, muss ich an eine legendäre Person denken, deren Führungsansatz diese Ansicht untergräbt.

Im Zweiten Weltkrieg war George Marshall Stabschef bei der US Army. Was eigentlich bedeutet, dass er den gesamten Kriegseinsatz befehligte. Vielleicht ist sein Name nicht so bekannt wie der von Dwight Eisenhower (der Marshall persönlich für eine Beförderung vorschlug), aber viele sehen in Marschall eine – wenn nicht sogar *die* – Schlüsselfigur für den Sieg der Alliierten. »Millionen von Amerikanern leisteten ihrem Land einen außergewöhnlichen Dienst«, sagte Harry Truman einst, »[aber] General of the Army George C. Marshall führte das Land zum Sieg.«[18] Im Jahr 1943 kürte das Magazin *Time* ihn zum Mann des Jahres, und kurz danach wurde er zum ersten General mit fünf Sternen ernannt.[19]

Ich erwähne Marshall an dieser Stelle, weil ich über eine aufschlussreiche Fallstudie eines Oberstleutnants vom Anfang der 1990er-Jahre gestolpert bin, die verschiedene Quellen zusammenfügt und dann beschreibt, *wie* Marshall das Kriegsministerium organisierte und die Armee zum Sieg führte.[20] Bei der Lektüre springt einem sogleich ein wichtiger Aspekt ins Auge: Obwohl Marshall mehr Leute unter sich hatte, ein größeres Budget und eine komplexere

Aufgabe zu bewältigen hatte (wobei die Umstände äußerst dringlich und das Risiko größer waren als bei irgendeiner anderen Aufgabe in der Geschichte des Managements), lehnte er die Idee der fortwährenden Erreichbarkeit, wie es beim Ansatz des hyperaktiven Schwarmdenkens der Fall ist, ab.

Als Marshall Stabschef wurde, fand er sich in einer Struktur von 30 Major und 350 Minor Commands wieder, die er zu führen hatte. Dazu gehörten über 60 Offiziere, die direkten Kontakt zu ihm hatten. Diese Struktur beschrieb Marshall als »bürokratisch« und »voller Papierkram«. Den Krieg könnte er keinesfalls gewinnen, versuchte er, sich mit dieser Flut von kleinen und großen Problemen auseinanderzusetzen, die mit dieser Hierarchie einherging – er wäre schlicht zwischen den zahlreichen Gesprächsnotizen und dringenden Telefonanrufen untergegangen. Also handelte er stattdessen. Mit unbarmherziger Effizienz nutzte Marshall die erst kürzlich von Präsident Franklin Roosevelt genehmigten Kriegsvollmachten aus und strukturierte das Kriegsministerium von Grund auf um.

Verschiedene Abteilungen und Kommandanturen wurden in drei Hauptdivisionen aufgeteilt, denen jeweils ein General vorstand. Marshall reduzierte einen aufgeblasenen Wasserkopf von 300 Mannschafts-, Einsatz- und Transportoffizieren auf nur 12 Verantwortliche. Einige wichtige Divisionen wurden ganz und gar aufgelöst. Der Bericht fasste die Maßnahmen folgendermaßen zusammen:

> Durch die [Reorganisation, C. N.] wurde das Personal reduziert und effizienter gemacht und die Verwaltungsarbeit minimiert. Darüber hinaus wurde die Befehlsgewalt klar eingegrenzt. Marshall wurde vom Alltagsgeschäft der Ausbildung und Versorgung befreit. Marshall delegierte Verantwortung an andere, was ihn dazu befähigte, sich auf die Kriegsstrategie und wichtige Auslandsoperationen zu konzentrieren.[21]

Diejenigen, die weiterhin Kontakt zu Marshall hatten, wurden klar darüber unterrichtet, wie sie mit ihm zu kommunizieren hatten. So wurde ein Briefing des Generals zu einer Übung in kontrollierter Effizienz. Die Regel lautete, man betrat sein Amtszimmer ohne zu salutieren und setzte sich gleich hin (das sparte Zeit). Nach einem Signal von Marshall wurde der kurze Bericht erstattet, während er »absolut konzentriert« zuhörte. Stellte er einen Mangel fest oder dass eine Information fehlte, wurde er wütend darüber, dass man das nicht schon zuvor entdeckt und das Problem gelöst hatte, bevor man ihm damit die Zeit stahl. Nach Abschluss des Berichts fragte Marshall nach der Empfehlung des Vortragenden, überlegte kurz, fällte dann eine Entscheidung, um danach deren Umsetzung zurück an den Vortragenden zu delegieren.

Vielleicht bestand Marshalls bemerkenswerteste Angewohnheit darin, dass er darauf bestand, das Büro jeden Tag um 17.30 Uhr zu verlassen. In einem Zeitalter vor Mobiltelefonen und E-Mail schob Marshall zu Hause keine zweite Schicht bis tief in die Nacht ein. Da er bereits einmal unter einem Burn-out gelitten hatte, wusste Marshall, wie wichtig es war, den Abend zum Entspannen zu haben. »Ein Mann, der sich durch die Beschäftigung mit Kleinigkeiten ruiniert, ist nicht in der Lage, die wichtigeren Fragen des Krieges zu bewältigen«, so lautete sein Credo.

Marshall richtete seine ganze Energie auf das Fällen wichtiger Entscheidungen, die letztlich den Kriegsausgang bestimmen sollten. Für diese Aufgabe war er hervorragend geeignet. Darüber hinaus vertraute er seinem Team, diese Entscheidungen umzusetzen, ohne ihn über die Details zu informieren. Eisenhower erinnerte sich daran, dass Marshall ihm gesagt habe: »[Das Kriegsministerium, N. C.] ist voller fähiger Männer, die die Probleme korrekt analysieren, sich aber immer genötigt sehen, sie mir für eine abschließende Lösung vorlegen zu müssen. Ich brauche aber unbedingt Assistenten, die ihre eigenen Probleme selbst lösen und mir dann mitteilen, wie sie verfahren sind.«

Offensichtlich hätte Marshall die Aussage von sich gewiesen, dass Manager eher ansprechbar sein als verantwortungsvoll handeln sollten. Der Aufsatz über Marshalls Führungsstil betont häufig, wie sehr der General Wert auf seine Konzentration legte, insbesondere wenn er wichtige Entscheidungen treffen musste. Dabei »dachte er unglaublich schnell und verfügte über eine unerreichte analytische Begabung«. Ebenso betont der Bericht, wie viel Aufmerksamkeit Marshall der »Reflexion« und der Planung des großen Ganzen widmete. Er versuchte, den komplizierten Problemstellungen, wie man sie in einem Weltkrieg vorfindet, einen Schritt voraus zu sein.

Marshall arbeitete äußerst effektiv, weil er in der Lage war, sich auf die wichtigen Aufgaben zu konzentrieren. Jede Frage bekam seine volle Aufmerksamkeit, bevor er zur nächsten überging. Hätte er es beim Status quo im Kriegsministerium belassen, hätten ihn 60 Offiziere in ihre Entscheidungsfindung mit einbezogen und Hunderte von Hauptleuten hätten ihn um seine Zustimmung für die Ergebnisse ihrer Routineaufgaben gebeten. Als Folge wäre er in den vorhersehbaren Wirbelsturm geraten, den die meisten Manager kennen, was sich mit großer Sicherheit negativ auf seine Leistung ausgewirkt hätte. Die USA dürften wohl den Zweiten Weltkrieg verloren haben, wären die Arbeitsabläufe des hyperaktiven Schwarmdenkens im Kriegsministerium der 1940er-Jahre bestehen geblieben.

Lassen wir für den Moment die Frage außer Acht, ob Sie als Manager meinen, Sie könnten Ihr Team nach Marshalls Vorbild umstrukturieren, denn unter anderem werde ich mich mit diesem Thema in Teil II beschäftigen. (Hinweis: Wahrscheinlich verfügen Sie über mehr Spielraum, als Sie denken, um Ihre Rolle zu verändern und nicht mehr Einzelheiten überwachen zu müssen.) Die wichtigste Lektion, die ich aus Marshalls Vorgehen ziehe, lautet: Im Management geht es um mehr als um die Erreichbarkeit. Wie ich bereits in diesem Kapitel aufzeigte, wird diese sogar im Gegenteil dafür sorgen, dass Sie weniger gut kluge Entscheidungen und Vorsorge für zukünftige Herausforderungen treffen können. Beides war der Kern von Marshalls Erfolg. In vielen Fällen wird das sogar noch dazu führen, dass Sie Ihre großen Managementziele seltener erreichen. Auf kurze Sicht mag es so wirken, als sei es flexibel und bequem, die Arbeitsabläufe des hyperaktiven Schwarmdenkens in Ihrem Team umzusetzen, doch auf lange Sicht kommen Sie hinsichtlich der wichtigen Ziele ins Hintertreffen.

Die aktuelle Forschung bestätigt diese Behauptung in einem wissenschaftlichen Artikel mit dem Titel »Boxed in by Your Inbox« (Gefangen in Ihrem Posteingang), der 2019 in *The Journal of Applied Psychology* erschienen ist.[22] Die Untersuchung basiert auf unterschiedlichen täglichen Befragungen und wollte herausfinden, welche Auswirkungen E-Mails auf die Effektivität von 48 Managern unterschiedlicher Branchen haben. Einer der Autoren fasst die Ergebnisse folgendermaßen zusammen: »Wenn Manager diejenigen sind, die versuchen, sich nach einer E-Mail-Unterbrechung zu erholen, dann erreichen sie ihre Ziele nicht, vernachlässigen ihre Führungsaufgaben und ihre Untergebenen bekommen nicht die nötige Führung, um Erfolg zu haben.« Steigt die Anzahl der zu bearbeitenden Nachrichten an, fällt ein Manager tendenziell gerne auf »taktisches« Verhalten zurück, um das Gefühl der kurzfristigen Produktivität zu erhalten. Dann beschäftigt er sich mit kleineren Aufgaben und beantwortet Fragen, ohne dabei das große Ganze in den Blick zu nehmen – das wäre »Führung« á la George Marshall, die einem Unternehmen dazu verhilft, sich auf seine Ziele zuzubewegen. Die Autoren der Studie schlussfolgern: »Unsere Forschungsergebnisse legen nahe, dass die Tücken der Erfordernisse, die E-Mails mit sich bringen, möglicherweise bisher unterschätzt worden sind. Über die negativen Auswirkungen hinaus, die der E-Mail-Verkehr auf das Verhalten der Manager selbst hat, machen sie sich auch tendenziell in den untergebenen Abteilungen bemerkbar, denn dann leidet auch die Effektivität der unwissenden Untergebenen.«

Mit diesem Wissen gerüstet, kehren wir zurück zu der spitzen Bemerkung meines Wanderbegleiters: »Nicht alle erledigen die ganze

Zeit konzentrierte Arbeit.« Bemerkenswerterweise trifft diese Aussage auf Marshall zu: »Abgesehen von Langstreckenflügen oder Zugfahrten, setzte er sich selten mehrere Stunden am Stück hin, um sich eingehende Gedanken über ein bestimmtes Thema zu machen. Aber genauso wenig stolperte er in die Reaktionsfalle. Er sprang nicht herum, um die Feuer zu löschen, sondern arbeitete systematisch an wirklich wichtigen Problemlösungen. Jede bedachte er mit Aufmerksamkeit, die sie brauchte, bevor er sich dann mit der nächsten Frage beschäftigte. Wie ich gleich zeigen werde, sind Manager nicht die einzigen Wissensarbeiter, für die ein klarer Gedanke zählt.

■ ■ ■

Lenken wir nun unsere Aufmerksamkeit von den *Managern* zu den *Assistenten*. Letztere haben die vielen unterschiedlichen Funktionen inne, die Wissensorganisationen intern mit verwaltungstechnischer oder logistischer Arbeit unterstützen. Mehr noch als bei Managern gehören die Posten der Assistenten anscheinend zu denjenigen, die in besonderer Weise auf schnelle Reaktion und gute Erreichbarkeit angewiesen sind. Aber trifft das wirklich zu?

Nehmen wir ein Bespiel aus meinem Berufsumfeld: Der Systemadministrator unterstützt die Professoren an ihrem jeweiligen Fachbereich. Dieser Admin arbeitet sehr wahrscheinlich in einer Weise, die dem hyperaktivem Schwarmdenken entspricht: Im Laufe des Tages erreichen ihn völlig unsystematisch dringende E-Mails. Fragte man nun die Professoren in diesem hypothetischen Fachbereich, würden sie vermutlich argumentieren, dass dieser Arbeitsablauf etwas Positives habe, weil der Administrator schnell auf Anfragen reagieren könne, was für seine Aufgabe absolut zentral sei!

Bei genauerer Betrachtung fällt jedoch eine präzisere Differenzierung ins Auge: die zwischen Kommunikation über Aufgaben und der Ausführung der Aufgaben an sich. Denn eigentlich stehen diese beiden Tätigkeiten häufig im Konflikt zueinander. Eine Funktion, die schon vor langer Zeit den Assistenten zugeschrieben wurde, ist der IT-Support. Als in den 1980er- und 1990er-Jahren die Desktop-Computer ihren Siegeszug in die Büros antraten, entstand mit dieser Entwicklung ein neues Berufsfeld. Die Unternehmen brauchten Angestellte, die sich mit Informationstechnologie auskannten und die Computer, wenn nötig, reparierten. Je komplizierter diese Systeme wurden, desto drängender wurden die Anfragen an die Technikabteilung: Frustrierte Kollegen riefen an oder schickten E-Mails, weil sie von neuartigen technischen Problemen ausgebremst wurden oder sich erkundigen wollten, welche Fortschritte bereits gemeldete Problemen gemacht hatten. Es war ein Teufelskreis: Antworteten die IT-Spezialisten nicht umgehend auf jeden Anruf und jede E-Mail, wurden die Mitarbeiter wütend. Doch wenn sie dann ihre Zeit damit verbrachten, jedes Mal schnell zu reagieren, konnten sie sich nicht mehr ablenkungsfrei den eigentlichen Problemen und deren Lösungen widmen.

Also begannen diese Abteilungen, kundenspezifische Software zusammenzuschustern, die wir heute unter dem Namen Ticketing-Systeme kennen. In Anlehnung an die altmodischen Schalter, wo man Reparaturen abgeben konnte und dafür dann einen Abholschein – ein Ticket – bekam, automatisierten diese Systeme den Großteil der Kommunikation bezüglich Feststellung, Überwachung und Lösung von IT-Problemen.[23]

In ihrer heutigen Form funktionieren diese Systeme folgendermaßen: Wenn Sie ein Computerproblem haben, schicken Sie eine E-Mail an eine Adresse, etwa an helpdesk@unternehmen.de. Das Ticketing-Programm greift auf diese Adresse zu und sobald es Ihre Anfrage erkennt, zieht es aus der Nachricht das Problem sowie Ihre Kontaktinformation und weist dem dann eine Identifikationsnummer zu. Schließlich speist die Software diese Daten als »Ticket« in das System ein. Gleichzeitig beantwortet es Ihre E-Mail, gibt Bescheid, dass Ihre Anfrage eingetroffen ist, und einen Hinweis darauf, wie Sie den Bearbeitungsstatus überprüfen können. Innerhalb des Systems wird Ihr Problem dann kategorisiert und meist auch priorisiert. Dies geschieht entweder automatisch oder bedarf der Auswahl durch einen Mitarbeiter, der die neu eintreffenden Probleme sichtet.

Als Mitglied des IT-Teams sehen Sie nach der Anmeldung im System nur die Tickets, die auf Ihren Aufgabenbereich zutreffen. So können Sie die Probleme auswählen, die umgehend gelöst werden müssen. An diesem Punkt konzentrieren Sie sich auf ein bestimmtes Problem, bis Sie es gelöst haben und es sich damit erledigt hat, oder Sie kommen an einen Punkt, an dem Sie zusätzliche Hilfe brauchen. Sobald dieses Problem nun gelöst ist, wenden Sie sich dem nächsten zu, das auf Sie wartet. Entsprechend der fortschreitenden Lösungsschritte erhält der Kollege, der das Problem eingereicht hatte, eine automatische Benachrichtigung, sodass andere Mitarbeiter gegebenenfalls eingreifen können, wenn sie sehen, dass Sie Hilfe gebrauchen könnten.

Mit Ticketing-Systemen lässt sich viel Geld verdienen, denn sie reduzieren nachweislich die Personalkosten in der IT, weil fokussierte Techniker Probleme schneller beheben können. Darüber hinaus sorgen sie auch bei den »Kunden« für mehr Zufriedenheit, weil sie dem Prozess eine Struktur und Klarheit geben. Die Prämisse für diese Effektivität ist, dass die Kommunikation über eine Arbeit häufig ihrer Erledigung im Weg steht. Je weniger die Kommunikation von den Akteuren übernommen werden muss und sie damit deren kognitive Kapazitäten beansprucht, desto effektiver können sie an der Problemlösung arbeiten.

Womit wir wieder bei unserem Beispiel des Systemadministrators wären. Während im IT-Bereich mittlerweile bereits zwischen Kommunikation und Ausführung einer Arbeit abgewogen wird, ist sie an anderen Stellen, die auf Wissensarbeit basieren, noch Neuland. Unser hypothetischer Administrator muss also feststellen, dass er von Nachrichten überschwemmt wird, und fürchten, dass seine gehetzten Professoren frustriert sind, wenn er die E-Mail-Konversation mit ihnen nicht aufrechterhält. Aufgrund der so entstehenden Arbeitsabläufe des hyperaktiven Schwarmdenkens und ihrer Kommunikationsstrukturen hat er nicht mehr die Ruhe, über die häufig kleinteiligen und komplizierten Probleme nachzudenken, die er lösen sollte.

Konkreter: In der Woche, in der ich mit dem ersten Kapitel dieses Buch begann, schickte ich dem Administrator meines Fachbereiches eine Nachricht. Es ging um einen Postdoc-Studenten, den ich mithilfe von Drittmitteln für ein Forschungsprojekt einstellen konnte. Eigentlich hätte er schon im Spätsommer anfangen sollen, doch aufgrund von Visaschwierigkeiten hatte sich seine Einstellung auf Januar verschoben. Im Prinzip war die Sache ganz einfach, aber die Einstellung eines Postdoktoranden betrifft auch unter anderem die Abteilungen Personal, Finanzen und Verwaltung, weil der Mensch ja auch ein Büro und einen Arbeitsplatz brauchte. All dies musste ich berücksichtigen und dementsprechend umsichtig bedenken, um die entsprechenden Maßnahmen ergreifen zu können. In diesem Moment, als ich gerade meinem Admin eine E-Mail schrieb, wurde mir schlagartig klar, wie knapp bemessen der Raum war, um in Ruhe über solche Sachen nachzudenken. Es musste ihm wie mir ergehen und meine Mail wäre sicherlich nur eine von vielen unerwarteten Nachrichten, die er an diesem Vormittag bekam.

Viel zu häufig betrachten wir Personen in unterstützenden Positionen als Roboter, die tagtäglich Aufgabe nach Aufgabe erledigen, die sie via E-Mails und Chat-Channels erreichen. Aber diese Perspektive ignoriert auf herablassende Weise, wie kognitiv anstrengend diese Aufgaben sind. Herauszufinden, wie der erste Arbeitstag meines Postdoktoranden aussehen könnte, ist nicht weniger kompliziert, als ein schlaues Strategiekonzept aufzustellen oder eine kniffelige Stufe eines Computercodes hinzubekommen. Daraus folgt: Wenn Assistenten in die konzentrationszermürbenden Arbeitsabläufe des hyperaktiven Schwarmdenkens integriert werden – was den anderen, mit denen sie zu tun haben, in genau diesem Moment praktisch erscheinen mag –, reduziert es ihre Fähigkeit, zu guten Ergebnissen zu kommen. Wie man am Beispiel des IT-Ticketings sieht, werden Aufgaben eher erledigt, wenn irgendwie zwischen der Kommunikation und der Ausführung einer Aufgabe eine Distanz besteht.

Sich über solche Assistenten Gedanken zu machen, ist deshalb wichtig, weil sie von Paul Grahams Machern, die ganze Nachmittage mit der Lösung eines einzelnen kniffligen Problems zubringen, nicht weiter entfernt sein könnten. Und doch ist das hyperaktive Schwarmdenken für diese Assistenten problematisch, da sie ganz verschiedene inhaltliche und verwaltungstechnische Aufgaben haben. Diese Betrachtung des Einflusses von Schwarmdenken auf die Effektivität werden wir zu Ende führen, indem wir mit einer 180-Grad-Wendung zu denjenigen zurückkehren, die mit ihrer Intelligenz Wert schaffen, und betrachten, was für sie auf dem Spiel steht, wenn sie aufgrund von andauernden Unterbrechungen durch Kommunikation vom konzentrierten Denken abgehalten werden.

■ ■ ■

Nachdem ich mein Buch *Konzentriert Arbeiten* 2016 veröffentlicht hatte, stellte ich fest, dass die Menschen gern Geschichten über Menschen hören, die extrem kreativ sind und sich in die Abgeschiedenheit zurückziehen, um ungestört Geniales hervorzubringen. Sehr beliebt bei diesen Menschen ist Maya Angelous Geschichte, einer amerikanischen Schriftstellerin und Bürgerrechtlerin. In einem Interview von 1983 berichtete sie, dass sie zum Schreiben morgens um 5.30 Uhr aufstehen und sich dann in ein Hotelzimmer zurückziehen würde, um dort ungestört arbeiten zu können: »[Es ist, C. N.] ein kleines, schäbiges Zimmer, in dem nur ein Bett steht, manchmal auch, wenn ich Glück habe, ein Waschbecken. Alles, was ich dort habe, sind ein Wörterbuch, eine Bibel, ein Satz Spielkarten und eine Flasche Sherry.«[24]

In diesem Schneckenhaus schrieb sie bis ungefähr 14 Uhr nachmittags, es sei denn, das Schreiben lief gut, dann machte sie weiter, bis der Arbeitselan abnahm. Danach las sie den bis dahin geschriebenen Text durch und versuchte, wieder einen klaren Kopf zu bekommen, ging unter die Dusche und traf ihren Mann vor dem Abendessen zum Aperitif.

Hört man diese Geschichte von Maya Angelou, dann kann man sich gut vorstellen, dass Phasen ununterbrochener Konzentration schwierigen kreativen Aufgaben dienlich sind. Im Geiste einer normalen Büroumgebung wird die Angewohnheit, sich in ein siffiges Hotelzimmer mit einer Flasche Sherry zum Arbeiten zurückzuziehen, vermutlich mit Argwohn betrachtet – selbst von hingebungsvollen Produktivitätsfreaks. Die Bedeutung des Zusammenhangs zwischen Fokus und Wert schwindet langsam.

Vor Kurzem hörte ich beispielsweise von einem Ingenieur und Autor kommerzieller IT-Publikationen für ein Start-up im Silicon Valley. Die Zusammenstellung dieser Broschüren ist kompliziert, doch sie stellen einen wichtigen Teil des Marketings dar. Wie mir dieser Ingenieur erzählte, fiel es ihm diese Aufgabe schwer, denn bei seinem Arbeitgeber herrschte der Workflow des hyperaktiven Schwarmdenkens vor. »Wenn man nicht schnell auf eine Slack-Nachricht reagierte, galt man als nachlässig.«

Dieser Ingenieur kannte nun meine Publikationen zu diesem Thema und bat seinen CEO darum, sich mit mir zu treffen. Er legte ihm zusammenfassend dar, wie sehr das Hin- und Herspringen der Aufmerksamkeit die kognitive Leistungsfähigkeit einschränkte, und erklärte ihm, dass ihn die ständigen Unterbrechungen bei seiner Arbeit behinderten. Ebenso räumte er ein, dass die völlige Isolation, wie sie Angelou vertrat, auch problematisch wäre, weil die anderen aus seinem Team ihn regelmäßig erreichen können müssten. Also bat er seinen CEO um Rat, wie er seinen Beitrag für die Firma maximieren könne. »Sobald ich diese Frage gestellt hatte«, erzählte er mir, »war klar, dass es absurd wäre, wenn er mir vorschlagen würde, meine gesamte Zeit [erreichbar zu sein, C. N.], nur weil es manches einfacher gemacht hätte.«

Sie einigten sich darauf, dass er vier Stunden am Tag – also 50 Prozent seiner Arbeitszeit – ungestört arbeiten können sollte, während er die anderen 50 Prozent bei der Arbeitsweise des hyperaktiven Schwarmdenkens blieb. Um dieses Ziel zu erreichen, wurden dem Ingenieur am Vormittag und am Nachmittag jeweils zwei Stunden »Auszeit« genehmigt, in denen er nicht erreichbar war. Der CEO informierte das Team über diesen Beschluss. »Sie brauchten ungefähr eine Woche, um sich daran zu gewöhnen, danach war es kein Problem mehr«, erinnerte er sich. In Folge dieser Änderung stieg die Produktivität des Ingenieurs maßgeblich – allerdings gab es auch einige unerwünschte Nebeneffekte. Die eigentliche Überraschung war aber die Tatsache, dass, bevor der Ingenieur dieses Thema ansprach, sich bisher niemand darüber Gedanken gemacht hatte, ob diese Art und Weise des Arbeitens auch wirklich funktionierte.

Nish Acharyas Geschichte, die ich zu Beginn des Buches geschildert habe, ist ein anderes Beispiel dafür, dass es Stellen gibt, bei denen allgemein akzeptiert wird, dass fokussierte Gedankenarbeit wichtig ist, jedoch die vorherrschenden Arbeitsabläufe diese Bemühungen geradezu unmöglich machen. Erst als die E-Mail-Server seiner Behörde zeitweise stillgelegt worden waren, bekam Acharya den nötigen »Leerraum«, um endlich eine Teamstrategie zu erarbeiten. Unter diesen widersprüchlichen Bedingungen leiden auch häufig Journalisten. Vor gar nicht langer Zeit unterhielt ich mich mit einem renommierten Redakteur, der gerade seine eigenes Medienbüro gegründet hatte. Er beschwerte sich darüber, dass er ständig Twitter checken »musste«, damit er die neuesten Nachrichten nicht verpasste. Dieses Verhalten war natürlich seiner Fähigkeit abträglich, effizient gute Beiträge zu verfassen. Ich wies darauf hin, dass es in seiner Firma genügend junge, technisch versierte Praktikanten gäbe, die gern im Journalismus einen Fuß in die Tür bekommen wollten. »Wäre es nicht sinnvoller, einen von ihnen Twitter beobachten zu lassen, und dich dann anzurufen, wenn etwas Wichtiges passiert ist?«, fragte ich ihn. Auf diesen Gedanken war er noch gar nicht gekommen – er hatte einfach angenommen, dass eine gewisse Ablenkung immer zu seinem Beruf dazugehörte.

Die meisten Menschen akzeptieren, dass der Workflow des hyperaktiven Schwarmdenkens die Produktivität von Machern mindert. Jedoch ist dieser Arbeitsablauf gleichzeitig auch ziemlich bequem. Dementsprechend wirkt dieser Deal wie ein Nachteil, solange die Vorzüge der Fokussierung im Vagen bleiben: Ein bisschen weniger Produktivität wird aufgewogen durch die erhöhte Flexibilität für Führungsaufgaben. Doch wenn man das Gewonnene, wenn sich Manager aus der hyperaktiven Kommunikation zurückziehen, genauer betrachtet, dann zeigt sich, dass diese Kosten-Nutzen-Abwägung plötzlich extrem aus der Balance geraten ist. Sei es der IT-Broschüren-Schreiber, sei es Acharya – bei Machern wird schnell deutlich, dass es bei der Abkehr vom Workflow des hyperaktiven Schwarmdenkens nicht nur darum geht, die Produktivität ein wenig zu verbessern, sondern die Effektivität signifikant zu erhöhen. Wenn diese Vorteile allen klar sind, dann lässt sich der Verlust an Produktivität nicht mehr so leicht mit der bequemen Kommunikation rechtfertigen.

ÜBER DAS SCHWARMDENKEN HINAUS

Zu Beginn dieses Kapitels berichtete ich von Sean, dessen Team von den Ansprüchen des hyperaktiven Schwarmdenkens arg in Mitleidenschaft gezogen war. Er fürchtete, all diese Kommunikation könnte dazu führen, dass die Produktivität seiner Mitarbeiter litt. Wie wir gesehen haben, hatte er recht. Diese Arbeitsweise widerspricht der Funktionsweise des menschlichen Gehirns, und zwar so dermaßen, dass die meisten Aufgaben der Wissensarbeit nur schwerlich erledigt werden können. Im Gegensatz zu den vielen, die seine Befürchtungen zwar teilten, aber nichts taten, beschloss Sean etwas zu unternehmen.

Wie er mir erzählte, rüttelten ihn die Kündigungen zweier Projektleiter wach: »Das zwang mich dazu, einen Schritt zurückzutreten und mich zu fragen, was wir hier eigentlich machten. Ich habe mich gefragt: Schadete diese Kommunikationsart eher als sie nützte?« Zusammen mit dem Mitgründer der Firma entschied er, einiges radikal zu ändern. Sie kündigten ihre Slack-Konten und leiteten eingehende E-Mails an ein Tool um, das hauptsächlich die Arbeit mit außenstehenden Dienstleistern koordinierte. Diese Aussage machte mich neugierig und sofort nagelte ich Sean darauf fest, seinen Posteingang während eines unserer Telefoninterviews zu öffnen. Ich wollte wissen, was für E-Mails eingegangen waren. Gern tat er mir den Gefallen: Im Posteingang befanden sich eine Nachricht aus der Buchhaltung, ein Ticket von einer Webhosting-Firma, die sie für einige ihrer Projekte beauftragen, einige Rechnungen von Dienstleistern sowie eine Mail von einem freien Mitarbeiter, der an einem aktuellen Projekt beteiligt war. Also gab es weder interne Kommunikation noch machte eine der Mails eine umgehende Antwort nötig. Früher schickte Sean noch nachts um eins E-Mails raus – und zwar jeden Tag. Wie er mir nun sagte, »checke ich meine E-Mails einmal am Tag.« Und manchmal kommt er dazu kein einziges Mal im Verlauf des Tages.

In Seans Firma erfüllten E-Mail und Slack eine wichtige Aufgabe: Mit diesen Diensten wurde das Team koordiniert und der Kundenkontakt gehalten. Seine Firma wäre untergegangen, hätte Sean nicht für Ersatz für diese Tools gesorgt. Jedoch folgte er den Prinzipien, die ich später noch erläutern werde, und sorgte für Alternativen, die ganz offensichtlich gut funktionieren.

Sean teilte seinen Arbeitstag in zwei Arbeitsblöcke auf: vormittags und nachmittags. Zu Beginn jedes Tages versammelt sich das Team persönlich, etwaige freie Mitarbeiter oder Teammitglieder im Homeoffice werden per Videokonferenz dazugeschaltet. Bei diesen Meetings wird der anstehende Arbeitsblock besprochen. »Alle Anwesenden sprechen über drei Punkte: Was sie gestern gemacht haben, was sie heute machen und welche Probleme beziehungsweise welche Blockaden es gibt.« Sean fuhr fort: »Das Meeting dauert maximal 15 Minuten.« Dann tun alle Beteiligten etwas, das heutzutage im Zeitalter der Konnektivität extrem selten ist: Sie arbeiten. Die Teammitglieder arbeiten einfach mehrere Stunden am Stück, bis der Arbeitsblock vorbei ist, ohne dass sie ihren Posteingang oder ihre Channels überprüfen müssen.

Für die Kundenkommunikation hat Seans Firma im Vertrag einen zusätzlichen Absatz eingefügt, der genau beschreibt, wie sie mit den Auftraggebern kommunizieren (oder eben explizit nicht). Bei den meisten Kunden bedeutete das, dass in einem regelmäßigen Telefonat Updates gegeben und Fragen beantwortet werden. Unmittelbar danach erhält der Kunde ein schriftliches Protokoll mit den besprochenen Punkten. Seans Mitbegründer, der für den Kundenkontakt zuständig ist, befürchtete, dass sie zornig auf diese Kontakteinschränkungen reagieren würden. Doch seine Angst war unbegründet. Wie sich zeigte, schätzen die Auftraggeber sogar, dass es klare Vereinbarungen darüber gibt. »Sie sind definitiv viel zufriedener«, so Sean.[25]

Mir ist es wichtig zu zeigen, für welche Veränderungen Sean gesorgt hat, denn wie ich aus vielen Diskussionen der letzten Jahre weiß, wird der Workflow des hyperaktiven Schwarmdenkens von vielen immer noch verteidigt – trotz aller Belege für die Nachteile dieser Arbeitsweise. Ihr Gegenargument hängt an der Behauptung, dass Kommunikation irgendwie grundlegend sei. Zwar räumen sie auch ein, dass all diese Kommunikation unsere Gehirne ausbremsen könnte, aber anscheinend können sie sich keine andere Arbeitsweise vorstellen. Seans Beispiel zeigt, dass, sobald man weiß, welche Negativauswirkungen man vermeiden und welchen Nutzen man daraus ziehen kann, man auch die alternativen Herangehensweisen erkennt.

In Teil II werde ich näher auf die Prinzipien eingehen, um diese Alternativen zu entwickeln. Doch bevor wir uns die Welt jenseits des

Schwarmdenkens anschauen, müssen wir uns zunächst mit einem weiteren wichtigen Argument gegen diese Arbeitsweise auseinandersetzen: Sie sorgt nicht nur dafür, dass wir weniger produktiv sind, sondern auch, dass wir unglücklich sind. Diese Tatsache hat nicht nur für das individuelle Wohlergehen, sondern auch für die Stabilität von Unternehmen massive Konsequenzen. Wenden wir jetzt also unsere (hoffentlich ungeteilte) Aufmerksamkeit diesem Aspekt zu.

2

E-Mails machen uns unglücklich – eine Welle stillen Leids

Im Frühjahr 2017 wurde eine neues Gesetz im französischen Arbeitsrecht verabschiedet, um das sogenannte »Recht auf Abschalten« zu schützen: »Vom 1. Januar 2017 an sind in Frankreich nach Dienstschluss oder am Wochenende berufliche E-Mails gesetzlich verboten.«[1] Dementsprechend müssen Unternehmen mit 50 Angestellten oder mehr spezielle Vereinbarungen für den Umgang mit E-Mails nach Dienstschluss treffen. Ziel ist es dabei, den Mitarbeitern den Blick in den E-Mail-Eingang am Abend oder am Wochenende zu ersparen und so ihre Arbeitszeit signifikant zu reduzieren. Die damalige französische Arbeitsministerin Myriam El Khomri verteidigte das neue Gesetz als eine Maßnahme gegen den Burn-out bei Arbeitnehmern. Man mag sich darüber streiten, ob solche Geschäftsbelange von einer Regierung reglementiert werden sollten oder nicht, doch allein die Tatsache, dass die Franzosen ein solches Gesetz für nötig halten, zeigt, dass das Problem keines einer einzelnen Nation ist: E-Mails machen uns unglücklich.[2]

Ein Blick in die einschlägige Literatur zeigt diesbezüglich konkrete Fakten. Die Wissenschaftlerin Gloria Mark, die Sie bereits aus dem letzten Kapitel kennen, führte mit ihren Kollegen eine weitere Untersuchung durch. Das Forschungspapier von 2016 beschreibt, dass ihr Team bei 40 Wissensarbeitern zwölf Arbeitstagen lang einen drahtlosen Herzmonitor angeschlossen hatte. Die Wissenschaftler dokumentierten die Schwankungen der Herzfrequenz, was eine beliebte Technik für die Messung psychischen Stresses ist. Darüber hinaus wurde die Computernutzung überwacht, um einen Zusammenhang zwischen dem Checken der E-Mails und dem Stresslevel aufzudecken. Die Franzosen wären von den Ergebnissen nicht überrascht worden: »Je länger sich jemand zu einer [bestimmten] Zeit mit E-Mails beschäftigt, desto höher ist sein Stressniveau in dieser Zeit.«[3]

In einer Folgestudie 2019 platzierten Mark und ihre Kollegen Wärmekameras unterhalb der Monitore der Probanden. Damit konnten sie die verräterische Hitze messen, die einem ins Gesicht steigt, wenn man psychologisch in Bedrängnis gerät. Den E-Mail-Eingang nur zu bestimmten Zeiten zu kontrollieren und Nachrichten gebündelt zu lesen und zu verschicken, wie es häufig als »Lösung« für den Umgang mit E-Mails heißt, ist nicht unbedingt ein Allheilmittel. Im Gegenteil, für Menschen, deren Persönlichkeitsmerkmal »Neurotizismus« besonders ausgeprägt ist, bedeutet dieses Vorgehen *zusätzlichen* Stress (wahrscheinlich weil sie befürchten, ihnen entgingen wichtige Nachrichten, wenn sie den Eingang ignorieren). Die Forscher fanden außerdem heraus, dass gestresste Menschen E-Mails zwar schneller, aber nicht besser beantworten. Mithilfe des Textanalyseprogramms Linguistic Inquiry and Word Count konnte festgestellt werden, dass diese schnell verfassten E-Mails eher Begriffe enthalten, die Ärger ausdrücken.[4] »Während der Einsatz von E-Mails sicherlich vielen Menschen Zeit und Mühe in der Kommunikation spart«, so schlussfolgern die Autoren der Studie von 2016, »hat er auch seinen Preis.« Ihr Rat? »[Wir, C. N.] empfehlen daher, dass Organisationen eine gemeinsame Anstrengung unternehmen, um den E-Mail-Verkehr einzuschränken.«[5]

Eine ähnliche Verbindung zwischen E-Mails und Unzufriedenheit fanden auch andere Wissenschaftler heraus. In einer weiteren Studie aus dem Jahr 2019, die in *The International Archives of Occupational and Environmental Health* erschien, schaute man sich die langfristigen Entwicklungen hinsichtlich selbstberichteter Gesundheit von fast 5.000 schwedischen Arbeitern an. Die Wissenschaftler stellten fest, dass die wiederholte Belastung »von hohen Anforderungen, die Informations- und Kommunikationstechnologie stellen« (übersetzt heißt das: die Notwendigkeit permanent online zu sein) mit »suboptimalen« Gesundheitsfolgen verbunden sei. Dieser Trend blieb selbst dann bestehen, wenn die Statistik zahlreiche Störeinflüsse berücksichtigte: Alter, Geschlecht, sozioökonomischer Status, Gesundheitsverhalten, Body Mass Index, Art der Tätigkeit und sozialer Rückhalt.[6]

Man kann die negativen Auswirkungen von E-Mails auch messen, indem man den E-Mail-Verkehr reduziert und dann schaut, was passiert. Genau dieses Experimente führte Leslie Perlow durch, Professorin an der Harvard Business School. Ihre Probanden waren Berater der Boston Consulting Group. Perlow stellte ihnen eine Methode vor, die *predictable time off*, PTO (vorhersehbare Offline-Zeit), in der sich die Teammitglieder im Wochenverlauf mit vollem Einverständnis ihrer Kollegen für bestimmte Zeitfenster ganz von E-Mails und Telefonaten abkoppeln konnten. Nach der Einführung dieser Regelung waren die Berater deutlich glücklicher. Vor der Einführung der PTO gaben 27 Prozent der Teilnehmer an, sie freuten sich morgens auf die Arbeit. Nachdem die Kommunikation reduziert worden war, stieg diese Zahl auf über 50 Prozent. Ähnlich verhielt es sich mit der Zufriedenheit der Berater in ihrem Job: Diese Zahl stieg von unter 50 Prozent auf über 70 Prozent. Entgegen der ursprünglichen Erwartungen hatten die Berater nicht das Gefühl, dass diese kleine Einschränkung ihrer Erreichbarkeit ihre Produktivität verminderte. Der Anteil derjenigen, die sich als »effizient und effektiv« beschrieben, stieg über 20 Prozentpunkte.[7] Wie sie in ihrem Buch *Sleeping with Your Smartphone* von 2012 schreibt, irritierten Perlow diese Ergebnisse, weil sie sich nun fragte, warum sich eine Kultur der ständigen Online-Erreichbarkeit überhaupt durchgesetzt hatte.[8]

Natürlich sind keine wissenschaftlichen Daten nötig, um etwas zu beschreiben, was so viele von uns intuitiv spüren. Wie ich bereits im letzten Kapitel erwähnte, führte ich unter 1.500 meiner Leserinnen und Leser eine Umfrage durch, um mehr darüber zu erfahren, wie ihre Einstellung zu Programmen wie denen für E-Mails aussieht. Ich war überrascht davon, mit welchen deutlichen und emotional aufgeladenen Worten die Teilnehmer ihr Verhältnis zu dieser Technologie beschrieben:

- »Es ist langsam und sehr *frustrierend* … Ich habe häufig das Gefühl, dass E-Mails unpersönlich und eine Zeitverschwendung sind.«
- »Ich *hasse* es, nie ›offline‹ sein zu können.«
- »Es löst *Unruhe* in mir aus.«
- »Ich bin *erschöpft* – darüber, mithalten zu müssen.«
- »Durch E-Mail bin ich in meiner Arbeitszeit viel *isolierter* … und das gefällt mir nicht.«
- »Sie *verfolgen* dich, wenn alles so hektisch ist.«
- »Ich habe fast ein unkontrollierbares Bedürfnis, mit dem, was ich gerade mache, aufzuhören, nur um E-Mails zu checken … Das *deprimiert, ängstigt* und *frustriert* mich.«

Ich vermute, dass die verwendete Sprache um einiges neutraler wäre, wenn ich nach anderen Technologien am Arbeitsplatz gefragt hätte, etwa nach dem Textverarbeitungsprogramm oder der Kaffeemaschine. Irgendetwas an digitalen Nachrichten ist besonders irritierend. Der Kritiker John Freeman fasst unsere Beziehung zu E-Mails treffend zusammen: »Wenn wir versuchen, mit dem Computer Schritt zu halten, dann werden wir zielorientiert, reizbar und zu furchtbaren Zuhörern.«[9] Der Medientheoretiker Douglas Rushkoff ist wohl auch etwas auf der Spur, wenn er sich beklagt: »Wir konkurrieren miteinander darum, wer mehr E-Mails bearbeitet ..., als wenn mehr Arbeit am Computer etwas Gutes wäre ... Anstatt in einer Maschine zu arbeiten, wie wir es zuvor getan haben, müssen wir nun die Maschine *werden.*«[10] Wir sind angewiesen auf E-Mails, aber irgendwie hassen wir sie auch.

Diese Tatsachen sind aus praktischer Sicht wichtig, denn wenn Angestellte unglücklich sind, arbeiten sie schlecht. Darüber hinaus tendieren sie dazu, wie die französische Arbeitsministerin warnte, unter Burn-out zu leiden. Das wiederum steigert die Kosten im Gesundheitswesen und die Fluktuation im Betrieb – was ebenfalls teuer ist. Paradebeispiel: Leslie Perlow stellte fest, dass die vorhersehbare Offline-Zeit die Anzahl der Mitarbeiter steigerte, die »längerfristig« in der betreffenden Firma bleiben wollten, denn diese stieg von 40 auf 58 Prozent. Unglückliche Mitarbeiter sind, mit anderen Worten, schlecht für den Nettoprofit.

Jedoch hat die Tatsache, dass uns E-Mails unglücklich machen, auch noch eine Implikation, die eher philosophischer als pragmatischer Natur ist. Schätzungen von McKinsey zufolge gibt es weltweit über 250 Millionen Wissensarbeiter.[11] Sie bilden laut US-Zentralbanksystem Federal Reserve mehr als ein Drittel der US-amerikanischen Erwerbsbevölkerung.[12] Wenn es zutrifft, dass diese riesige Personengruppe davon unglücklich wird, dass sie gezwungenermaßen dem E-Mail-Eingang und Chat Channels ergeben ist, dann ergibt das in Summe wirklich großes Elend – und das weltweit! Aus einer utilitaristischen Perspektive darf man dieses umfassende Leid nicht ignorieren, insbesondere wenn es Wege der Linderung gibt.

Im letzten Kapitel sprach ich über den Einfluss des hyperaktiven Schwarmdenkens auf unsere Produktivität, während es in diesem Kapitel eher um seinen Einfluss auf unsere Seele geht. Ich möchte auf den nächsten Seiten aufzeigen, *warum* diese Arbeitsweise uns so unglücklich macht. Wie deutlich werden wird, ist diese Tatsache nicht einfach ein zufälliger Nebeneffekt, dem man mit verbesserten E-Mail-Filtern oder angepassten Unternehmensregeln begegnen kann. Wie wir arbeiten, widerspricht in vielfacher Hinsicht der Art und Weise, wie unsere Gehirne eigentlich funktionieren.

E-MAILS BRINGEN UNSEREN HERDENINSTINKT DURCHEINANDER

Das Volk der Mbendjele BaYaka setzt sich aus Sippen zusammen, die als Jäger und Sammler in den Wäldern der Republik Kongo und der Zentralafrikanischen Republik leben, und zwar in Zeltlagern, den Langos, mit meist zehn bis sechzig Mitgliedern. Jede Kernfamilie lebt gemeinsam in einer Hütte, der Fuma. Die Mbendjele BaYaka kennen keine Techniken der Nahrungsmittellagerung, daher ist das Teilen von Essen wichtig, um das Überleben des Stammes zu sichern. Dementsprechend sind die Mbendjele BaYaka sehr kooperativ, wie bereits viele Studien über andere Jäger-Sammler-Stämme gezeigt haben.

Aus wissenschaftlicher Perspektive sind die Mbendjele BaYaka interessant, denn durch sie können wir die Dynamiken von Jäger-Sammler-Kulturen verstehen lernen. Diese Dynamiken sind bis in die Gegenwart relevant, denn in solchen Gesellschaften hat der Mensch bis zur neolithischen Revolution gelebt. Daher bleibt zu hoffen, dass wir durch das Studium dieser Stämme (mit angemessener Vorsicht[13]) zu Erkenntnissen kommen können, wie sich unsere Spezies im Verlauf der Evolution durch Anpassungsdruck zu den sozialen Wesen entwickelt hat, die wir sind. Vielleicht gelingt es uns damit, besser zu verstehen, warum unsere modernen Posteingänge unsere Echsenhirne stressen.

■ ■ ■

Im Jahr 2016 veröffentlichte *Nature Scientific Reports* eine Studie des University College London. Eine Gruppe von Wissenschaftlern hatte drei verschiedene Familien der Mbendjele BaYaka, die in den Regionen Likoula und Sangha im kongolesischen Ndoki Forest ihr Lager aufgeschlagen hatten, untersucht.[14] Es ging ihnen darum, den »Wohlstand in Hinsicht auf die Beziehungen« jedes Stammesmitglieds zu erheben. Dieser Terminus beschreibt etwas, was wir vielleicht mit Beliebtheit innerhalb des Stammes umschreiben könnten. Um dies herauszufinden, entwickelten die Forscher eine Technik, die sie das »Honigstangen-Geschenk-Spiel« nannten. Honigstangen sind in der Region eine äußerst geschätzte Delikatesse und jedem Studienteilnehmer wurden drei solcher Stangen gegeben, mit der Bitte, sie drei anderen Stammesmitgliedern zu schenken. Anhand der Anzahl der Honigstangen, die jedes Mitglied am Ende hatte, konnten die Wissenschaftler schließlich ermitteln, wo ihre ungefähre Position auf der Beliebtheitsskala innerhalb des Stammes lag.

Sie entdeckten, dass der Wohlstand hinsichtlich der Beziehungen äußerst unterschiedlich verteilt war. Einige Stammesmitglieder hatten wesentlich mehr Stangen bekommen als andere. Doch noch wichtiger war die Feststellung, dass diese Unterschiede stark mit Faktoren wie Body Mass Index und der Fruchtbarkeit bei Frauen korrelierten. In Stämmen von Jägern und Sammlern entscheiden sie darüber, ob die eigenen Gene an die nächste Generation weitergegeben werden. In zahlreichen vorhergehenden Studien analysierten Forscher die »psychologischen und physiologischen Verstärkungsmechanismen, die die Bildung und Aufrechterhaltung von sozialen Beziehungen begünstigen«. Diese erklärt, warum sich diese Mechanismen überhaupt erst entwickelten: Unsere Vergangenheit im Paläolithikum war von einem sozialen System geprägt, in dem Beliebtheit eine größere Chance bedeutete, dass die eigene Abstammungslinie überlebte.

Die nächste Frage lautete natürlich, *wie* man sich innerhalb eines Stammes von Jägern und Sammlern beliebt macht. Diese Frage beantwortete eine Nachfolgestudie über die Mbendjele BaYaka, die 2017 in demselben Journal publiziert wurde.[15] In dieser Untersuchung konnten die Wissenschaftler 132 Erwachsene in einem BaYaka-Lager überreden, eine Woche lang einen kleinen drahtlosen Sensor um den Hals zu tragen. Diese Geräte verzeichneten die persönlichen Begegnungen der Teilnehmer untereinander, indem sie alle zwei Minuten Signale mit kurzer Reichweite aussandten. Damit konnte festgestellt werden, wer mit wem in einen Dialog trat.

Mittels dieser umfangreichen Protokolle der Begegnungen erstellten die Wissenschaftler *soziale Diagramme*, ein recht simpler Prozess. Stellen Sie sich vor, Sie pinnen ein großes weißes Blatt Papier an eine Wand. Darauf zeichnen Sie gleichmäßig verteilte kleine Kreise für jede Person mit einem Sensor. Für jede Interaktion zeichnen Sie einen Strich auf das Blatt, um zwei Kreise/Personen miteinander zu verbinden. Besteht bereits eine Linie, malen Sie sie dicker. Sind alle Begegnungen aufgezeichnet, zeigt sich auf dem Papier ein großer Haufen unterschiedlich dicker Spaghetti, die sich um die Kreise gruppieren. Von einigen Kreisen gehen dicke Verbindungen aus, also wohl beliebte Knotenpunkte, während andere Kreise nur wenige Verbindungen haben. Einige Kreise sind eng mit anderen verbunden, andere haben nur einzelne Striche zueinander.

Für den laienhaften Betrachter sind diese sozialen Diagramme ein kompliziertes Gebilde, aber den Wissenschaftlern, die in dem wachsenden akademischen Feld der Netzwerkwissenschaften tätig sind, geben sie gute Aufschlüsse über soziale Dynamiken der zu beschreibenden Gruppen. Dazu werden die Beobachtungsergebnisse digital codiert und von Algorithmen analysiert. Und genau aus diesem Grund brachten die Autoren der wissenschaftlichen Studie von 2017 die Mbendjele BaYaka dazu, drahtlose Sensoren um den Hals zu tragen.

Die Analyse des Sozialdiagramms aufgrund der generierten Interaktionsprotokolle ließ korrekte Vorhersagen darüber zu, wie viele Kinder die BaYaka-Mütter hatten, die an der Studie teilnahmen. Je stabiler[16] ihre Verbindung zu dem sozialen Netzwerk war, desto erfolgreicher konnten sie sich reproduzieren. Wie man bereits aus der vorhergehenden Studie wusste, spielt die Beliebtheit in einer Jäger-Sammler-Kultur eine wichtige Rolle, wenn es um Fortpflanzung und genetische Gesundheit der Nachkommen geht. Beliebtere Mitglieder der Stammes erhalten mehr Nahrung und Unterstützung von anderen, daher sind sie gesünder und haben sehr wahrscheinlich auch gesündere Kinder. Die neue Studie stellte fest, dass sich diese Popularität in den direkten Gesprächen widerspiegelte: Diejenigen, denen diese direkten Interaktionen gelangen, blühten auf, während diejenigen, die daran scheiterten, Schwierigkeiten damit hatten, ihr Erbgut weiterzugeben.

Bei den Mbendjele BaYaka sind Zweiergespräche *immens wichtig*. Wenn wir uns von der Evolution zu einer Theorie hinreißen lassen, ist es nur noch ein kleiner Sprung zu dem Gedanken, dass wir Menschen dazu veranlagt sind, solchen sozialen Interaktionen größte psychologische Wichtigkeit beizumessen. Vernachlässige ich diese Interaktionen mit meinen Mitmenschen, werden sie ihre metaphorischen Honigstangen jemand anderem statt mir geben. Dieser Gedankengang kommt uns deswegen nicht absurd vor, weil wir Entsprechendes eindeutig fühlen. Der Drang, mit anderen Menschen zu interagieren, ist einer der größten Treiber des Menschen. So erklärt es der Psychologe Matthew Liebermann in seinem Buch *Sozial: Warum unsere Gehirne auf Kontakt angelegt sind*: Die Areale, die in unserem Gehirn für die sozialen Netzwerke zuständig sind, sind mit dem System für Schmerzempfinden verbunden – davon rührt auch unser intensiver Schmerz, wenn eine uns nahe Person verstorben ist, und darauf basiert die extreme Trostlosigkeit, in die wir verfallen, wenn wir zu lange keine Interaktion mit anderen Menschen haben. »Diese sozialen Anpassungen sind entscheidend dafür gewesen, dass wir die erfolgreichste Spezies auf der Welt sind«, so Liebermann.[17]

Aber schon lange, bevor Wissenschaftler erforschten, welche Strukturen unserer Geselligkeit zugrunde liegen, war der Mensch sich seines dringenden Bedürfnis wohl bewusst, die Beziehungen zu anderen positiv zu gestalten. Die Torah verbietet explizit rechilut (Tratsch): »Du sollst kein Verleumder sein unter deinem Volk. Du sollst auch nicht stehen wider deines Nächsten Blut; denn ich bin der HERR.«[18] Hier erkennt schon die Bibel, welche Macht in der Information stecken kann, die sich ihren Weg durch das soziale Diagramm bahnt. Auch Shakespeare identifizierte die Freundschaft als zentrales Element menschlicher Erfahrung, wie Richards II berühmte Klage zeigt: »Wie ihr, leb ich von Brot, ich fühle Mangel / Ich schmecke Kummer und bedarf der Freunde. / So unterworfen nun, / Wie könnt ihr sagen, daß ich König bin?«[19]

Womit wir wieder beim Thema E-Mail wären. Die Kehrseite – wie so häufig – der evolutionär tief eingeprägten Obsession mit Zweierkontakt ist die Bestürzung, wenn diese Interaktion vereitelt wird. Genauso wie unsere Affinität für Nahrung mit dem nagenden Hungergefühl in dessen Abwesenheit verbunden ist, so ist auch unser Instinkt, zu anderen Nähe aufzubauen, mit einer ängstlichen Unruhe verknüpft, wenn wir diese Interaktionen vernachlässigen.

Das spielt auch im Büro eine Rolle, denn, wie wir gesehen haben, ist ein unschöner Nebeneffekt der Arbeitsabläufe des hyperaktiven Schwarmdenkens, dass man genau dieser Art von Bedrängnis permanent ausgesetzt ist. Die damit verbundente Hektik in der Zusammenarbeit generiert Nachrichten in einer Geschwindigkeit, mit der man nicht mithalten kann. Sobald eine Antwort formuliert und abgeschickt worden ist, sind in der Zwischenzeit drei weitere Anfragen im Posteingang eingetroffen. Und während man nach Feierabend zu Hause ist oder am Wochenende oder im Urlaub, kann man dem schleichenden Gefühl nicht entkommen, dass bei unserer Rückkehr der Stapel der Depeschen im Posteingang sogar noch größer sein wird als sonst. Es überraschte mich daher nicht, entsprechende Aussagen über diese Art Stress in den Antworten auf meine Leserumfrage zu finden:

- »Ich habe ständig das Gefühl, etwas verpasst zu haben.«
- »Psychologisch bin ich unfähig, E-Mails nicht zu lesen, egal, wie unwichtig sie sind.«
- »Ich habe das Gefühl, alles stapelt sich, und das stresst mich.«
- »Ich bin total von meiner Inbox gestresst, weil ich weiß, wie viel Mühe es kostet, via E-Mail *angemessen* zu kommunizieren.«

An diesem Punkt mögen Sie wahrscheinlich einwerfen, das ein großer Unterschied besteht zwischen dem Ignorieren einer E-Mail und dem eines Jagdgenossen oder Sammlers aus der eigenen Sippe. Das Schlimmste, was Ihnen im ersten Fall passieren kann, ist, dass Robert aus der Buchhaltung sauer auf Sie ist, während im zweiten Fall das Worst-Case-Scenario ist, dass Sie schlicht verhungern. Doch wie immer besteht hier das eigentliche Problem darin, dass die menschlichen tief verankerten Bedürfnisse dem rationalem Denken unzugänglich sind.

Lassen Sie beispielsweise das Mittagessen ausfallen, nützt es nichts, dass Sie sich und Ihrem grummelnden Magen sagen, dass es später schon noch etwas zu essen geben wird – das stechende Hungergefühl bleibt. In ähnlicher Weise verhindern Sie nicht, dass im Hinterkopf ein ängstliches Gefühl bestehen bleibt, selbst wenn Sie sich sagen, dass die noch unbeantworteten E-Mails nicht über Leben und Tod entscheiden können. Tief in Ihrem Gehirn ist ein Schaltkreis für soziale Beziehungen verwurzelt, der sich über Jahrtausende der Nahrungsmittelknappheit, die durch strategische Verbindungen gemildert wurden, ausgebildet hat. Dieser Schaltkreis betrachtet die von Ihnen unbeantworteten E-Mails nur auf eine Weise: Sie sind das psychologische Äquivalent für einen von Ihnen ignorieren Stammesbruder, der sich vielleicht aber später als entscheidender Kontakt erweisen könnte, wenn es darum geht, eine Dürreperiode zu überstehen. Aus dieser Perspektive ist ein überquellender Posteingang nicht nur frustrierend – sondern tatsächlich eine Frage von Leben und Tod.

Man kann sogar den Triumph evolutionärer sozialer Triebe über das moderne rationale Gehirn in einem Labor nachweisen. In einer besonders trickreichen Studie, die 2015 in *The Journal of Computer-Mediated Communication* erschien, fanden Forscher heraus, wie sie diskret die psychologische Reaktion ihrer Probanden auf eine vereitelte digitale Kommunikation untersuchen konnten.[20] Die Teilnehmer wurden in einen Raum geführt, in dem sie Silbenrätsel lösen mussten. Außerdem sollten im Rahmen dieses Experiments angeblich drahtlose Blutdruckmessgeräte getestet werden. Nachdem die Probanden einige Minuten mit dem Rätseln beschäftigt waren, kehrte ein Versuchsassistent mit der Ansage zurück, ihre Mobiltelefone würden für »Interferenzen« mit den Signalen des Blutdruckmessgerätes sorgen und müssten daher auf einen 3,5 Meter entfernt stehenden Tisch gelegt werden. Die Probanden konnten also das Handyklingeln noch hören, ohne aber dann unmittelbaren Zugriff auf das Gerät zu haben, denn sie wurden instruiert, dass sie ihren Platz »auf keinen Fall« verlassen dürften. Nach einigen Minuten wurden die Teilnehmer auf ihrem Handy angerufen. Während sie also versuchten, die Rätselaufgabe zu lösen, hörten sie das Klingeln, ohne rangehen zu dürfen.

Über die gesamte Laufzeit des Experimentes wurden mithilfe des drahtlosen Messgeräts die körperlichen Signale der Probanden erhoben, also sowohl der Blutdruck als auch die Herzrate. Anhand dieser Daten konnten die Wissenschaftler die Auswirkungen beobachten, die das Klingeln der Telefone am anderen Ende des Raums auf die Probanden hatte, die den Anruf aber nicht annehmen durften: Die Indikatoren für Stress und Aufregung stiegen an. Ebenso stieg nach eigenen Angaben das Gefühl von Stress und die Teilnehmer fühlten sich weniger wohl als zuvor. Darüber hinaus sank die Leistung hinsichtlich des Rätsellösens, während das Telefon unbeantwortet weiterklingelte.

Im Prinzip wussten die Probanden, dass es kein Drama war, einen Anruf nicht anzunehmen, weil man ständig Anrufe verpasst. Außerdem waren sie eindeutig in diesem Moment mit etwas viel Wichtigerem beschäftigt. Tatsächlich hatten die Teilnehmer ihre Telefone im Nicht-stören-Modus, den die Wissenschaftler heimlich deaktiviert hatten, als sie die Telefone quer durch den Raum trugen. Das bedeutet also, dass die Probanden damit *gerechnet* hatten, Anrufe und Nachrichten während des Experiments zu verpassen. Doch gegen den verankerten evolutionären Druck, dass eine Nichtbeachtung eines möglichen Kontakts *wirklich schlimm* sei, ist diese rationale Herangehensweise machtlos! Die Teilnehmer waren angstgetrieben, auch wenn es im Labor nichts Beunruhigendes gab.

Die verpassten Kontaktchancen, die so untrennbar mit dem hyperaktiven Schwarmdenken verbunden sind, lassen exakt diese paläolithischen Alarmglocken klingeln – ungeachtet unserer Anstrengungen, uns selbst davon zu überzeugen, dass dieser verpasste Anruf oder die versäumte E-Mail nicht schlimm seien. Dieser Effekt ist so stark, dass Arianna Huffingtons Unternehmen Thrive Global untersuchte, wie die Angestellten im Urlaub von dieser Sorge befreit werden könnten, dass sich während ihrer Abwesenheit die E-Mails stapelten. Letztlich setzten sie eine recht radikale Lösung namens Thrive Away: Sendet man jemandem, der sich im Urlaub befindet, eine E-Mail, erhält man automatisch die Antwort, dass die Nachricht gelöscht worden sei und man sie nach Rückkehr der Kollegin erneut schicken könne.

Theoretisch sollte eine schlichte Abwesenheitsschaltung ausreichen, denn sie benachrichtigt den Sender darüber, dass er keine Antwort erhalten wird, solange der Empfänger nicht am Arbeitsplatz ist – aber in dieser Situation ist Logik eher unwichtig. Ungeachtet der Erwartungen, reicht allein das Bewusstsein, dass nach Ihrer Rückkehr ins Büro dort Nachrichten auf Sie warten, um Sie nervös zu machen, was wiederum die potenzielle Erholung im Urlaub mindert. Die einzige Lösung lautet demnach, das Eintreffen von Nachrichten zu verhindern. »Der Schlüssel liegt nicht allein darin, dass das Tool zwischen Ihnen und Ihren Mails ein Hindernis darstellt«, erklärt Huffington, »sondern dass Sie mit dessen Hilfe vom Stress befreien können, dass die Flut an E-Mails während Ihrer Abwesenheit immer größer wird – dem Stress, der die Wohltat und den Nutzen, offline zu sein, mindern würde.«[21]

Ein Tool wie Thrive Away mag vorübergehend den sozialen Stress des hyperaktiven Schwarmdenkens minimieren, aber wir können E-Mails schließlich die restlichen 50 Wochen des Jahres, in denen wir nicht im Urlaub sind, auch nicht ignorieren. Solange wir uns immer noch Arbeitsabläufen verpflichten, die auf permanenten, spontanen E-Mails basieren, wird unser paläolithisches Gehirn sich weiterhin unterschwellig in einem Zustand der Nervosität befinden.

KOMMUNIKATION VIA E-MAIL IST UNGLAUBLICH INEFFEKTIV

Die Anubispaviane im Mpala Research Centre in Kenia leben wie die meisten Pavianarten in Gruppen mit komplexem Sozialverhalten. Trotz der täglichen langen Wanderung auf der Suche nach Futter ist der Gruppenzusammenhalt groß. Für Primatenforscher lautet die große Frage, wie diese Gruppen zu einem Konsens gelangen, wohin sie denn wandern werden. Die Antwort darauf ist schwierig, denn die Gruppen können bis zu 100 Tiere umfassen, und um herauszufinden, wie über die nächste Etappe bestimmt wird, hieße, die meisten Tiere gleichzeitig beobachten zu müssen. Ein renommierter Forscher auf diesem Gebiet beschreibt diese Herausforderung als schier »beängstigend«.[22]

Allerdings machte sich vor nicht allzu langer Zeit eine Truppe von Biologen, Anthropologen und Zoologen unter der Leitung von Ariana Strandburg-Peshkin von der Princeton University an die Überwindung dieser Hürden.[23] Ihre Geheimwaffe: maßgeschneiderte Halsbänder mit hochpräzisem GPS, das einmal in der Sekunde den Standort der Tiere festhielt. Fast 85 Prozent der Population konnten die Wissenschaftler mit diesen Halsbändern bestücken, was einen detaillierten Einblick in die genauen Bewegungen der Gruppe im Verlauf des Tages ermöglichte. Mittels fortschrittlicher Datenanalyseinstrumente und statistischer Berechnungen waren die Forscher nun in der Lage, den Prozess zu erkennen, mit dem die Paviane die Entscheidung trafen, wohin sie als Nächstes ziehen wollten. Und wie sich herausstellte, war dieser Prozess im Prinzip räumlich.

Bevor die Gruppe fortzieht, beobachten die Paviane die Bewegungen der jeweils anderen genau, insbesondere suchen sie nach *Initiatoren*, die sich von der Gruppe in eine bestimmten Richtung wegbewegen. Wie die anderen auf diese Bewegung reagieren, hängt sehr von ihrer Verteilung im Raum ab. Beträgt der Winkel zwischen zwei Initiatoren mehr als 90 Grad, das heißt, sie verlassen die Gruppe in zwei völlig unterschiedliche Richtungen, dann folgen die anderen Paviane nur einem von ihnen und bestärken somit quasi dessen Vorhaben. Bewegen sich aber beide Initiatoren in eine ähnliche Richtung, suchen die restlichen Tiere einen Kompromiss und halten sich in der ungefähren Mitte zwischen diesen Anführern auf. Ergreifen zu viele von ihnen zugleich die Initiative, bleiben die anderen Tiere schlicht an ihrem Standort. Damit wird die Entscheidungsfindung entschleunigt, bis sich die Alternativen aneinander annähern. Sobald ein einzelner Initiator genügend Tiere hinter sich hat, folgt ihm die gesamte Gruppe.

Um diese Gedanken auf unser Problem der E-Mails anzuwenden, müssen wir uns von den Anubispavianen ab- und unserer näheren Verwandtschaft unter den Primaten zuwenden: uns selbst. Hier geht es nicht mehr um die Erforschung, wie Paviane in Kenia beschließen, in welchem Wald sie als Nächstes nach Nahrung suchen, sondern um ein anderes Szenario. Nehmen wir an, eine Gruppe von Wissensarbeitern soll Businesspläne bewerten. Indem wir unsere Aufmerksamkeit vom kenianischen Bergwald auf das Büro lenken, verlagern wir den Entscheidungsprozess auch von der physischen Welt in die digitale, denn sehr wahrscheinlich wird diese Entscheidung schriftlich gefällt, wie es in der Ära des hyperaktiven Schwarmdenkens meist der Fall ist.

Bevor wir uns für diesen modernen Ansatz auf die Schulter klopfen, sollten wir jedoch kurz innehalten und uns daran erinnern, dass die Schriftsprache kaum älter als 5.000 Jahre[24] ist, hinsichtlich evolutionärer Zeitläufe also geradezu unbedeutend. Allerdings ist der vorzeitliche gemeinschaftliche Prozess seit Jahrmillionen der Evolution in unsere zerebrale Festplatte geritzt und angesichts des Verhaltens unserer Cousins, den Pavianen, muss sie immer noch präsent sein. Und im Sinne der Zusammenarbeit erwarten diese Prozesse etwas ganz anderes als den Austausch geschriebener Symbole über einen Computermonitor. Das Missverhältnis zwischen der Art und Weise, wie Kommunikation in unserem Gehirn angelegt ist, und wie wir gezwungenermaßen Informationen durch moderne Technologie austauschen, löst in uns eine starke Frustration aus.

■ ■ ■

Ungefähr zur gleichen Zeit, als die Forscher in Kenia den Pavianen GPS-Sensoren anlegten, ließ Alex Pentland, Professor am Massachusetts Institute of Technology (MIT), einigen Führungskräften ein noch weiter entwickeltes Sensorenpaket angedeihen. Die Teilnehmer saßen an einem Konferenztisch in der Universität und trugen Soziometer um den Hals, die ungefähr die Größe eines Spielkartensatzes haben. Sie verfügen über einen Beschleunigungsmesser, um die Bewegungen der Probanden aufzuzeichnen, ein Mikrofon, einen Bluetooth-Chip, um festzustellen, wer sich in der Nähe aufhält, und eine Infrarotkamera, um zu ermitteln, ob der Träger des Sensors einem anderen Teilnehmer während der Interaktion ins Gesicht schaut.[25]

Jeder der Manager stellte der Gruppe einen Businessplan vor. Ziel war es, sich im Konsens auf den besten Vorschlag zu einigen. Eine Standardtechnik zur Erhebung einer solchen Zusammenarbeit besteht darin, die Gespräche aufzunehmen und zu transkribieren. Doch Pentland war davon überzeugt, dass allein dieser *linguistische* Aspekt der Sitzung nur einen Bruchteil dessen transportierte, was für das Verständnis der Interaktion in diesem Konferenzraum wichtig war. Parallel zu der gesprochenen Sprache existiert ein unbewusster sozialer Kanal, in dem sowohl die fast unmerklichen Signale der Körpersprache als auch der Tonfall ein wesentlich detaillierteres Bild der Interaktion zeichnen. Das war auch der Grund, weshalb Pentland seine Versuchsteilnehmer mit den Sensoren ausgestattet hatte. Diese »vorzeitlichen Signale der Primaten« waren zuvor schon bei Affen untersucht worden. Pentlands Soziometer sollten somit beweisen, dass diese Mechanismen in der menschlichen Zusammenarbeit immer noch eine wichtige Rolle spielen.[26]

Wie Pentland in seinem Buch *Honest Signals: How They Shape Our World* erklärt, werden diese Signale auf dem beschriebenen Kanal übermittelt und die Informationen meist unbewusst verarbeitet. Dabei spielen die Schaltkreise niedriger Ordnung in unserem Nervensystem eine wichtige Rolle – daher entziehen sich diese Prozesse unserer bewussten Wahrnehmung. Jedoch sollte man die Auswirkungen nicht unterschätzen: »Diese Signale stellen nicht nur eine Möglichkeit der Rückmeldung dar oder vervollständigen unsere bewusste Sprache«, so Pentland, »sondern sie bilden ein separates Kommunikationsnetzwerk, das großen Einfluss auf unser Verhalten nimmt.«[27]

Eines dieser Signale, das durch das unbewusste Netzwerk vermittelt wird, nennen wir treffend *Einfluss*, der das Maß beschreibt, in dem eine Person eine andere dazu bringen kann, sich an das eigene Sprachmuster anzupassen. Diese Information wird im Gehirn mittels subkortikaler Strukturen im Mittelhirndach verarbeitet. Dieser Vorgang erlaubt einen schnellen und präzisen Schnappschuss der in einem Raum vorherrschenden Machtverteilung. *Aktivität* ist ein weiteres Signal, es beschreibt die physischen Bewegungen während eines Gesprächs: sich auf seinem Stuhl bewegen, sich vorbeugen, demonstrativ gestikulieren – dieses Verhalten wird zum großen Teil durch das autonome Nervensystem (»eine extrem alte neuronale Struktur«) ausgelöst. Entsprechende Signale lassen eine erstaunlich akkurate Interpretation der wahren Intentionen des Gegenübers zu.[28]

Aufgrund Pentlands Forschungsergebnissen wissen wir ob der Wichtigkeit dieser Signale. Wie er zeigt, lässt sich durch die Aufzeichnungen des Soziometers voraussagen, was bei einem Gespräch herauskommt – sei es nun ein Date, eine Honorarverhandlung oder ein Bewerbungsgespräch. Dabei ist das Wissen um die tatsächlich gesprochenen Worte sogar unnötig.

Kehren wir zurück zu Pentlands Führungskräften und ihrer Sitzung. Einer anderen Gruppe legte er schriftliche Ausarbeitungen vor und bat jeden einzelnen Teilnehmer, sich nach der Lektüre für den besten Vorschlag zu entscheiden. Diese Entscheidungen unterschieden sich wesentlich von denen der Gruppe, die sich über die Vorschläge persönlich ausgetauscht hatte: »Die Manager [in dem Gruppenexperiment, C. N.] waren der Meinung, sie würden die Vorschläge aufgrund von rationalen Erwägungen bewerten, [aber] ein Teil ihres Gehirns nahm weitere äußerst wichtige Informationen wahr, beispielsweise: Wie sehr glaubt diese Person an diese Idee? Wie selbstbewusst spricht sie? Wie entschieden wird sie sich dafür einsetzen, dass ihr Plan wirklich funktioniert?«, schreibt Pentland.[29] Die Führungskräfte, die die Vorschläge lediglich lasen, ahnten nicht, wie viele Informationen ihnen entgingen. Beide Gruppen bewerteten dieselben Präsentationen, erhielten jedoch sehr unterschiedliche Informationen.

Als sich in den 1990er- und frühen 2020er-Jahren die Arbeitsweise des hyperaktiven Schwarmdenkens durchgesetzt hatte, glaubten alle, nun würde einfach das gesprochene Wort aus den Konferenzräumen und Telefongesprächen in ein neues Übermittlungsmedium übertragen – als bliebe der Inhalt davon unverändert. Wie Forschungsergebnisse wie Pentlands zeigen, lässt diese Priorisierung der abstrakten geschriebenen Kommunikation zu Ungunsten des persönlichen Austausches etwas Wichtiges außer Acht: die unglaublich komplexen und fein austarierten sozialen Schaltkreise, die unsere Spezies zur Optimierung der Zusammenarbeit entwickelt hat. Indem wir E-Mail bereitwillig aufgriffen, haben wir unbeabsichtigt die Systeme lahm gelegt, die uns zu einer ebensolchen guten Kooperation befähigen: »Kurzmitteilungen und E-Mails funktionieren einfach nicht exakt so wie persönliche Gespräche«, stellt Pentland ganz offen fest.[30] Es ist also kein Wunder, dass unser E-Mail-Eingang in uns so häufig das nagende Gefühl auslöst, irgendetwas Unbestimmtes ginge uns mächtig auf die Nerven.

Dieser Unmut wird oft noch von der Tatsache bestärkt, dass wir häufig die Fähigkeit unserer Adressaten überschätzen, unsere Nachrichten richtig zu verstehen. Diesbezüglich entwickelt sich ein Experiment, das Elisabeth Newton 1990 im Rahmen ihrer Doktorarbeit durchführte, zum Klassiker: Die Psychologin von der Standford University bildete mit ihren Probanden Paare, die sich an einem Tisch gegenübersaßen. Sie bat einen der Teilnehmer, einen bekannten Song mit den Fingern auf die Tischplatte zu trommeln, der andere musste das Lied erraten. Die Trommler schätzten, dass ihr jeweiliges Gegenüber 50 Prozent der Lieder erkennen würde. Doch in Wahrheit konnten nur unter 3 Prozent der Zuhörer den Rhythmus korrekt zuordnen.[31]

Newton erklärte dieses Phänomen folgendermaßen: Wenn der aktive Teilnehmer das Lied trommelt, hört er in seinem Kopf auch alle anderen Elemente des Songs, also den Gesang, die Instrumente etc. Es fällt ihm schwer, sich in die Position des Zuhörers zu versetzen, dem nur das verwirrende Durcheinander sporadischer Klopfgeräusche zur Verfügung gestellt wird. Sozialpsychologen nennen diesen Effekt *Egozentrismus*. Unter der Leitung von Justin Kruger von der New York University belegten dies Wissenschaftler in einem erstaunlich unterhaltsamen Aufsatz, der in *The Journal of Personality and Social Psychology* erschien. Egozentrismus spielt eine wichtige Rolle, will man erklären, warum uns E-Mails in den Wahnsinn treiben.[32]

Krüger und seine Kollegen untersuchten daher zuerst das Phänomen Sarkasmus. In ihrem ersten Experiment gaben sie einer Gruppe eine Liste mit Themen. Für jedes Thema sollten sie zwei Sätze notieren: einen normalen und einen sarkastischen. Dann mailten die Probanden die Sätze den Teilnehmern einer anderen Gruppe, deren Aufgabe darin bestand, die sarkastisch gemeinten Sätze herauszufinden. »Wie erwartet, überschätzten sich die Probanden«, so das Forschungspaper, denn die Schreibenden hatten geschätzt, dass die Leser im Prinzip jeden Satz richtig zuordnen würden – in Wirklichkeit lagen sie in 20 Prozent der Fälle daneben.

In einem Folgeexperiment wurde die Formulierungsgruppe geteilt: Eine Hälfte nahm ihre Sätze mit einem Gerät auf, die andere mailte ihre Sätze wie im ersten Durchgang. Vielleicht ist es nicht verwunderlich, dass das Hören es viel einfacher machte, die sarkastischen Sätze zu erkennen. Was allerdings überraschte, war die Tatsache, dass die schreibenden Probanden vorhersagten, dass es keinen Unterschied machen würde: Sie waren der Meinung, dass die Empfänger genauso leicht den Sarkasmus erkennen würden, gleichgültig, ob die Sätze geschrieben oder gesprochen würden.

Um die Behauptung zu untersuchen, dass der *Egozentrismus* am übermäßigen Selbstvertrauen der Probanden Schuld war, setzten die Wissenschaftler Humor ein. Nun bekam jeder Proband einen kurzen witzigen TV-Ausschnitt zu sehen, vor allem von Texten des Humoristen Jack Handey. Seine *Deep Thoughts* sind kleine absurde Monologe, die von einem todernsten Erzähler als Lauftext ohne Unterbrechung vorgelesen werden, während im Hintergrund ländliche Szenen oder beruhigende Naturaufnahmen eingeblendet werden. In den 1990er- und frühen 2000er-Jahren waren sie regelmäßig Bestandteil der TV-Show *Saturday Night Live*.

Um dieses Experiment noch konkreter darzustellen (was mir außerdem erlaubt, eine der witzigsten Passagen zu zitieren, die ich jemals in einem von Experten begutachteten Wissenschaftsartikel gelesen habe), präsentiere ich Ihnen nun einen der genutzten Ausschnitte von *Deep Thoughts*:

> Ich glaube, von allen meinen Onkeln mochte ich Onkel Höhlenmensch am liebsten. Wir nannten ihn Onkel Höhlenmensch, weil er in einer Höhle lebte und hin und wieder einen von uns auffraß. Später fanden wir dann heraus, dass er ein Bär war.

Um Egozentrismus zu testen, teilten die Wissenschaftler die Probanden zufällig zwei Gruppen zu. Jeder Teilnehmer der einen Gruppe erhielt einen Text von *Deep Thoughts* via E-Mail. Die Probanden der anderen Gruppe bekamen den Ausschnitt von *Saturday Night Live* zu sehen, inklusive der so beruhigenden Hintergrundmusik, dem ausdruckslosen Sprecher und dem Gelächter des geschockten Publikums. Nachdem diese Teilnehmer den Clip gesehen hatten, verschickten sie auch noch den Text per E-Mail. In beiden Fällen wurden die Sender der Nachricht gefragt, wie lustig sie diese Passage fanden und wie sie die Reaktion der Empfänger darauf einschätzten.

»Die Teilnehmer der Video-Gruppe fanden, dass [*Deep Thoughts*] lustiger war als die Teilnehmer in der Kontrollgruppe«, hält das Forschungspapier fest. »Und dasselbe galt für die Vorhersagen der Probanden über die Reaktion der anderen Teilnehmer sowie deren Bewertung des Witzes.« Weil sie das Video gesehen hatten, bekamen die Teilnehmer mehr begleitende Informationen, die den Text untermalten, den sie in die E-Mail tippten. So wie die Song-Trommler aus Elizabeth Newtons Experiment die Musik in ihrem Kopf hörten, so konnten die Mitglieder der Video-Gruppe die witzigen visuellen Reize und das Gelächter der Menge nicht ausblenden, als sie beurteilen sollten, wie wohl ihre E-Mail bei den Empfängern ankommen würde. Je umfassender die subjektive Erfahrung des Senders von dem ist, was er versucht zu kommunizieren, desto größer ist der Unterschied, was er und sein Empfänger jeweils verstehen – was wiederum beweist, dass Egozentrismus der Grund für das gemessene übermäßige Selbstvertrauen ist.

Das Fazit dieser Forschung lautet, dass E-Mails häufig missverstanden werden, denn es besteht eine »inhärente Schwierigkeit, die eigene subjektive Erfahrung eines Reizes hinter sich zu lassen und sich vorzustellen, wie dieser Reiz von jemandem bewertet wird, der nicht über die eigene Perspektive verfügt.«[33] Die Wissenschaftler fanden einen weiteren Aspekt heraus, der das Ganze noch schlimmer machte: Die Empfänger der Nachricht überschätzten sich selbst ebenso wie die Sender. Sie waren sich sicher, dass sie den Sarkasmus korrekt erfassten und Humor identifizierten, selbst wenn sie an beidem scheiterten. Diese letzte Beobachtung bringt in unser Verständnis der zahlreichen Missverständnisse von E-Mails noch einen weiteren Dreh: E-Mails sind nicht nur wesentlich seltener so eindeutig, wie wir meinen, sondern sind häufig auch völlig missverständlich. Sie waren sich *ganz sicher*, dass Ihre E-Mail nett formuliert war, während der Empfänger *ganz sicher* ist, dass Sie ihn harsch kritisiert haben. Basiert ein ganzer Arbeitsablauf auf einer mehrdeutigen und missverständlichen Kommunikation, sollte es uns nicht überraschen, dass berufliche E-Mails uns unglücklich machen. Denn dieser Arbeitsablauf umgeht all die vielschichtigen nicht-linguistischen Aspekte, die laut Forschern wie Alex Pentland für eine erfolgreiche Interaktion grundlegend sind.

Allerdings brauchen wir wohl keine wissenschaftlichen Untersuchungen, um etwas hervorzuheben, das viele von uns schon jetzt täglich erleben: In ihrem Buch *Reclaiming Conversation* führt die Sozialwissenschaftlerin Sherry Turkle vom Massachusetts Institute of Technology die Probleme auf, die entstehen, wenn am Arbeitsplatz mehr mittels geschriebenem Wort kommuniziert wird. Ein Fallbespiel beschreibt die Schwierigkeiten Victors, eines Leiters einer IT-Abteilung bei einem großen Finanzdienstleiser. »Meistens geht alles langsam den Bach runter, wenn zu viel per E-Mail gemacht wurde«, berichtet er Turkle. Immer wieder muss er seine Teammitglieder davon überzeugen, dass sie die Kunden bei einem Problem persönlich anrufen sollen. »Darauf kommen sie nicht von allein«, erklärt er. »Normalerweise steht dann jemand vor mir, der lieber 29 E-Mails verschicken würde, um ein Problem zu lösen.« Victors Lösung geht den einfacheren Weg: »Rufen Sie die Leute an.« Ihm zufolge sehen seine jüngeren Kollegen in der elektronischen Kommunikation eine »universelle Sprache«, die die Interaktion vereinfacht. Doch vermehrt findet sich Victor in der Rolle wieder, dass er sie davon überzeugen muss, dass das Gegenteil der Fall ist: E-Mails sind keine universelle Kommunikationsform. Und er wird nicht müde, dies zu erklären. Denn stattdessen handelt es sich um ein verarmtes Simulacrum eines komplexen und nuancierten Verhaltens, das in der Geschichte der Menschheit der Kommunikation dient. Die Effekte dieses Missverständnisses spüren wir alle in zunehmendem Maße.[34]

E-MAILS PRODUZIEREN MEHRARBEIT

Eine meiner Lieblingsstudien zu den Auswirkungen von E-Mails wurde von Gloria Mark und ihrem Team 2012 veröffentlicht.[35] Ihr Experiment war so einfach wie genial: Aus einem großem Forschungsunternehmen wurden dreizehn Angestellte ausgewählt, die fünf Arbeitstage lang keine E-Mails nutzen durften. Die Forscher hatten keine ausgeklügelten Notfallpläne oder alternativen Arbeitsabläufe ausgearbeitet: Sie nahmen einfach die E-Mail-Accounts der Probanden vom Netz, lehnten sich zurück und schauten, was passierte.

Obgleich die Studie viele interessante Ergebnisse hervorbrachte, möchte ich eine Beobachtung hervorheben, die nicht in dem veröffentlichten Forschungsbericht dargestellt wurde, sondern auf die mich Gloria Mark in einem Gespräch aufmerksam machte: unter den Probanden befand sich ein Wissenschaftler, der jeden Tag ungefähr zwei Stunden damit zubrachte, ein Labor für ein Experiment vorzubereiten. Er hatte ihr berichtet, dass er recht frustriert darüber sei, dass ihm sein Chef genau während dieser zwei Stunden Vorbereitungszeit gern E-Mails mit Fragen und Aufgaben schickte. Er müsse dafür also jedes Mal seine Arbeit unterbrechen und sich um die Wünsche des Chefs kümmern – was die Vorbereitungszeit des Labors wesentlich in die Länge zog. Der Grund, warum Mark sich so gut an diesen Wissenschaftler erinnerte, war, dass dieser Chef ihn innerhalb dieser Fünf-Tage-Periode ohne E-Mail in Ruhe im Labor arbeiten ließ. Außerdem war es bemerkenswert, dass sich das Büro vom Chef nur *zwei Türen* weiter befand. Allein diese kleine Mühe, ein paar Schritte zu gehen und den Kopf durch die Labortür zu stecken, hatte den Abteilungsleiter davon abgehalten, dem Forscher weitere Arbeitsaufträge zu erteilen. »Er war darüber hellauf begeistert«, erinnert sich Mark.

Diese Anekdote von dem frustrierten Wissenschaftler und dem nervigen Chef unterstreicht die hohen, oft übersehenen Kosten von E-Mails. Tools wie E-Mails reduzieren den nötigen Aufwand auf fast Null. Das betrifft sowohl die Zeit als auch das soziale Kapital, wenn es um eine Fragestellung oder eine Aufgabenverteilung geht. Objektiv betrachtet, wirkt das wie etwas Positives: weniger Aufwand gleich mehr Effizienz. Aber wie ich noch zeigen werde, sind die Nebenwirkungen dieser Transformation – dass Wissensarbeiter nun mehr Fragen stellten und mehr Aufgaben als je zuvor delegierten –, dass wir unter einer unaufhörlichen Überlastung leiden, die uns in die Verzweiflung treibt.

■ ■ ■

Unsere Arbeitsbelastung hat sich deutlich verändert, und um das zu untersuchen, bietet sich eine Analyse der Systeme an, mit deren Hilfe wir die Übersicht über unsere Aufgaben behalten. In seinem Klassiker von 2001 *Wie ich die Dinge geregelt kriege: Selbstmanagement für den Alltag* erklärt der Produktivitätsguru David Allen, dass sich in der Zeit, in der sich E-Mail verbreitete, auch die Ansätze des Zeitmanagements drastisch veränderten. Noch zum Ende der 1980er-Jahre hin lag das »Wesen der Selbstorganisation« darin, einen Taschenkalender aus Papier dabei zu haben und mittels täglicher Aufgabenlisten die Lücken zwischen Terminen zu füllen. Besonders gut organisierte Menschen nutzten dazu Alan Lakeins ABC-Methode oder Stephen Coveys vier Quadranten, um festzulegen, in welcher Reihenfolge sie die an diesem Tag anstehende Handvoll Aufgaben erledigen wollten.

»Für jene Zeit waren die traditionellen Herangehensweisen an das Zeitmanagement und die eigene Organisation angemessen«, schreibt Allen. Aber als sich die 1980er-Jahre dem Ende entgegenneigten, war die Idee, den Tag mit einer kurzen Liste bestimmter Aufgaben zu strukturieren, einfach nur noch goldig. »Der Job von immer mehr Leuten besteht aus zig, wenn nicht gar Hunderten E-Mails täglich, ohne den Spielraum, auch nur eine Anfrage, eine Beschwerde oder eine Bestellung zu ignorieren«, so Allen. »Es gibt nur wenige Menschen, die ... eine vorab festgelegte Liste von zu erledigenden Aufgaben auch aufrechterhalten können, bis die erste ... Unterbrechung von ihrem Chef alles über den Haufen wirft.«[36]

Während Allen im Kreis der Zeitmanager zu Ruhm kam, verbreitete sich zeitgleich das hyperaktive Schwarmdenken fast grenzenlos. Allen verkaufte über 1,5 Millionen Exemplare seines Buches primär, weil er einer der ersten Wirtschaftsdenker war, der begriff, wie sehr dieser neue Workflow für *immer mehr Arbeit* sorgte. Seinen überforderten Lesern riet er, sie sollten jede noch so kleine Verpflichtung einem »erprobten System« überantworten, in dem diese dann klar definiert und organisiert werden konnte. Dies war die Basis für den hektischen Arbeitsstil, in dem man versucht, die bestehenden Aufgaben schnell zu lösen, bevor wieder neue hereinkommen.

Neulinge in Sachen Dinge-geregelt-Kriegen sind häufig schockiert davon, wie lang ihre Aufgabenliste ist. Allen erinnert sich, dass er als Berater schnell feststellen musste, dass er ganze zwei Tage brauchte, um mit den Führungskräften zusammen alle ihre Aufgaben überhaupt zu sichten und zu klären, was sie alles zu erledigen hatten. Der Vorgang, einfach ihre Verantwortlichkeiten aufzulisten, dauerte häufig allein schon »sechs oder mehr Stunden.«[37] Vorbei sind die Zeiten, in denen der »produktive« Manager seinen Kalender hervorzog, um dort sorgfältig die sechs Punkte einzutragen, die er an diesem Tag zu erledigen hoffte. In der modernen Welt befinden sich Wissensarbeiter in einem Dauerzustand der Belagerung durch Verpflichtungen.

Die einschlägige Literatur bringt ein wenig Klarheit beim Thema der Überforderung. In ihrer ursprünglichen Studie zur Aufmerksamkeitsfragmentierung von 2004 unterteilten Victor M. González und Gloria Mark die Bemühungen der untersuchten Mitarbeiter in unterschiedliche *Arbeitssphären*, bei denen jede für ein bestimmtes Projekt oder Ziel stand. Die Forscher stellten fest, dass ihre Probanden im Durchschnitt täglich in zehn verschiedenen Sphären arbeiteten. Dabei widmeten sie ihnen weniger als zwölf Minuten, bevor sie sich mit dem nächsten Thema beschäftigten.[38] Ein Jahr später, 2005, führten sie die Studie erneut durch und stellten fest, dass die beobachteten Angestellten nun durchschnittlich pro Tag elf oder zwölf Sphären bearbeiteten.[39] Diese große Anzahl unterschiedlicher täglicher Sphären, kombiniert mit der Tatsache, dass jede Arbeitssphäre viele kleine Aufgaben und vermutlich Dutzende E-Mails bedeutet, zeigt ein Abbild völlig zerstückelter moderner Wissensarbeit. »Nachts wache ich häufig panisch auf, wegen der ganzen Punkte, die ich noch erledigen muss oder zu denen ich nicht gekommen bin«, schreibt die Journalistin Brigid Schulte 2014 in *Overwhelmed*, ihrem Buch über die Arbeitsepidemie: »Ich mache mir Sorgen, dass ich irgendwann meinem Tod ins Auge sehen werde, nur um dann festzustellen, dass mein Leben irgendwo in diesem hektischen Alltagsballast verloren gegangen ist.«[40]

Das bringt uns zu meiner ursprünglichen Behauptung zurück, dass wir die E-Mail – oder zutreffender: die durch sie entstandene Arbeitsweise des hyperaktiven Schwarmdenkens – die Schuld dafür geben können, dass diese Entwicklung hin zur Überforderung stattgefunden hat. Ein Beweisstück für diese Behauptung ist das Zeitgefühl. Der Anstieg der Geschäftigkeit passierte wahrscheinlich irgendwann zwischen dem Ende der 1980er- und dem Anfang der 2000er-Jahre: dieselbe Zeitspanne, in der sich E-Mails in der Arbeitswelt ausbreitete. Doch die Experten selbst lieferten einen weiteren Beweis. David Allen und Gloria Mark, neben weiteren relevanten Kommentatoren, sehen insbesondere zwischen E-Mails und unserer derzeitigen hektischen Arbeitswut eine Verbindung.

Darüber hinaus können wir einen Mechanismus entdecken, der nachvollziehbar erklärt, wie E-Mails möglicherweise zu diesem derartigen Anstieg unserer Arbeitsbelastung beigetragen haben. Zu Beginn dieses Abschnitts erzählte ich von dem frustrierten Wissenschaftler, der sich gegen die Anfragen seines Chefs zur Wehr setzen musste. Als sein E-Mail-Account gesperrt wurde, hörte der Chef auf, ihn mit zusätzlichen Anfragen zu belästigen, obgleich sein Büro nur zwei Türen den Flur entlang vom Labor entfernt war. Es musste nur ein *Störelement* eingeführt werden, damit der Wissenschaftler wesentlich weniger Anfragen vom Chef erhielt.

Für viele Wissensarbeiter ergibt diese Geschichte wahrscheinlich Sinn. Wie viele kurze Fragen, die die Zeit und Aufmerksamkeit von jemand anderem kosten, hauen Sie an einem normalen Tag mal eben schnell per E-Mail raus? Und wie viele würden Sie wirklich stellen, wenn Sie für die Antwort den Flur hinuntergehen und jemanden bei der Arbeit unterbrechen müssten?

Dieser Effekt impliziert, dass etwas Irrationales in diesem System lauert, das uns am Arbeitsplatz kognitive Ressourcen kostet. Wenn nur ein kleines Störelement dazu führen kann, dass die Anzahl der Anfragen drastisch sinkt und Sie so quasi Zeit und Aufmerksamkeit einsparen könnten, dann sind die meisten dieser Belange für das Überleben des Unternehmens unwichtig. Ganz im Gegenteil: Sie sind eine Nebenwirkung der künstlich niedrigen Widerstandskraft, die mit den digitalen Kommunikationsinstrumenten einhergeht. Folgender Gedanke klingt vielleicht seltsam: Könnte es zu Problemen führen, wenn diese Störungen aufgehoben würden? Wir denken immer, dass mehr Effizienz auch mehr Effektivität bedeutet. Selbst unter Ingenieuren, wie ich einer bin, ist dieses Konzept weit verbreitet. Ist die Störung zu klein, können Feedbackschleifen entstehen, die außer Kontrolle geraten, etwa wenn ein Sprecher zu nah an ein Mikrofon tritt und hineinspricht, was durch die Selbstverstärkung ein ohrenbetäubendes Quietschen hervorruft.

Etwas Vergleichbares wie das Mikrofonkreischen passiert gerade mit der modernen Wissensarbeit. Sobald die Störung – jemanden persönlich um etwas zu bitten – ausgeräumt war, explodierte die Anzahl dieser Bitten unkontrolliert. Verzweifelt versuche ich, die Zeit und Aufmerksamkeit von anderen an mich zu reißen, so wie sie zuvor meine Zeit und Aufmerksamkeit an sich gerissen haben. Bald wird es jedem so ergehen wie Brigid Schulte: mitten in der Nacht mit dem Gefühl aufwachen, im »hektischen Alltagsballast« zu ersaufen.

Was würde wohl mit diesem »Ballast« passieren, wenn ein kleiner Störfaktor wieder in das System eingeführt würde, wie in Gloria Marks Experiment ohne E-Mails? Ich tippe, dass viele dieser dringenden Aufgaben einfach verschwinden würden: Die super wichtige Frage, die ich schnell mal in einer Slack-Message gestellt habe, ist plötzlich gar nicht mehr so wichtig, wenn ich dafür meine jetzige Arbeit unterbrechen muss und außerdem beim Stellen der Frage in Ihr genervtes Gesicht schauen muss. Entweder lasse ich es bleiben oder ich recherchiere einfach selbst. Viele Aufgaben ließen sich wahrscheinlich in vernünftigere Blöcke zusammenfassen. Was sich bisher in zig spontanen E-Mails oder Nachrichten niederschlug, kann vielleicht in einer längeren Diskussion bei einer regelmäßigen Statusbesprechung geklärt werden. Das ist im Augenblick ein wenig lästiger, denn dann müssen Sie alles, zu dem Sie Fragen haben, im Blick behalten und damit bis zum nächsten Meeting warten. Aber am Ende werden alle weniger fahrig sein.

Störungselemente führen außerdem dazu, dass intelligentere Prozesse in Gang kommen. Nehmen wir an, dass ich recht häufig von Ihnen eine Unterschrift für eine bestimmte Bedarfsanforderung brauche. Mit Kommunikationsinstrumenten wie der störungsarmen E-Mail schicke ich Ihnen vermutlich immer einfach dann die Formulare, wenn ich Ihre Unterschrift brauche. Denn so habe ich die Verantwortung ohne große Anstrengung von meinem auf Ihren Schreibtisch verlagert – nun sind Sie am Zug. Ohne E-Mail wäre ich allerdings gezwungen, mir ein besseres System einfallen zu lassen, damit ich mir nicht für jede einzelne Unterschrift separat die Mühe machen muss, Sie aufzusuchen. Vielleicht einigen wir uns darauf, dass ich Ihnen jeden Freitagmorgen diese Formulare in Ihren Posteingang lege, und Sie mir versprechen, sie bis Montagmorgen unterschrieben wieder in meinen Posteingang zurückzulegen. Für Sie wäre dieses System viel besser, denn es befreit Sie von wenigstens einem unvorhersehbaren Ereignis, das Ihnen Zeit und Aufmerksamkeit abverlangt. Doch in einem Szenario, in dem es im Prinzip absolut keine Kosten verursacht, Formulare auf elektronischem Wege loszuwerden, würde das nicht geschehen.

Zusammengefasst: Häufig überschätzen wir das Rationale an unserer Arbeitsbelastung. Wenn auf unserem Schreibtisch eine Aufgabe landet, glauben wir, sie gehöre zu unserem Job, einfach nur, weil sie wichtig ist. Aber wie ich gerade gezeigt habe, können sowohl die Art der Arbeit als auch ihr Umfang deutlich von weniger rationalen Faktoren beeinflusst werden. Dazu gehören die relativen Kosten, jemanden um seine Zeit und Aufmerksamkeit zu bitten. Als die Kosten von Kommunikation gegen Null sanken, haben wir aus Versehen für einen massiven Anstieg unserer relativen Arbeitsbelastung gesorgt. Dieses neuerdings angestiegene Arbeitsaufkommen ist nicht grundsätzlicher Art, denn es handelt sich hierbei nur um eine unbeabsichtigte Begleiterscheinung. Es ist eine Ursache für Stress und Nervosität, die wir eindämmen können, wenn wir willens wären, von dem hektischen Hin und Her Abstand zu gewinnen, der die Arbeitsweise des hyperaktiven Schwarmdenkens ausmacht.

AUF DER SPUR DER ELENDSMECHANISMEN

Die meisten Wissensarbeiter kennen das unschöne Gefühl, das der überquellende Posteingang auslöst. Der Grund, dass diese Tatsache noch keine Revolte ausgelöst hat, ist jedoch, dass es häufig als ein unumgänglicher Zustand dargestellt wird – sozusagen die Conditio sine qua non in einem Zeitalter des Hightech und der Hypervernetzung: »Die Theorie ›Sorge dafür, dass alle immer beschäftigt sind‹ ist nach wie vor gültig … in der Wissensarbeit«[41] erklärte ein Artikel in der *MIT Sloan Management Review* von 2018. (Der Artikel führt aus, dass man im Gegensatz dazu in den 1980er-Jahren feststellte, dass das ständige Beschäftigt-Sein im Herstellungssektor nicht der optimale Weg war.)

In diesem Kapitel habe ich versucht, dem allgemeinen Fatalismus etwas entgegenzusetzen, indem ich drei Faktoren aufzeigte, wie der Workflow des hyperaktiven Schwarmdenkens uns unglücklich macht: die psychologische Unruhe, die uns ergreift, wenn sich unser Posteingang schneller füllt, als wir ihn abarbeiten können, die frustrierende Ineffektivität einer Kommunikation, die sich auf das Schriftliche beschränkt, und die grenzenlose Überlastung, die sich einstellt, wenn Störungselemente in der Bürointeraktion entfernt werden. Betrachten wir jede dieser Quellen unseres Unbehagens einzeln, erscheinen sie nicht mehr unumgänglich. Es zeigt sich stattdessen, dass sie bedauerliche und weitestgehend unerwartete Konflikte hervorrufen, die zwischen unserer besonderen Arbeitsweise und der unseres Gehirns entstehen. Die Lösung besteht nicht darin, resigniert mit den Schultern zu zucken, sondern den offensichtlichen Ausweg anzustreben: das hyperaktive Schwarmdenken mit alternativen Arbeitsabläufen ersetzen, die immer noch dafür sorgen, dass die Arbeit erledigt wird. Doch dabei kann man die schlimmste dieser unglücklich machenden Begleiterscheinungen umgehen. Eine Welt ohne E-Mail ist im Großen und Ganzen eine glücklichere Welt, wie ich in Teil II zeigen werde. Doch bevor wir in die Diskussion darüber einsteigen, was besser funktioniert, müssen wir noch einen letzten Halt machen. Die Herausforderung, der wir uns im nächsten und letzten Kapitel von Teil I stellen werden, ist die Suche nach der Antwort auf folgende Frage: Wie konnte es überhaupt soweit kommen, dass wir uns auf solch eine unproduktive und elendsprovozierende Herangehensweise an die Arbeit eingelassen haben?

3

E-Mails haben einen eigenen Kopf

DER BOOM DER E-MAIL

Warum ist die E-Mail so beliebt geworden? Einen Hinweis darauf findet sich an einem merkwürdigen Ort: verborgen hinter den Mauern der Central Intelligence Agency, präziser denen des ursprünglichen Hauptquartiers in Langley, Virginia. Hier findet man noch knapp 50 Kilometer Stahlröhren mit ca. zehn Zentimetern Durchmesser aus den frühen 1960er-Jahren. Sie sind Teil eines ausgeklügelten Systems, in dem mittels Vakuum die interne Post hin- und hergeschickt wurde. Mit einer Geschwindigkeit von neun Metern pro Sekunde schossen die Fiberglasbehälter zu ca. 150 Stationen auf acht Etagen. Mit Messingringen am Boden dieser Zylinder konnten die Sender die Adresse einstellen. Elektromechanische Elemente in den Röhren lasen diese Einstellungen und schickten die Büchsen auf ihre Routen. Zu Spitzenzeiten transportierte dieses System 7.500 Nachrichten am Tag.[1]

Wie man sich bis heute bei der CIA erzählt, waren die Mitarbeiter betrübt, als in den späten 1980er-Jahren das Luftdruck-betriebene Nachrichtensystem abgeschafft wurde, weil das Hauptquartier erweitert werden musste. Einige von ihnen schwärmten von dem tröstenden *fump, fump, fump*, wenn die Büchsen in der Station eintrafen. Andere Mitarbeiter fürchteten, die Bürokommunikation würde sich zu einem inakzeptablen Grad verlangsamen oder dass Boten nun bis zur völligen Erschöpfung die Nachrichten zu Fuß überbringen müssten. In den Archiven der CIA findet sich ein Foto, auf dem ein Button mit folgender Aufschrift zu sehen ist: »Rettet die Rohre«.

Warum investierte die CIA eine derartig hohe Summe, um ein solch sperriges System zu installieren und zu erhalten? Schließlich hatte es in den 1950er- und 1960er-Jahren bereits weit verbreitete und günstige Methoden der bürointernen Kommunikation gegeben. Als das Hauptquartier gebaut wurde, existierten beispielsweise bereits seit Jahrzehnten interne Telefonanlagen. Wäre es nicht unnötig, eine Notiz durch ein pneumatisches Netzwerk zu verschicken, wenn man nicht genauso gut zum Telefonhörer greifen könnte?

Aber das Telefon war kein Patentrezept. Es ist ein gutes Beispiel für *synchrone Nachrichtenübermittlung*, wie es Experten nennen, und dafür müssen alle Teilnehmer zur selben Zeit interagieren. Wenn Sie nicht an Ihrem Schreibtisch sitzen, während ich Sie anrufe, oder wenn Ihr Telefon nicht besetzt ist, dann habe ich es vergeblich versucht. In einer kleinen Organisation ist es vielleicht noch möglich, Menschen per Telefonanruf ausfindig zu machen, aber ab dem Übergang des 19. zum 20. Jahrhundert verschwanden übersichtliche Kontore und kleine Verwaltungsabteilungen am Ende des Fabrikgebäudes. Stattdessen entstanden riesige Gebäude, wie das Hauptquartier der CIA, in dem Tausende von Büroangestellten unter einem Dach arbeiteten. In diesem Maßstab ist es mühselig, eine synchrone Kommunikation zu koordinieren, denn dies endet mit ausgedehntem Fangenspielen unter Sekretärinnen und mit Zettelstapeln, auf denen die entgangenen Telefonate notiert wurden.

Eine alternative Interaktionsform vermeidet den Aufwand der synchronen Nachrichtenübermittlung, das heißt, der Empfänger muss beim Eintreffen der Nachricht nicht persönlich anwesend sein. Der Rollwagen, mit dem Post innerhalb eines Büros befördert wurde, ist dafür ein klassisches Beispiel. Nehmen wir an, ich möchte Ihnen eine Nachricht zukommen lassen, dann lege ich sie, wann immer es mir passt, in meinen Ablagekasten für den Postausgang. Und sobald die Nachricht in Ihrem Ablagekasten für den Posteingang landet, können Sie sie lesen – wann immer Sie gerade Zeit dafür haben. Das alles funktioniert ganz ohne Organisationsaufwand. Das Problem des Postwagens ist jedoch seine Langsamkeit. Vielleicht braucht mein Anschreiben an Sie einen Großteil des Tages, denn es nimmt den Umweg über die Poststelle, wo die Unterlagen sortiert und zugeordnet werden, dann muss das Schreiben wieder auf den Rollwagen auf Ihrer Etage, wo er bis vor Ihre Tür geschoben und die Nachricht per Hand übergeben wird. Dieser Vorgang mag für statische Informationen sinnvoll sein, aber er ist eindeutig unpraktisch, wenn es darum geht, effizient zeitkritische Neuigkeiten zu verbreiten oder Inhalte zu koordinieren.

Mit den Bürovergrößerungen ging der Bedarf einher – die Wunderwaffe der Produktivität quasi –, einen Weg zu finden, die Geschwindigkeit synchroner Kommunikation mit dem geringen Koordinationsaufwand asynchroner Kommunikation zu verbinden. Womit wir wieder bei der CIA wären. Genau dieses Ziel wollte die Agentur mit dem pneumatischen Röhrensystem erreichen. Die elektromechanisch geleiteten Büchsen mit Vakuumantrieb waren das Äquivalent eines turboaufgeladenen Postwagens: Nun kann ich Ihnen meine Nachricht innerhalb von Minuten statt Stunden zusenden. Daher ist es keine Überraschung, dass die Angestellten der CIA betrübt waren, als das Röhrensystem in den 1980er-Jahren aufgrund der Bauerweiterung außer Betrieb gesetzt wurde. Doch die Trauer währte nicht lange, denn zur selben Zeit tauchte eine neue, günstigere, sogar noch schnellere Methode der asynchronen Kommunikation auf: die elektronische Post.[2]

■ ■ ■

Die meisten Unternehmen verfügten nicht über die Mittel der CIA, um ein eigenes System mit pneumatischen Röhren zu installieren, daher war die Ankunft der E-Mail für sie der erste Zeitpunkt, an dem auch sie in den Genuss der asynchronen Kommunikation in Hochgeschwindigkeit kamen. Uns ist diese Technik inzwischen so vertraut, dass wir sie als gegeben hinnehmen, aber in den 1980er- und 1990er-Jahren, als sie sich erst verbreitete, brachte sie umfassende Auswirkungen mit sich.

In den Archiven von *The New York Times* finden sich nette Momentaufnahmen von dem damals rapiden Anstieg von E-Mails. Eines der ersten Dokumente, in denen diese Technologie im Wirtschaftszusammenhang genannt wurde, ist ein Artikel von 1987, in dem das Wort *E-Mail* durchgängig in Anführungszeichen gesetzt wurde.[3] »Obwohl die ›E-Mail‹, wie sie genannt wird, sich nicht so schnell verbreitet hat, wie ihre Fürsprecher vorausgesagt hatten«, so der Artikel, »hat sie sich als Nischenmarkt etabliert und eine kleine, aber stetig wachsende Gefolgschaft in der Geschäftswelt gefunden.« Wie der Artikel erläutert, bedurfte es für die professionelle E-Mail an diesem Punkt immer noch einer bestimmten Vorrichtung, die sich in einen Server einwählte, um zum Versenden oder Erhalten einer Nachricht eine Verbindung herzustellen, die danach direkt wieder unterbrochen wurde. Brauchte man die Nachricht noch einmal zu einem späteren Zeitpunkt, bedurfte es eines aufwendigen Prozesses, in dem man sie auf einem Medium speicherte. Angesichts der Komplexität dieser Technologie zu diesem frühen Zeitpunkt ist die Vorsicht des Artikels verständlich. Aber das sollte sich bald ändern.

Nur einige Jahre später erschien ein weiterer aufschlussreicher Artikel – dieses Mal allerdings ohne Anführungszeichen beim Wort E-Mail.[4] Hier wird beschrieben, wie positiv die Unterhaltungsindustrie auf die technologische Entwicklung reagiert. Wir erfahren, dass Mike Simpson, einer der beiden Leiter der einflussreichen Filmabteilung bei William Morris Agency, 1989 ein frühes Computernetzwerk aus 300

Computern etablierte, das die Büros in Beverly Hills und New York verband. Es stammte von NeXT, Inc., Steve Jobs Start-up, das dieser nach Apple gegründet hatte. »In unserem Geschäft ist es ein Grundpfeiler, Informationen möglichst schnell zu bekommen, um sie schnell zu verwenden«, erklärt Simpson. »Durch die E-Mail haben wir bereits einen Vorteil.«

In dem Artikel werden weitere Beispiele für die Begeisterung für das Potenzial von E-Mails aufgeführt. »Es bedeutet schnelle Informationen, ersetzt Telefonate, schont die Umwelt und erlaubt mehr Menschen, gleichzeitig mehr zu wissen«, freut sich ein Agent. Ein anderer spricht über seine Erfahrungen, als er zu der konkurrierenden Künstleragentur wechselte und dort zu seinem »Horror« feststellen musste, dass noch Boten die Nachrichten auf Papier verteilten. Er bestand darauf, dass seine neuen Kollegen E-Mail anschafften. Auch bei Disney hielt die neue Technik Einzug. Jeffrey Katzenberg etablierte ein privates E-Mail-Netzwerk, das zwanzig der oberen Führungskräfte miteinander verknüpfte. »Wir mussten E-Mails lieben, weil Jeffrey sie liebt«, beschreibt der Vize-Geschäftsführer der Feature Publicity von Disney, bevor er erklärend nachhalf: »Man kommuniziert über Computer statt mit dem Telefon.«

Die E-Mail war 1992 immer noch so neu, dass nicht alle ihr großes Potenzial in Gänze erfassten: »E-Mails machen Spaß, aber sie sind ein Spielzeug«, behauptet ein Story Analyst der Filmproduktion Columbia Pictures und sagt einen Satz, den er heute wahrscheinlich gerne wieder zurücknehmen würde, denn er fügt hinzu: »Die E-Mail ermutigt die Leute zum Schwatzen und dazu, Dinge zu sagen, die nicht gesagt werden müssen.« An dieser Stelle merkt der Artikel an, dass die meisten Filmstudios immer noch ein primitives Kommunikationsgerät namens Amtel nutzten, das aus einem Monitor und einer Tastatur bestand, mithilfe derer man kurze Textnachrichten verschicken konnte. (Das Amtel wurde in Hollywood häufig dazu verwendet, die Führungskräfte, ohne ihre Verhandlungen hinter verschlossenen Türen stören zu müssen, darüber zu informieren, wer immer noch in den diversen Telefonleitungen wartete.)

In einem Artikel von 1989 gibt der geschätzte Autor und Technologieexperte John Markoff einen umfassenderen Einblick in die Entwicklungen, die zur Verbreitung der E-Mail beitrugen.[5] »Elektronische Post, die aufgrund des Computerbooms in den 1980er-Jahren nach der Faxmaschine den zweiten Platz einnimmt, kommt nun voll zu ihrem Recht.« Wie Markoffs Artikel zeigt, diente die E-Mail in den späten 1980er-Jahren primär dazu, Mitarbeiter innerhalb eines Unternehmens miteinander zu verbinden. Im Jahr 1989 gaben die wichtigsten Anbieter von E-Mail-Netzwerken dem Druck der Aerospace Industries Association, einem Zusammenschluss von 50 Luft- und Raumfahrtunternehmen mit insgesamt über 600.000 Angestellten, nach und verknüpfen »widerwillig« ihre Netzwerke miteinander. Dieses frühe E-Mail-Protokoll hieß X.400 und ermöglichte den Nutzern zum ersten Mal, miteinander zu kommunizieren.

Vorausahnend argumentiert Markoff, dass, sobald sich E-Mails weltweit verbreiten würden, sie größtenteils den Bedarf an Faxgeräten auf Null senken und ihre Verbreitung damit noch viel schneller wachsen würde. Aber nicht nur er erkannte das Potenzial der E-Mail. Markoff zitiert Steve Jobs – in dem Artikel »Steven P. Jobs« genannt – mit einer Vorhersage, die sich als zutreffend erweisen sollte: »In den 1990er-Jahren wird die Arbeit mit Personal Computern die zwischenmenschliche Kommunikation in einer so drastischen Weise verändern, wie sie es in den 1980er-Jahren mit der Analyse von Geschäftszahlen und das Publizieren getan hat.«

Die Fallbeispiele in Markoffs langer Abhandlung zeichnen ein Bild von einer Technologie auf ihrem Weg nach oben: »Wir haben festgestellt, dass die elektronische Post unsere Kommunikationsweise drastisch verbessert hat«, erklärt ein Krankenhausleiter. »Es ging los und ist nun in unserer gesamten Organisation vertreten.« Markoff fügt später hinzu: »In großen wie kleinen Büros im ganzen Land wird [die

E-Mail, C. N.] als eine Methode begriffen, die effizienter als das Telefonieren ist.«

Im Jahr 1992 berichtete die *Times*, dass jährlich 130 Millionen US-Dollar mit E-Mails umgesetzt wurden. Berechnungen zufolge sollten daraus bis Mitte der 1990er-Jahre schon 500 Millionen US-Dollar Umsatz werden, weil viele große Softwarefirmen, wie etwa IBM und Microsoft, kurz vor der Markteroberung standen.[6] Bereits einige Jahre später war die Durchdringung des Marktes mit E-Mails keine Frage mehr. »Seitdem vor einem Jahrzehnt die Lotus 1-2-3-Tabellenkalkulation als die erste Killer-Anwendung bejubelt wurde, … haben sich die Leute gefragt, ›Was wird die nächste Killer-Anwendung?‹«, schreibt Peter Lewis in seinem Artikel von 1994. »Meiner Ansicht nach gibt es da keinen Zweifel: Die elektronische Post ist die Killer-Anwendung für die 1990er-Jahre.«[7]

Wie diese Artikel zeigen, breitete sich die E-Mail mit einer erstaulichen Geschwindigkeit in der Geschäftswelt aus. Im Jahr 1987 ist es eine schwerfällige Methode, die nur in einem »Nischenmarkt« genutzt wird. Im Jahr 1994 ist es die »Killer-App« des Jahrzehnts, auf der eine Softwareindustrie im Wert von einer halben Milliarde US-Dollar basiert. Das kommt einer Transformation über Nacht schon recht nahe, wie man sie sonst nur selten in der Geschichte der kommerzialisierten Technologierezeption kennt.

Es sollte uns nicht wundern, dass dieses Instrument sich so schnell verbreitete. Wie ich bereits dargestellt habe, löste es ein echtes Problem: Es deckte den Bedarf an einer sehr schnellen asynchronen Kommunikation – und das relativ kostengünstig und leicht bedienbar.[8] Jedoch ist es wichtig zu berücksichtigen, dass die E-Mail als Hilfsmittel keine prinzipielle Eigenschaft hat, die uns zu einer ständigen Nutzung zwingt. Man könnte sich auch einen anderen Verlauf vorstellen, in dem E-Mails die existierende Kommunikation über Telefon oder Memos vereinfachten, aber die Arbeitsabläufe in Büros die gleichen blieben wie zur Mitte der 1980er-Jahre. Man könnte sozusagen die praktischen Vorteile von E-

Mails nutzen, ohne sich gleichzeitig die Arbeitsabläufe des hyperaktiven Schwarmdenkens zu eigen zu machen. Warum also breitete sich dieses hektische Verhalten überall aus, nachdem die E-Mail so populär wurde? Und das, obwohl unsere Produktivität leidet und es uns unglücklich macht, wie ich in den vorhergehenden Kapitel gezeigt habe. Sieht man sich diese Frage genauer an, dann stellt man fest, dass die Antworten darauf nuanciert und faszinierend sind, die aber alle auf eine überraschende Schlussfolgerung hindeuten: Vielleicht ist die Art und Weise, wie wir heute arbeiten, viel willkürlicher, als wir meinen.

WAS WILL TECHNOLOGIE?

Nachdem er seinen Hochschulabschluss in der Tasche hatte, trat Adrian Stone Anfang der 1980er-Jahre seinen ersten Job bei IBM an. Er arbeitete im Hauptsitz in Armonk, New York, wo zu jener Zeit die interne Kommunikation noch meist über geschriebene Notizen ablief. In einem Essay erinnert sich Stone 2014 an diese Zeit. Wenn man mit jemandem reden wollte, dann konnte man versuchen, ihn anzurufen. Aber weil das nur selten funktionierte, ging man normalerweise zu dem Arbeitsplatz der betreffenden Person und legte einen Zettel auf den Tisch, den diese dann später finden würde. »Sobald sie die Notiz gelesen hatte, konnte sie den Spieß umdrehen. So ging das manchmal Tage lang«, beschreibt Stone die Situation.[9]

Dies ist eine wichtige Erinnerung daran, dass auch vor dem Einzug der E-Mail die Zustände in Firmen nicht paradiesisch waren. In jener Zeit innerhalb von großen Unternehmen kommunizieren zu wollen, war ein Drama und die plötzlich auftauchende E-Mail bot eine einfache Lösung für dieses Problem. Daher ist es nicht überraschend, dass IBM, als sie in den 1980er-Jahren begannen, ihre Tätigkeiten zu vernetzen, früh einen internen Nachrichtenservice einsetzte.

Eine von Stones ersten Aufgaben, die er anging, bestand darin, die Bemühungen in dieser Richtung zu unterstützen, indem er erst einmal erhob, wie viel die IBM-Mitarbeiter in der Hauptgeschäftsstelle Armonk derzeit mit welchen Kanälen kommunizierten: Anrufbeantworter, Protokolle, (Akten-)Notizen etc. Man nahm an, dass der Großteil dieser Kommunikation zukünftig von E-Mails ersetzt werden würde, daher war es wichtig, einen entsprechenden Großrechner dafür anzuschaffen, um alle Kommunikationsbedürfnisse befriedigen zu können. (Wie mir Stone erklärte, waren diese Maschinen damals kostspielig. »Wir reden hier teilweise über Millionenpreise.« Daher war es wichtig, vorab genau die womöglich anfallende Rechnerkapazität zu bestimmen.)

Stone erstellte eine Schätzung, anhand derer ein Server all die bisherige analoge Kommunikation in dem Unternehmen mit Leichtigkeit bewältigen könnte. Das System wurde konfiguriert, installiert und aktiviert – es war ein sofortiger Hit bei den Angestellten. Allerdings ein etwas zu beliebter, wie sich herausstellen sollte. Innerhalb weniger Tage sorgten sie dafür, dass der Server vor Überlastung »durchbrannte«. Wie Stone mir berichtete, wurde der Server fünf- bis sechsmal häufiger benutzt, als er erwartet hatte. Das heißt, kaum war die E-Mail bei IBM eingeführt, explodierte der Umfang der internen Kommunikation.

Ein genauerer Blick in diese Kommunikation zeigte, dass die Angestellten nicht nur weitaus mehr Nachrichten als vor der E-Mail-Ära sandten, sondern auch wesentlich mehr Kopien an Kollegen als zuvor. »Vor der E-Mail lief eine einfache Kommunikation zwischen zwei Personen ab«, so Stone im Gespräch. Doch nach der Einführung entwickelte sich die gleiche Konversation zu einem ausufernden Hin- und Hergerede, an dem verschiedene Menschen beteiligt waren. Stone scherzte: »Daher war der potenzielle Zugewinn durch E-Mails – innerhalb weniger Tage – erreicht und dann wieder zerstört.«

Diese Geschichte ist wichtig, weil sie die häufig übersehene Dynamik zwischen Mensch und Technologie illustriert. Wir möchten gern glauben, dass wir Tools rational zur Lösung spezifischer Probleme einsetzen, aber in Fällen wie diesem zeigt sich, wie kompliziert die Geschichte eigentlich ist. Kein einziger IBM-Manager hatte beschlossen, dass ein massiver Zuwachs an interner Kommunikation die Produktivität steigern würde. Und die Einzelnen, die sich plötzlich in dieser Springflut an Nachrichten wiederfanden, waren ebenso wenig glücklich darüber. Adrian Stone zufolge war der Sinn der Systemeinführung einfach, die bestehende Kommunikation innerhalb des Unternehmens auf ein effizienteres Medium zu übertragen. Das Ziel war also, das, was die Mitarbeiter sowieso taten, zu nehmen und zu vereinfachen. Wer traf demnach die Entscheidung, dass nun alle plötzlich fünf- bis sechsmal häufiger als vorher miteinander kommunizieren sollten? Diejenigen, die sich eingehend mit dieser Frage beschäftigt haben, geben darauf eine radikale Antwort: die Technologie selbst.

■ ■ ■

Spricht man mit einem Gelehrten der Technologiegeschichte, tritt wahrscheinlich eine Faszination mit einem eher ungewöhnlichen Thema zutage: der Aufstieg des mittelalterlichen Feudalismus im frühen Fränkischen Reich, dem Reich der Karolinger. Historiker führen den Ursprung dieser Herrschaftsform auf die Zeit Karl Martells, Großvater von Karl dem Großen, zurück. Im 8. Jahrhundert startete er den Feudalismus, indem er Ländereien der Kirche enteignete und sie unter seinen Vasallen verteilte.

Warum bemächtigte sich Martell dem Grund und Boden der Kirche? Diese Frage wurde in einem Amtstrakt beantwortet, den der deutsche Historiker Heinrich Brunner 1887 veröffentlichte. Seiner Meinung nach war es wichtig, treuen Untertanen Land zuzusichern, damit Martell wiederum Reiter für seine Armee erhalten konnte.[10] Später konnten Herrscher ihre Untergebenen einfach mit Steuern belegen und diese Erlöse für den Unterhalt des Militärs nutzen, aber im frühen Mittelalter war der Landbesitz die primäre Kapitalquelle. Um eine berittene Armee zu unterhalten, brauchte man also Grundbesitz. Brunner arrangierte historische Dokumente derart, dass er überzeugend darlegen konnte, dass der Unterhalt von Rittern in schimmernden Rüstungen eines der Hauptmotive von Martell war, in seinem Königreich Lehensgüter zu etablieren.

Wie so häufig bei historischen Sachverhalten führt die Antwort einer Frage zu einer neuen: Warum hatte Martell so plötzlich das Bedürfnis nach einer großen Kavallerie? Brunner kam auf eine simple Antwort: Als die Franken unter Martell 732 nahe Poitiers gegen eine muslimische Armee aus Spanien antraten, waren Martells Infanteristen den berittenen Arabern unterlegen. Brunners Theorie zufolge erkannte Martell schnell seinen Nachteil. Fast unmittelbar nach dieser Schlacht, jedenfalls noch im selben Jahr, fing er an, die Ländereien der Kirche zu konfiszieren. Wie der Historiker Lynn White Jr. schreibt: »Daher, so lautet Brunners Fazit, ist die Krise, die den Feudalismus ins Leben rief, die arabische Invasion. Sie hatte eine umwälzende Entwicklung ab Mitte des 8. Jahrhunderts zur Folge.« Diese Theorie überstand viele Jahrzehnte nach ihrem Entstehen und schlug sich White zufolge »bemerkenswert gut gegen Angriffe aus allen Richtungen.«[11]

Allerdings musste Brunners Theorie Mitte des 20. Jahrhunderts harsche Kritik einstecken. Neue Erkenntnisse zeigten, dass Brunners Datum für die entscheidende Schlacht bei Poitiers inkorrekt war: Sie fand tatsächlich erst ein Jahr, *nachdem* Martell angefangen hatte, den Kirchen das Land abzunehmen, statt. »Wir sind während der Herrschaft Martells [und seinen Nachfolgern; C. N.] mit einem nicht alltäglichen Drama konfrontiert, das keinen Anlass hatte«, so White.[12] Der Gedanke, dass der Feudalismus auf der Tatsache beruhte, dass berittene Soldaten unterhalten werden mussten, wurde weiterhin als

Hypothese akzeptiert. Doch der Grund für die Entstehung der Kavallerie blieb nach wie vor im Dunklen – bis White, zu jener Zeit ein Geschichtsprofessor in den besten Jahren an der University of California in Los Angeles, über eine »ausschweifende« Fußnote stolperte, die von einem Experten für deutsche Altertumsgeschichte aus dem Jahr 1923 stammte. Unvermittelt stellt er folgende Behauptung auf: »Das neue Zeitalter wird im 8. Jahrhundert durch Ausgrabungen von Steigbügeln verkündet.«[13]

Diese Fußnote implizierte, dass das Motiv, das Karl Martell zur Entwicklung des Feudalismus brachte, darauf basierte, dass sich in Westeuropa eine grundlegende Technologie verbreitete: der Steigbügel für Reiter. In seinem Klassiker von 1962, *Medieval Technology and Social Change*, in dem er seine Hypothese ausführt, zieht White akribisch Wissen sowohl aus der Archäologie als auch aus der Linguistik heran, um zu zeigen, dass die Erfindung des Steigbügels tatsächlich die Erklärung für Martells plötzliche Einführung berittener Truppen ist.[14]

Vor der Erfindung des Steigbügels musste ein Krieger zu Pferd seine Lanze oder sein Schwert mit »der Kraft der Schulter oder des Bizeps«[15] halten. Mithilfe des Steigbügels entwickelte sich eine »viel effektivere Art des Angriffs.« Indem ein Reiter die Lanze zwischen Oberarm und Körper klemmte, konnte er sich in den metallenen Steigbügeln nach vorn lehnen und so einen Stoß mit der gesamten Wucht seines eigenen Gewichts und dem Gewicht des Hengstes ausführen, was einen riesigen Unterschied im Kampfesgeschehen machte. Im 8. Jahrhundert war ein Krieger, ausgerüstet mit einer Lanze, einem Pferd und Steigbügeln, in der Lage, so etwas wie einen »Blitzkrieg« auszuführen und seine Gegner zugrunde zu richten. In dieser mittelalterlichen Version des mehr als 1.000 Jahre später stattfindenden nuklearen Wettrüstens begriff Karl Martell, dass der Vorteil eines Steigbügels derart »immens« war, dass er alles daran setzen musste, ihn vor seinen Feinden zu bekommen. Selbst wenn das bedeutete, jahrhundertealte

Traditionen auf den Kopf zu stellen und eine vollkommen neue Regierungsform zu schaffen.

Die Studie von Lynn White Jr. ist ein klassisches Beispiel dafür, wie Technologie aus einem einfachen Grund eingeführt wird (das Reiten wird erleichtert). Sie zieht tief greifende und komplexe Konsequenzen nach sich, die so von ihren Erfindern gar nicht bedacht worden waren (Entstehung des mittelalterlichen Feudalismus). In der zweiten Hälfte des 20. Jahrhunderts begannen viele Experten im Bereich der Technologiephilosophie, sich mit ähnlichen Fallbeispielen zu beschäftigen, in denen eine Entwicklung ungewollte Konsequenzen nach sich gezogen hatte. Der Gedanke, dass Hilfsmittel manchmal das menschliche Verhalten verändern können, wurde unter dem Schlagwort des *technologischen Determinismus* bekannt.

Die diesbezügliche Literatur steckt voller faszinierender Beispiele. Neil Postmans Klassiker *Wir amüsieren uns zu Tode* aus dem Jahr 1985 ist in der Determinismusdebatte recht bekannt geworden. In seiner kurzen Abhandlung argumentiert dieser, dass das Format, in dem Massenmedien verbreitet werden, einen Einfluss auf die Weltsicht einer bestimmten Kultur nehmen könne. (Sollte Sie das an Marshall McLuhans berühmten Ausspruch »the medium is the message« (das Medium ist die Nachricht) erinnern, dann wird es Sie nicht überraschen, dass Postman bei McLuhan studiert hat.)

Postman nutzt dieses Konzept für die Argumentation, dass unter anderem der Einfluss der Druckerpresse viel weiter geht, als wir realisieren. Laut der vorherrschenden Narration wurde es dank dieser Erfindung möglich, mithilfe massenhaft produzierter Pamphlete und Bücher dafür zu sorgen, dass sich Informationen immer schneller ausbreiten konnten, was zu einer Beschleunigung der Wissensentwicklung sorgte und im Zeitalter der Aufklärung mündete. Laut Postman beschleunige der Einfluss der resultierenden »typografischen« Kultur nicht nur die Verbreitung von Informationen, sondern verändere auch die Art und Weise, wie unsere Gehirne Reize aus unserer Welt verarbeiteten: »Der Druck brachte eine Definition von Intelligenz insofern voran, als dass die objektive, rationale Denkweise Priorität bekam«, so Postman, »und zugleich beförderte er denjenigen öffentlichen Diskurs, der sich um ernste, logische und geordnete Inhalte drehte.«[16] Diese Denkweise war neu, es lag nicht nur an den nun zur Verfügung stehenden Informationen, dass plötzlich intellektuelle Entwicklungen wie die Philosophie der Aufklärung und wissenschaftliche Methoden die nächsten natürlichen Schritte waren. Mit anderen Worten: Gutenberg dachte, er entfessele Informationen, aber im Prinzip veränderte er radikal die Einschätzung, welche Informationen als wichtig erachtet werden.

Ein moderneres Beispiel für Technikdeterminismus ist die Einführung des Like-Buttons bei Facebook. Das damalige Programmierer-Team enthüllte in einigen Blogeinträgen jüngerer Zeit, dass diese Funktion ursprünglich für Ordnung in den Kommentaren unter den Posts der User sorgen sollte. Die Ingenieure hatten festgestellt, dass viele Kommentare einfach nur simple positive Ausrufe, wie »cool« oder »schön«, waren. Sie überlegten sich, dass die restlichen Kommentare mehr Substanz hätten, wenn diese Aussagen durch das Klicken eines Like-Knopfes erledigt wären. Das Ziel dieser Verbesserung war also in anderen Worten eine kleine Optimierung, aber schon bald beobachteten die Verantwortlichen eine unerwartete Nebenerscheinung: Die Nutzer verbrachten mehr Zeit auf der Seite.

Wie in der Nachbetrachtung klar wurde, erhielten die User mit den hereintrudelnden Likes in unregelmäßigen Abständen *Indikatoren sozialer Zustimmung*. Beweise in kleinen Häppchen dafür, dass andere Menschen an einen denken. Der Gedanke, dass jedes Tippen auf die Facebook-App eine neue Information über diese Indikatoren ausspucken könnte, machte sich uralte soziale Triebe im menschlichen Gehirn zunutze. Und plötzlich war diese Plattform noch viel beliebter. Während Nutzer bisher hin und wieder Facebook angeschaut hatten, um zu sehen, was ihre Freunde trieben, loggten sie sich nun nicht mehr aus, um im Laufe des Tages ständig zu überprüfen, wie viel Zustimmung ihr letzter Post generiert hat. Schon bald darauf führten andere große Plattformen ähnliche Funktionen für Zustimmungsindikatoren ein: Favoriten, Retweets, automatische Erkennung von Fotos, Streaks. Sie alle gehören zum technologischen Wettkampf auf dem neuen Feld, das sich bald als Aufmerksamkeitssteuerung oder -technologie einen Namen machte. Diese Schlacht ließ in ihrem Sog einige Plattformmonopole extrem an Macht gewinnen, während die breite Öffentlichkeit, deren Leben zunehmend von handlichen leuchtenden Bildschirmen dominiert wurde, erschöpft zurückblieb. All das war die Schuld von einigen Programmierern, die eigentlich nur die Kommentare in den sozialen Medien hatten verschlanken wollen.[17]

■ ■ ■

Ein Hauptmerkmal des Technikdeterminismus liegt darin, dass die fragliche Innovation unser Verhalten auf solch eine Art verändert, wie sie von den Erstanwendern des Instruments weder beabsichtigt noch vorhersagbar war. Dieser Gedanke löst Unbehagen aus, beinhaltet er doch irgendwie die Idee, dass leblose Objekte über Selbstbestimmtheit verfügen – als würde die Technologie autonom darüber entscheiden, wie sie genutzt werden sollte. Mit diesem Unbehagen sind Sie nicht allein: Heutzutage bemühen sich viele Gelehrte darum, einen großen Bogen um deterministische Analysen zu machen, die in den letzten Jahren in akademischen Kreisen aus der Mode gekommen sind. Hingegen werden nun Theorien diskutiert, die technische Arbeitsmittel als Überträger gesellschaftlicher Macht sehen, aber je länger ich mir diese Schnittmenge zwischen Technologie und Bürokultur anschaue, desto stärker bin ich davon überzeugt, dass wir in diesen bestimmten Zusammenhängen etwas Nützliches von den Deterministen lernen können.

Um einen Beweis dafür zu liefern, lassen Sie uns zunächst diese Philosophie von ihren gruseligen Anklängen des »Maschinen mit einem Bewusstsein« befreien. Sieht man sich die ungewollten Folgen bei Fallstudien zum Thema Technikdeterminismus an, haben sie fast immer pragmatische Gründe. Neue Instrumente eröffnen neue Verhaltensoptionen, während sie andere in den Hintergrund drängen. Wenn diese Veränderungen dann auf unser unergründliches Hirn stoßen und auf die komplexen sozialen Systeme, in denen wir existieren, können die Ergebnisse so signifikant wie unvorhersehbar sein. Die in diesen Studien behandelten Technologien entscheiden nicht im engeren Sinne über das Verhalten der Menschen, aber ihre Folgen sind so überraschend und treten so plötzlich ein, dass die davon Betroffenen sehr wohl die Geschichte, dass Instrumente das menschliche Verhalten steuern, als Erklärung für das gerade Geschehene akzeptieren. (Der Technologieexperte Doug Hill bezeichnet diesen Effekt als *De-facto-Autonomie.)*

Nachdem ein neues Tool für grundlegende Veränderungen gesorgt hat, kann man mit ein bisschen Mühe im Nachhinein einige der einflussnehmenden Kräfte analysieren. Im Fall des Steigbügels beispielsweise haben Wissenschaftler genau das getan: Sie haben den spezifischen Kontext, in dem Karl Martell den Steigbügel entdeckte, eingehend untersucht, etwa in Bezug auf die Geschehnisse in der Politik zu jener Zeit oder Martells bisherige Erfahrungen mit Kriegsführung hoch zu Ross. Im Rückblick ergibt es Sinn, dass der Steigbügel die Entstehung des Feudalismus ausgelöst hatte, aber niemand hatte dies geplant oder geahnt.

Womit wir wieder bei der E-Mail wären. Der Fall von Adrian Stone und IBM ist rein technologischer Determinismus: Es wird ein Instrument zu einem einfachen Zweck eingeführt (um die existierenden Kommunikationspraktiken effektiver zu gestalten), aber es hat eine unerwartete Folge (die Zusammenarbeit ist nun stärker vom Arbeitsstil des hyperaktiven Schwarmdenkens geprägt). Die Geschwindigkeit dieser Transformation, die binnen einer Woche eingesetzt hatte, zeigt die mögliche Macht dieser Kräfte, sobald sie freigesetzt wurden.

Die deterministischen Dynamiken, wie sie Adrian Stone bei IBM beobachten konnte, breiteten sich im Weiteren über Büros auf dem ganzen Globus aus, als E-Mail in den 1990er-Jahren immer beliebter wurde. Damit wurde die allgemeine Ausbreitung hyperaktiven Schwarmdenkens angenommen, ohne dass jemand mal innegehalten hätte, um zu fragen, ob diese ganz andere und neue Arbeitsart denn sinnvoll war. Wir haben uns für die Nutzung von E-Mails entschieden, weil es eine rationale Lösung für ein Problem darstellte: die praktische asynchrone Kommunikation in großen Unternehmen. In gewisser Weise beschloss wiederum diese Arbeitsform, uns nach der Verbreitung des Tools zu überrollen. An diesem Punkt haben wir dann anscheinend alle von unseren nunmehr ermächtigten Posteingängen aufgesehen, mit den Schultern gezuckt und gescherzt: »Ich nehme an, so arbeiten wir jetzt.«

IM SCHWARMDENKEN GELANDET

Der Steigbügel ermöglichte eine neue Art von Sturmtruppen, ohne die die Karolinger nicht hätte überleben können. Dies führte zu Landraub, der wiederum die Regierungsform auf den Kopf stellte – und schon sind wir ausgehend von der Einführung eines nur begrenzt nützlichen metallenen Gegenstands bei einem ausgewachsenen Feudalismus. Mehr als ein Jahrtausend später führt die Einführung einer weiteren, nur begrenzt nützlichen Erfindung, elektronischer Nachrichtenübermittlung dazu, dass das moderne Büro die Arbeitsweise des hyperaktiven Schwarmdenkens übernimmt. Um meine Behauptung zu stützen, möchte ich auf die zugrunde liegenden komplexen Kräfte eingehen, die möglicherweise dazu geführt haben, dass wir die vernünftige Anwendung von E-Mails in die weniger vernünftige Übernahme des hyperaktiven Schwarmansatzes verkehrt haben. Mindestens drei Kräfte spielten bei der unbeabsichtigten Arbeitstransformation eine wichtige Rolle.

Erster Antreiber für das Schwarmdenken: die verborgenen Kosten der Ungleichzeitigkeit

Wie ich bereits erklärte, half die E-Mail bei der Lösung eines praktischen Problems bei immer größer werdenden Büros: der Bedarf nach asynchroner Kommunikation – also einer Möglichkeit, Mitteilungen schnell von A nach B und zurück zu befördern, ohne dass Sender und Empfänger zur selben Zeit miteinander kommunizierten. Anstatt per Telefon mit einem Kollegen auf der anderen Seite des Bürogebäudes Fangen zu spielen, ließ sich dieses Echtzeitgespräch mit einer kurzen Nachricht, die, wann immer es für einen selbst zeitlich passte, abgeschickt werden konnte, und von dem Empfänger, nun dessen Zeitplan entsprechend, gelesen wurde.

Auf viele wirkte diese asynchrone Herangehensweise an Kommunikation zweifellos effizienter. Während meiner Recherchen stolperte ich über einen Technologieautor, der synchrone Kommunikation – also tatsächliche Unterhaltungen – mit überholter Bürotechnik wie dem Faxgerät verglich. Es sei ein Relikt, schreibt er, das »Ihre Enkel in Staunen versetzen wird«, wenn diese sich anschauten, wie die Menschen früher gearbeitet hätten.[18]

Das Problem besteht natürlich darin, dass die E-Mail ihrem Ruf als Wunderwaffe nicht gerecht wird. Wie sich herausstellt, kann nicht jeder schnelle Anruf durch eine einzelne schnelle Nachricht ersetzt werden. Stattdessen werden häufig Dutzende digitaler Nachrichten hin- und hergeschickt, die wiederum eine reale Konversation imitieren. Multipliziert man die zahlreichen Echtzeitgespräche von früher nun mit der unüberschaubaren Anzahl an nötigen E-Mails und Messages, versteht man leicht, warum der durchschnittliche Wissensarbeiter 126 E-Mails täglich erhält und versendet.[19]

Jedoch gab es einige, die von der zusätzlichen Komplexität in die Länge gezogener Kommunikation nicht überrascht waren. Als die E-Mail das moderne Büro eroberte, untersuchten Wissenschaftler, die sich mit der Theorie verteilter Systeme beschäftigen, auch die Differenzen zwischen Kosten und Nutzen der (a-)synchronen Kommunikation. (Verteilte Systeme sind ein Bereich der Informatik, den ich auch erforsche.) Und tatsächlich sind ihre Schlussfolgerungen das genaue Gegenteil vom vorherrschenden Konsens am Arbeitsplatz.

Das Thema *Synchronität vs. Asynchronität* ist in der Geschichte der Informatik elementar. In den ersten Jahrzehnten der digitalen Revolution wurden Programme für einzelne Computer geschrieben. Später, mit der Entwicklung von Computernetzwerken, wurden Programme entwickelt, die zugleich auf verschiedenen, über ein Netzwerk verbundenen Geräten laufen konnten. So entstanden die sogenannten *verteilten Systeme*. In dem Bemühen, herauszufinden, wie diese Geräte miteinander koordiniert werden mussten, analysierten Informatiker die Vor- und Nachteile verschiedener Kommunikationsmethoden.

Verbindet man eine Anzahl von Rechenmaschinen mittels eines Netzwerks, ist ihre Kommunikation automatisch asynchron. Apparat A schickt Apparat B eine Nachricht und hofft, dass sie irgendwann geliefert und verarbeitet wird, aber Apparat A weiß nicht sicher, wann Apparat B diese Nachricht lesen wird. Diese Unsicherheit kann auf verschiedenen Faktoren basieren, etwa der Tatsache, dass die Geräte mit unterschiedlichen Geschwindigkeiten arbeiten. (Wenn Apparat B nebenher auch noch viele andere unabhängige Prozesse durchführt, könnte es etwas dauern, bis er die Kapazität zum Lesen der noch ausstehenden neuen Nachrichten frei hat.) Außerdem können unvorhergesehene Verzögerungen und technisches Versagen auftreten.

Algorithmen für verteilte Systeme zu entwickeln, die diese Ungleichzeitigkeit ausgleichen, erwies sich als viel schwieriger, als man ursprünglich angenommen hatte. Aus dieser Zeit der Informatik stammt beispielsweise eine verblüffende Entdeckung, das sogenannte *Konsensus-Problem*. Stellen wir uns vor, dass jedes Gerät in einem verteilten System einen Vorgang beginnt, etwa eine Transaktion in eine

Datenbank vornimmt, wobei die erste Entscheidung ansteht: fortfahren oder abbrechen. Das Ziel dieser Apparate lautet Konsens – entweder einigen sich alle darauf, fortzufahren oder abzubrechen.

Die einfachste Lösung für jedes einzelne Gerät wäre, die Präferenzen aller anderen Maschinen zu sammeln und dann eine festgelegte Regel anzuwenden, etwa die Stimmen auszuzählen und einen Gewinner zu bestimmen – also zu entscheiden, welcher Weg weitergegangen werden soll. Wenn alle Geräte dieselben Stimmen sammeln, kommen sie zu derselben Entscheidung. Das Problem ist, dass einige Geräte abstürzen, bevor sie ihre Stimme abgeben. Wenn das geschieht, wartet der Rest der Gruppe bis in alle Ewigkeit darauf, von diesen Apparaten eine Stimme zu bekommen, die längst nicht mehr funktionieren. Weil Verzögerungen in einem asynchronen System unvorhersehbar sind, wissen die Wartenden nicht, wann es Zeit zum Aufgeben ist und mit den bisherigen Stimmen eine Entscheidung getroffen werden muss.

Zunächst wirkte es auf die Ingenieure so, als müsse man nur darauf warten, was die meisten der angeschlossenen Geräten von sich geben, ohne auf die Präferenz aller warten zu müssen. Denkbar ist beispielsweise folgende Regel: Wenn ich von den meisten Geräten eine Nachricht bekomme und alle fortfahren wollen, dann fahre auch ich mit dem Prozess fort. Im anderen Fall breche ich immer ab, nur um auf Nummer sicher zu gehen. Auf den ersten Blick scheint diese Regel zu einem Konsens zu führen, zumindest solange nur wenige Geräte ausfallen. Und dennoch kamen zum Erstaunen vieler Experten auf diesem Gebiet und mit einer virtuosen Beherrschung mathematischer Logik drei Informatiker – Michael Fischer, Nancy Lynch (meine Doktormutter) und Michael Paterson – in einem Forschungsbericht von 1985 zu dem Schluss, dass in einem asynchronen System *kein* verteilter Algorithmus immer für das Erzielen eines Konsens garantieren könne, selbst wenn sichergestellt war, dass höchstens ein einziger Computer abstürzte.[20]

Die Details dieses Ergebnisses sind technischer Natur,[21] aber seine Auswirkungen auf verteilte Systeme waren offensichtlich. Es verdeutlichte, dass asynchrone Kommunikation die Versuche einer Prozesskoordination verkompliziert und es sich fast lohne, die zusätzlichen Kosten für eine größere Synchronität auf sich zu nehmen. Im Zusammenhang mit verteilten Systemen beschäftigten sich dann einige Untersuchungen auf das berühmte Paper von 1985 folgend und erforschten zusätzliche Gleichzeitigkeit. Dabei kamen sie auf verschiedene Ergebnisse. Eine umständliche Lösung lautete, die beteiligten Geräte in einem normalen elektrischen Kreislauf zusammenzuschließen, um sie im Gleichschritt laufen zu lassen. Dies wurde in einigen frühen Kabelsteuerungssystemen und fehlertoleranten Verarbeitungsgeräten für Kreditkartenzahlungen genutzt. Hier werden unvorhersehbare Kommunikationsverzögerungen eliminiert und ein Absturz kann sofort erkannt werden.

Weil der Einbau solcher Schaltkreise teils schwierig war, wurden auch Synchronität fördernde Software-Ansätze immer beliebter. Indem man sich das Wissen um verzögerte Nachrichten und Prozessorgeschwindigkeiten zunutze machte, stellte sich heraus, dass es möglich war, Programme zu schreiben, die Kommunikation in geordneten Runden strukturieren, oder zuverlässige Geräte zu simulieren, die dabei helfen, die eigentlichen, aber unzuverlässig laufenden Geräte im System zu synchronisieren.

Dieser Kampf gegen die Asynchronität endete damit, dass sie eine entscheidende Rolle beim Aufstieg des Internets spielte. Neben anderen Innovationen ermöglichten die Lösungen für dieses Problem die Software für die riesigen Datenspeicher von Konzernen wie Amazon, Facebook und Google. Leslie Lamport, eine Koryphäe auf dem Gebiet der verteilten Systeme, erhielt 2013 den A. M. Turing Award. Er bekam diese höchste Auszeichnung in der Informatik für seine Arbeit zu Algorithmen, die die Synchronität von verteilten Systemen unterstützen.[22]

Folgendes ist so erstaunlich bei diesen technischen Ergebnissen bezüglich Asynchronität und Synchronität: der Unterscheidungsgrad zu den Schlussfolgerungen, die die Geschäftsleute mit denselben Problemen am Arbeitsplatz ziehen. Wie wir gesehen haben, konzentrierten sich die Büromanager auf die Gemeinkosten der synchronen Kommunikation – das Übel, per Telefon Fangen zu spielen oder für ein persönliches Gespräch den Aufzug in eine andere Etage nehmen zu müssen. Sie glaubten, diese Gemeinkosten durch Tools wie E-Mails reduzieren und so die Zusammenarbeit effizienter zu gestalten – während Informatiker hingegen zu dem völlig gegenteiligen Fazit gelangten. Untersucht man asynchrone Kommunikation aus Sicht der Algorithmustheorie, entdeckt man, dass, wenn Kommunikation mit unvorhersehbaren Verzögerungen einhergeht, neue knifflige komplexe Schwierigkeiten auftreten. Während die Geschäftswelt in der Synchronität ein zu überwindendes Hindernis sah, begannen Informatiktheoretiker zu begreifen, dass sie die Grundlage für eine effektive Zusammenarbeit ist.

Menschen sind keine Computer, aber vieles, was das Programmieren von asynchronen verteilten Systemen erschwert, trifft auch im weiteren Sinne auf Menschen zu, die in einem Büro zusammenarbeiten sollen. Es mag kostspielig sein, eine Synchronität zu erreichen, aber der Koordinationsversuch in ihrer Abwesenheit ist ebenso teuer. Dies stellt eine Zusammenfassung der Erfahrungen vieler Menschen dar, als die Bürokommunikation auf E-Mail umgestellt wurde: Sie tauschten die Nerverei, telefonisch Fangen zu spielen, handschriftliche Notizen und endlose Besprechungen für die Qual ein, jeden Tag eine unfassbare Menge uneindeutiger elektronischer Nachrichten zu erhalten, die hin und her geschoben werden. Als die Ingenieure versuchten, ihre verbundenen Computer zur Konsensfindung zu bringen, stellten sie fest, dass Asynchronität nicht nur eine verteiltere Synchronität darstellt, sondern zu neuen Schwierigkeiten führt. Eine Frage, die vielleicht in einer Sitzung mit persönlichem Dialog oder durch ein Telefonat innerhalb weniger Minuten geklärt wäre, generiert jetzt Dutzende Nachrichten. Und noch nicht einmal dann ist gesagt, dass das Ergebnis befriedigend ausfällt. In anderen Worten: Möglicherweise wird damit der Aspekt *hyperaktiv* der Arbeitsweise des hyperaktiven Schwarmdenkens unausweichlich, sobald sich diese Kommunikationsart im Büro durchsetzt.

Zweiter Antreiber für das Schwarmdenken: der Kreislauf der Ansprechbarkeit

Professorin Leslie Perlow von der Harvard Business School ist Expertin in der Kultur permanenter Konnektivität, die den modernen Arbeitsplatz auszeichnet. Wie sie in ihrem Buch *Sleeping with Your Smartphone* 2012 darstellte, wurde sie auf das Ausmaß dieses Problems durch einige Untersuchungen zwischen 2006 und 2012 aufmerksam. Es war in jener Zeit, als die Arbeitsweise des Schwarms ein neues Niveau an Hyperaktivität erreichte, weil Smartphones immer alltäglicher wurden. In diesen Untersuchungen wurden über 2.500 Manager und Berufstätige befragt, die Perlow zufolge »belastende, anspruchsvolle Jobs«[23] innehatten. Sie befragte die Teilnehmer nach ihren Arbeitsgewohnheiten: Wie viele Wochenstunden arbeiteten sie, wie oft kontrollierten sie in ihrer Freizeit ihren Posteingang, schliefen sie mit dem Telefon in der Nähe. Die Ergebnisse waren ernüchternd: Diese Manager waren fast immer »online«.

Was Perlows Erkenntnisse für unsere Frage so relevant macht, ist die Tatsache, dass sie dann noch tiefer bohrte und nachfragte. Sie wollte besser verstehen, *warum* sich die Probanden am Ende in einer kontinuierlichen Kommunikation befanden. Sie entdeckte, dass die soziale Feedbackschlaufe nach hinten losging – sie nannte dies den *Kreislauf der Ansprechbarkeit.* Der Kreislauf beginnt damit, dass jemand zu Recht Anspruch auf Ihre Zeit erhebt. Vielleicht ist es das Jahr 2010 und Sie haben sich gerade erst ein Smartphone angeschafft. Jetzt stellen Sie fest, dass Sie damit die Kundenanfragen nach Geschäftsschluss noch schnell beantworten oder den Kollegen in unterschiedlichen Zeitzonen eine Nachricht senden können. Diese Kunden und Kollegen merken jetzt recht schnell, dass sie Sie auch nach Feierabend noch erreichen können – sie schicken Ihnen mehr Anfragen und erwarten die Antworten noch schneller. Aufgrund des verstärkten Zustroms an Nachrichten checken Sie Ihr Telefon nun noch häufiger, um noch mithalten zu können. Aber damit steigen auch die Erwartungen an Ihre Verfügbarkeit und Ansprechbarkeit weiter. Mittlerweile spüren Sie den Druck, noch schneller reagieren zu müssen. Perlow fasst es folgendermaßen zusammen:

> Und so dreht sich das Rad immer weiter: Teamkollegen, Vorgesetzte und Untergebene fahren fort, weiter Anfragen zu stellen und pflichtbewusste Angestellte akzeptieren diese geringfügig steigenden Ansprüche an ihre Zeit, während die gegenseitigen Erwartungen (und solche an sich selbst) auch entsprechend steigen.[24]

Hier haben wir ein schönes Praxisbeispiel für technologischen Determinismus. Keiner dieser Teamkollegen, Vorgesetzten und Untergebenen *schätzt* dieses permanente Erreichbarsein, das das Ergebnis dieses Kreislaufs ist, und keiner von ihnen hatte je die Idee oder traf bewusst die Entscheidung zu dieser Handhabung. Ganz im Gegenteil: Als Perlow später Teams der Boston Consulting Group vorschlug, jeden Tag einige Zeit ohne ihre kommunikationsfähigen Geräte einzuplanen, stieg den Teilnehmern zufolge die Effizienz und Effektivität.[25] Darüber hinaus schlug sie vor, einen E-Mail-Server so zu konfigurieren, dass er die Nachrichten nach Büroschluss automatisch zurückhielt und erst am nächsten Morgen weiterleitete. (Sollte es etwas wirklich Wichtiges sein, konnte mit einer speziellen Kennzeichnung diese Einschränkung umgangen werden.) Diese Veränderung klingt vielleicht simpel, aber sie durchbrach den Kreislauf der Ansprechbarkeit mit einem Kurzschluss – mit tief greifenden Folgen.

Die wichtigste Lehre, die wir aus Perlows Arbeit ziehen können, ist, wie zufällig und ungeplant dieses völlig neuartige Kommunikationsmittel auftauchte. »Kollaborative Anpassung« nennt der Medientheoretiker Douglas Rushkoff, wenn Gruppen sich an strikte Verhaltensmuster annähern, ohne sich explizit darüber geeinigt zu haben, dass neue Verhaltensweisen sinnvoll wären.[26] Mir fällt auf, dass Sie recht schnell auf meine SMS antworten, also mache ich das in Zukunft auch so. Wiederum andere folgen dem Beispiel, es entsteht ein Muster der Ansprechbarkeit und wird irgendwann allmählich zum Standard. Die von Perlow untersuchten Unternehmensberater hatten sich diesen Kreislauf der Ansprechbarkeit nicht ausgesucht – in gewisser Weise traf die E-Mail diese Entscheidung für sie.

Dritter Antreiber für das Schwarmdenken: der Höhlenmensch vor dem Monitor

Die Archäologen Aviad Agam und Ran Barkai von der Tel Aviv University veröffentlichten 2018 in der Zeitschrift *Quaternary* einen Artikel über die zur Verfügung stehenden »archäologischen, ethnografischen und ethno-historischen Belege« der Jagd. Es ging ihnen darum, ein Verständnis darüber zu erarbeiten, wie die frühen Menschen seit dem Jungpaläolithikum Elefanten und Mammuts nachstellten.[27] Vier eindrucksvolle Kohlezeichnungen illustrieren, wie diese Jagden möglicherweise abgelaufen sind.

Die erste Zeichnung zeigt eine Gruppe von sieben Jägern aus dem Paläolithikum, die einen Elefanten angreifen, indem sie Speere auf seine empfindlichen Organe schleudern. Auf zwei weiteren sind einzelne Jäger abgebildet, die einen Elefant mit List überraschen wollen und denen es gelingt, einen entscheidenden Speerstoß zu platzieren, bevor das Tier die Situation versteht. In einem Fall attackiert ein Jäger von unten und sticht den Dickhäuter in den Bauch, im anderen versteckt sich ein Jäger in einem Baum und schleudert den Speer auf den Elefanten, der unter ihm vorbeigeht. In der vierten Skizze eilen sechs Jäger zu einem Elefanten, der in eine Fallgrube gestürzt ist, um ihn mit Speeren zu erlegen.

Für unsere Untersuchung geht es um die geringe Gruppengröße der Jäger, die alle in diesem Szenario dasselbe Ziel verfolgen. In der menschlichen Vorgeschichte, so legen es diese Beweise nahe, ging man entweder allein oder in kleinen Gruppen auf Großwildjagd. Das trifft wahrscheinlich auch auf andere Tätigkeiten zu, etwa der Jagd kleinerer Tiere oder der Nahrungssuche – eben die »Arbeit« zu erledigen, die in unserer evolutionären Vorgeschichte wichtig war. Man braucht keinen Riesenschritt zu machen, um im Sinne einer spekulativen Evolutionspsychologie zu dem nachvollziehbaren Schluss zu kommen, dass der *Homo sapiens* sich gut an die Zusammenarbeit in kleinen Gruppen angepasst hat.

Um einen Bezug zwischen unserer Frühgeschichte und unserer derzeitigen Fragestellung herzustellen, schauen wir uns die Dynamik dieser Gemeinschaftsarbeit an. Nehmen wir an, Sie gehören zu einer Gruppe paläolithischer Jäger und schleichen sich an einen Elefanten an. Die Kommunikation untereinander ist spontan und unstrukturiert, während sie ihre Jagdstrategie den aktuellen Gegebenheiten anpassen (stellen Sie sich den folgenden Dialog bitte in einer inzwischen vergessenen Höhlenmenschen-Sprache vor):

»Vorsichtig … achte auf die Äste. Nicht, dass sie knacken und den Elefanten aufschrecken …«

»Moment, lass uns so herum gehen …«

»Langsam, er spitzt die Ohren …«

Selbst wenn wir die Frühgeschichte verlassen und uns der näheren postindustriellen Vergangenheit zuwenden, kennt der Großteil der Menschen die Zusammenarbeit in Kleingruppen in den meisten Fällen. Vom Bauern, der mit seinen Kindern zusammen den Pflug bedient, bis hin zum Schmied, der Seite an Seite mit seinem Lehrjungen an der Esse arbeitet. Wie bei den steinzeitlichen Jägern funktioniert die Koordination kleiner Gruppen am besten ohne feste Regeln. Daraus folgt, dass die Art der Zusammenarbeit, die am instinktivsten sowohl in unseren Genen als auch in unserem kulturellen Gedächtnis eingebettet ist, die Arbeitsweise des hyperaktiven Schwarmdenkens ähnelt. Daher sollte es uns nicht überraschen, dass wir durch die Einführung von reibungsarmer Nachrichtenübermittlung von Tools wie der E-Mail angezogen werden – selbst wenn es um unstrukturierte Kommunikation in einem Großraumbüro geht.

Das Problem besteht natürlich darin, dass das hyperaktive Schwarmdenken in einem Büro anders funktioniert als das in der Steinzeit. Im Gegensatz zur Elefantenjagd unterscheidet es sich in einem wichtigen Punkt: Im Büro arbeiten viel mehr Menschen. Eine unstrukturierte Organisation funktioniert für eine Gruppe von sechs Jägern prima, aber in einem Umfeld von zig oder gar Hunderten von Mitarbeitern ist sie auf katastrophale Weise ineffektiv. Diese Erkenntnis ziehen wir zum Teil aus der gut belegten Forschungsliteratur, die sich mit der optimalen Gruppengröße im Arbeitskontext beschäftigt. »Die Frage nach der Größe beschäftigt uns schon seit Anbeginn der Sozialpsychologie«, erklärt Jennifer Mueller, Management-Professorin an der Wharton Business School.[28]

Eine der ersten Untersuchungen zu diesem Thema war die mittlerweile berühmte Forschung von Maximilien Ringelmann, Agraringenieur in Frankreich. Im 19. Jahrhundert zeigte er anhand eines Experiments mit Tauziehen, dass sich die Kraft jedes Einzelnen desto mehr reduziert, je mehr Menschen man auf einer Seite mit dieser Aufgabe betraut – der Rücklauf des Seiles nimmt also mit wachsender Gruppengröße ab. Auch wenn die Aufgabe des Tauziehens im modernen Büroalltag eher irrelevant ist, ist Ringelmanns Arbeit dennoch bemerkenswert, weil sie die allgemeinere Idee vorstellte, dass die Gruppengröße nicht unbedingt proportional mit ihrer Effektivität gleichzusetzen ist.

In der Moderne nahmen viele Betriebswirte diese Beobachtung als Grundlage, um die Effektivität am Arbeitsplatz hinsichtlich des Zusammenhangs zwischen Teamgröße und Zusammenarbeit zu untersuchen. Ein Review von 2006, veröffentlicht von der Wharton Business School, fasst viele dieser Forschungsarbeiten zusammen. Obwohl es keine durchgängig optimale Teamgröße gibt, kommen die Ergebnisse allesamt grob bei vier bis zwölf Personen an – genau die Zahl, die wir schon bei den Elefantenjägern aus dem Paläolithikum beobachten konnten.

Es kursieren viele Annahmen, warum Teams mit mehr als zwölf Mitgliedern ineffektiver sind. Beispielsweise stellte schon Ringelmann den Effekt der Faulenzerei fest, der auch bei Wissensarbeit immer noch eine Rolle spielt. (Vereinfacht zusammengefasst: Je mehr Personen mit einem Projekt beschäftigt sind, desto einfacher ist es, sich mit weniger Einsatz durchzumogeln.) Doch ein weiterer wichtiger Faktor ist die immer komplexer werdende Kommunikation. Für sechs Elefantenjäger ist die Angriffskoordination nicht allzu schwer, weil sie einfach das aussprechen, was für den Erfolg wichtig sein könnte. Aber bei einer Gruppengröße von 60 Personen würde sich dies in ein Stimmenwirrwarr verwandeln, in dem niemand zu verstehen ist und Missverständnisse vorprogrammiert sind, weshalb Militäreinheiten dieser Größe fast immer hierarchisch gegliedert sind.

Nehmen wir all diese Fäden zusammen, können wir überzeugend erklären, warum sich das hyperaktive Schwarmdenken in einem solchen Maße verbreiten konnte. Im Verlaufe der Menschheitsgeschichte haben wir meist in kleinen Gruppen zusammengearbeitet und spontan, ohne besondere Struktur oder Regeln miteinander kommuniziert. Das Aufkommen großer Büros zu Beginn des 20. Jahrhunderts brachte diese natürliche Zusammenarbeit völlig durcheinander. Statt miteinander zu sprechen, waren wir nun gezwungen, innerbetriebliche Mitteilungen zu schreiben, die in Schreibzimmern getippt und mit Kohledurchschlägen vervielfältigt wurden. Alternativ vereinbarten die Sekretärinnen telefonische Einzelgespräche. Als die E-Mail aufkam, fanden wir einen Weg zurück zu einer eher ursprünglichen Kommunikationsform, während uns die Büroumgebung immer mehr voneinander entfremdete – quasi im Vorübergehen konnten wir nun Nachrichten in Gedankenschnelle versenden und umgehende Antworten erwarten. Die Elefantenjagd mit Netzwerkstrukturen nachgestellt. Das Ergebnis war der Workflow des hyperaktiven Schwarmdenkens. Unsere Instinkte fanden es sinnvoll, selbst wenn es uns in der Praxis ins Elend führte, weil wir es hinsichtlich der Gruppengröße falsch eingeschätzt hatten.

In anderen Worten: Selbst wenn das weit verbreitete Bild des Managers, der hektisch auf seinem Handy herumtippt, wie die Personifikation unserer modernen Zeit wirkt, ist es vielleicht doch nichts anderes als geradezu steinzeitlich.

PETER DRUCKER UND DIE TRAGÖDIE DER AUFMERKSAMKEITS-ALLMENDE

Als Peter Drucker zu Beginn des 20. Jahrhunderts in Österreich aufwuchs, hatte er Kontakt zu einigen der damals progressivsten Ökonomen. Dazu gehörten Berühmtheiten wie Joseph Schumpeter, der mit »kreativer Zerstörung« zu Ruhm kam und an den abendlichen Salons der Eltern Adolph und Caroline Drucker teilnahm.[29] Die intellektuelle Atmosphäre dieser Abende legte die Basis für Druckers späteren Aufstieg als einer der wichtigsten Vordenker der modernen Betriebswirtschaftslehre und er wird weithin als der »Gründer des modernen Managements« bezeichnet.[30] Im Laufe seiner Karriere schrieb er weit über 40 Bücher und zahllose Artikel, bevor er 2005 im Alter von 95 Jahren verstarb.

Druckers Karriere nahm im Jahr 1942 Fahrt auf, als er als 33-jähriger Professor am Bennington College sein zweites Buch publizierte:

The Future of Industrial Man. Darin ging er der Frage nach, wie die »Industriegesellschaft« am besten strukturiert werden sollte, um der Freiheit und Würde des Menschen am besten gerecht zu werden. Denn diese Gesellschaft entwickelte sich in »der gänzlich neuen physischen Welt, die der westliche Mensch als sein Umfeld seit der Erfindung der Dampfmaschine von James Watt aufgebaut hat«.[31] Veröffentlicht mitten in einem Weltkrieg unter Industrienationen, gewann das Buch breite Beachtung. Die Führungsspitze von General Motors war derart beeindruckt, dass sie Drucker einlud, zwei Jahre lang die Arbeit des damals weltgrößten Konzerns zu untersuchen.[32]

Für unseren Gedankengang ist Drucker mehr als nur ein berühmter Theoretiker der Betriebswirtschaft, denn seine Ideen helfen bei der Beantwortung einer drängenden Frage, die vermutlich schon auf den letzten Seiten Ihre Aufmerksamkeit erregt hat: Selbst wenn wir akzeptieren, dass das hyperaktive Schwarmdenken weitestgehend von selbst entstanden ist, warum haben wir zugelassen, dass es sich, selbst als seine Mängel schon offensichtlich geworden waren, weiter verbreitete?

■ ■ ■

Während seiner Jahre bei General Motors in den 1940er-Jahren hatte Peter Drucker die Chance, den legendären Konzernchef Alfred P. Sloan Jr. zu treffen. Wie sich Drucker später erinnerte, sagte Sloan einst das Folgende darüber, wie man ein erfolgreicher Manager werde: »Er muss absolut tolerant sein und es muss ihm egal sein, wie jemand seine Arbeit erledigt.«[33] Dieser Gedanke tauchte in Druckers Publikationen aus den 1950er- und 1960er-Jahren auf, in denen er den Begriff der Wissensarbeit prägte. In jener Zeit begann er, sich mit dem entstehenden Wirtschaftsboom zu beschäftigen, als sich gedankliche Ergebnisse als lukrativer erwiesen als die der Fabriken.

»Der Wissensarbeiter kann nicht genau oder im Einzelnen beaufsichtigt werden«, schrieb Drucker in seinem Buch *The Effective Exe-*

cutive aus dem Jahr 1967. »Er muss sich selbst führen.«[34] Diese Idee war radikal. In den Fabriken der USA war es schließlich üblich, die Arbeiter zentralisiert zu kontrollieren. Dieses Vorgehen war von dem sogenannten »wissenschaftlichen Management« geprägt, was durch Frederick Winslow Taylor bekannt worden war, der wiederum berühmt-berüchtigt dafür war, Produktionshallen mit einer Stechuhr bewaffnet nach ineffizienten Bewegungen zu durchforsten. Die Betriebsführung in der Industrie sah Arbeiter als Automaten, die Prozesse ausführten, die von einer kleinen Gruppe weiser Führungskräfte mit großer Sorgfalt optimiert worden waren.

Drucker war der Meinung, dass dieser Ansatz zum Scheitern verurteilt war, weil in der neuen Welt der Wissensarbeit der produktive Output nicht von teuren Maschinen geleistet wurde, die Einzelteile aus Blechen stanzten. Stattdessen wurde die Leistung nun von Arbeitern erbracht, die mit ihrem Kopf spezielle kognitive Fertigkeiten umsetzten. In der Tat wussten diese Wissensarbeiter mehr über ihre Spezialisierung als ihre Manager. Drucker schlussfolgerte, dass der beste Weg für den Einsatz dieser hoch qualifizierten Individuen war, ihnen klare Ziel vorzugeben und sie dann in Ruhe zu lassen, um ihre Hirnarbeit nach Eigenregie erledigen zu lassen. Während es vielleicht effizient war, einem Fließbandarbeiter zu sagen, wie er genau das Lenkrad einzupassen hatte, war es sinnlos, einem Marketing-Texter vorschreiben zu wollen, wie er zu einem neuen Werbeslogan kommen solle.

Zeit seines Lebens predigte Drucker diese Idee von der Autonomie des Wissensarbeiters. Und noch 1999 betonte er die Bedeutung dieses Gedankens:

> [Wissensarbeit, C. N.] verlangt, dass wir die Verantwortung für ihre Produktivität den einzelnen Wissensarbeitern übergeben. Wissensarbeiter *müssen* sich selbst managen. Sie brauchen *Autonomie*.[35]

Der Einfluss dieses Gedankens kann kaum überschätzt werden. Mit der Ausnahme einiger Routinearbeiten, wie etwa dem Abheften von Reisekostenabrechnungen, liegen die Feinheiten der unzähligen anspruchsvollen Aufgaben, die die moderne Büroarbeit auszeichnen, größtenteils außerhalb des Führungsbereichs, sondern gehören in die unklaren Gefilde der individuellen Leistung. Wollen Sie wissen, wie Sie Ihre Aufgaben erledigt kriegen? Kaufen Sie sich ein Buch über die bessere Organisation der eigenen Tätigkeiten (Drucker selbst schrieb eines der ersten solcher Bücher, das bereits erwähnte *The Effective Executive*). Oder kaufen Sie sich einen Tischkalender oder wie es heutzutage häufig heißt: Strengen Sie sich einfach mehr an. Wissensarbeiter erwarten von ihrem Unternehmen nicht, dass es sich für die Arbeitsmenge und deren Erledigung interessiert.

Im Übergang von der Industrie- zur Wissensproduktion haben wir, anders formuliert, den Status des Automaten aufgegeben und ihn für die lästige Autonomie eingetauscht. In diesem Kontext wurde es ungemein schwierig, das nun existierende hyperaktive Schwarmdenken wieder loszuwerden, weil es kompliziert ist, einen kaputten Arbeitsablauf zu verbessern, wenn niemand dafür zuständig ist, dass er funktioniert. Im Jahr 1833 entwickelte der britische Ökonom William Forster Lloyd ein Szenario, das zum besseren Verständnis dieser Dynamik beiträgt und das mittlerweile ein klassisches Beispiel in der Spieltheorie ist und schließlich unter dem Begriff »*Tragik der Allmende*«[36] bekannt wurde. Im 19. Jahrhundert war es in Großbritannien üblich, Rinder und Schafe auf einer Allmende weiden zu lassen. Lloyd wies auf eine interessante Spannung hin: Es ist im Interesse jedes Landwirts, sein eigenes Vieh möglichst viel auf dem Gemeindeland grasen zu lassen, wenn aber jeder Bauer nur in seinem eigenen Interesse handelt, ist das Land schnell überweidet und nützt niemandem mehr. Ähnliche Szenarien, in denen das individuelle Interesse die Gemeinschaft in Bedrängnis bringt, sind für viele verschiedene Situationen typisch – von instabilen Ökologien zur Ressourcenausbeutung bis hin zum Verhalten beim gemeinsam genutzten Kühlschrank. Mithilfe der mathematischen Formeln, die Mitte des 20. Jahrhunderts von John Nash vorgestellt wurden (berühmt durch den Film *A Beautiful Mind*), lässt sich sogar diese Situation präzise analysieren. Sie erweist sich schließlich als schönes Beispiel für das, was Spieltheoretiker ein »ineffizientes Nash-Equilibrium« nennen.

Diese ökonomischen Nebensächlichkeiten beeinflussen unsere Diskussion hier, denn die moderne Bürokommunikation ist, als das hyperaktive Schwarmdenken aufgrund der bereits genannten Bedingungen aufkam, ein weiteres Praxisbeispiel für Lloyds Gedankenexperiment. Sobald Ihr Unternehmen dem Schwarmdenken verfallen ist, liegt das Interesse jedes Einzelnen darin, im eigenen Rhythmus die eigenen Aufgaben zu erledigen, auch wenn das heißt, dass dies das langfristige Ergebnis für das Unternehmen verschlechtert. Ihr Leben wird einfacher, wenn Sie in dem Moment, in dem Sie eine Frage haben, diese einfach auf die Kollegen losschießen und eine schnelle Antwort erhalten. Gleiches gilt, wenn Sie Ihrem Posteingang weniger Zeit widmen, obwohl Ihr Team auf Sie angewiesen ist, und Sie so die Teamkollegen ausbremsen. Daraus entstehen Verdruss und Unzufriedenheit, die Ihrem Job gefährlich werden können. Mit dem Risiko, dass ich diese Analogie bis ins Unerträgliche ausdehne, überweiden wir in der Wissensarbeit die Allmende der kollektiven Zeit und Aufmerksamkeit, weil keiner von uns die eigenen kognitiven Schafe hungern lassen möchte.

Die negativen Konsequenzen des hyperaktiven Schwarmdenkens werden daher kaum durch kleine Veränderungen in den persönlichen Gewohnheiten beseitigt. Auch wohlmeinende Versuche, das Verhalten eines ganzen Unternehmens anzustoßen, etwa die Regeln bezüglich E-Mail-Ansprechbarkeit zu verbessern oder einmalige Experimente wie E-Mail-freie Freitage einzuführen, sind zum Scheitern verurteilt. Wie uns 150 Jahre Wirtschaftstheorie gezeigt haben, lässt sich die Tragik der Allmende nicht dadurch lösen, dass man von den Viehhirten eine wesentlich bessere Haltung erwartet. Stattdessen muss das kostenlose Weidensystem durch etwas Effizienteres ersetzt werden. Dasselbe gilt für das Schwarmdenken: Wir bekommen es nicht mit kleinen Verbesserungen in den Griff, sondern müssen es durch einen besseren Arbeitsablauf ersetzen. Und um das zu erreichen, müssen wir Peter Druckers Stigma der routinemäßigen Büroarbeit abmildern. Zu Recht wies Drucker darauf hin, dass sich die speziellen Aufgaben der Wissensarbeiter nicht vollständig systematisieren lassen, aber wir sollten diese Aussage nicht auf die Arbeitsabläufe anwenden, in die diese Aufgaben eingebettet sind. Eine Führungskraft kann einem Werbetexter nicht vorschreiben, wie er eine gute Anzeige entwerfen soll, aber sie kann sehr wohl entscheiden, wie diese Beauftragung verteilt wird, welche anderen Aufgaben zusätzlich auf dem Tisch des Texters landen oder wie mit Kundenanfragen umgegangen wird.

Natürlich ist dieses Ziel, klügere Arbeitsabläufe einzuführen, um die schlimmsten Auswirkungen des hyperaktiven Schwarmdenkens zu umgehen, ein umfassendes Unterfangen – eines, das viele Versuche, viele Irrtümer und viele Ärgernisse mit sich bringen wird. Aber mit den richtigen Leitprinzipien ist es durchaus möglich. Und vielleicht werden die hervorgebrachten Wettbewerbsvorteile immens sein. Der zweite Teil des Buches, bei dem wir nun angekommen sind, ist genau diesen Prinzipien gewidmet.

TEIL II

Prinzipien für eine Welt ohne E-Mails

4

Das Prinzip der Aufmerksamkeitsökonomie

AUTOMOBILE UND WISSENSARBEIT

Wir beginnen unseren Versuch, den Workflow des hyperaktiven Schwarmdenkens vom Thron zu stoßen, an einem vielleicht überraschenden Ort: in Henry Fords ersten Automobilfabriken. Zu Beginn des 20. Jahrhunderts produzierte die frisch gegründete Ford Motor Company ihre Fahrzeuge wie ihre Konkurrenz: »Wir fingen einfach an, einen Wagen auf dem Boden zusammenzubauen«, erläuterte Ford einmal. »Die Arbeiter brachten die benötigten Einzelteile herbei, sobald sie gebraucht wurden – so wie man auch ein Haus baut.«[1] Die teils zusammengebauten Autos wurden auf Holzsägeböcke gestellt, damit die umherwuselnden Arbeiter sich nicht bücken mussten, während sie die Einzelteile anpassten und einsetzten. Die Fabriken, die diese sogenannte »Handwerksmethode« nutzten, setzten auf die gleiche Vorgehensweise wie Carl Benz, der so in den späten 1880er-Jahren den ersten fahrenden Motorwagen baute.[2]

Nach dem Modell A, einem Zweisitzer, dessen Dach zusätzlich kostete, arbeitete sich Ford durch die Modelle B, C, F, K und N, bis er 1908 schließlich ein Meisterstück an pragmatischem Fuhrwerk produzierte: das Modell T. Mit diesem Design wollte Ford nicht nur die Eigenschaften eines Fahrzeuges neu erfinden, sondern auch dessen gesamte Produktion. Der erste große Schritt dieser Innovation bestand in der Einführung austauschbarer Teile. Dabei griff er auf Techniken zurück, die ursprünglich in den Waffenschmieden in New England während des amerikanischen Bürgerkriegs entstanden waren. Die Gewinne von den ersten Verkäufen dieses beliebten Fahrzeugs reinvestierte Ford in spezielle Werkzeuge, die die Einzelteile präzise genug herstellen konnten, um den zeitaufwendigen Feil- und Schleifprozess abzukürzen, der sonst für die Anpassung der Teile nötig war.[3] Das Unternehmen rühmte sich: »Sie können mit einem Modell T um die Welt reisen und die Kurbelwelle mit einem anderen Modell T tauschen, der Ihnen unterwegs begegnet. Und beide Motoren werden genauso perfekt laufen wie zuvor.«[4]

Indem das Schleifen überflüssig wurde, ermöglichten die austauschbaren Einzelteile eine schnellere Montage. Dennoch musste Ford noch herausfinden, wie die ungefähr einhundert präzisen Teile für das Modell T in möglichst kurzer Zeit zu einem funktionierenden Automobil zusammengeführt werden konnten. Dafür probierte er Verschiedenes aus. Ursprünglich brauchte man pro Auto bei der Handwerksmethode je ein Team aus fünfzehn Arbeitern. Ford experimentierte damit, einen Wagen von nur einem Arbeiter zusammenbauen zu lassen, dem die anderen die Einzelteile herbeibrachten. Weil dieser jedoch zwischen den verschiedenen Fertigungsschritten wechseln musste, entstanden Verzögerungen. Daher führte Ford das System ein, in dem jeder Arbeiter nur eine spezielle Aufgabe hatte, wie das Anschrauben des Kotflügels, und durch die Fabrikhalle von Wagen zu Wagen marschierte, um genau diesen Schritt an jedem Fahrzeug durchzuführen. Dies funktionierte schon ein wenig besser, aber die Organisation all dieser umherlaufenden Spezialisten war furchtbar kompliziert.

Rund fünf Jahre, nachdem das Modell T auf den Markt kam, unternahm Ford 1913 den nächsten großen logischen Schritt in diesem Prozess: Was wäre, wenn sich nicht die Arbeiter zwischen den Wagen hin- und herbewegten, sondern sich stattdessen diese an den Arbeitern an einem festen Platz vorbei bewegten? Als ersten Versuch errichtete er eine kleine Fertigungsstraße, die die Produktion der Magnetspulen für die Zündung beschleunigen sollte. Ein einzelner Arbeiter brauchte etwa 20 Minuten, um so eine Spule an seiner Werkbank von Grund auf zu fertigen. Nachdem Ford ein simples, auf Hüfthöhe montiertes Förderband aufgestellt und den Prozess in fünf Schritte aufgeteilt hatte, wurde der Magnet nun von fünf Schulter an Schulter stehenden Arbeitern in nur fünf Minuten zusammengesetzt.

Ihm ging das sprichwörtliche Licht auf. Nach der Magnetproduktion ging es mit einer für die Achse weiter, in der die Bauzeit von zweieinhalb Stunden auf 26 Minuten reduziert wurde. Es folgte ein Fließband für die Dreigangschaltung, was die Zeit zum Zusammensetzen des Motors von zehn auf vier Stunden reduzierte. Mit großem Selbstbewusstsein machte sich Ford an den letzten Schritt seines neuen und verbesserten Produktionssystems, indem er die belastbaren, kettengetriebenen Förderbänder baute, die nötig waren, um ein ganzes Chassis stetig eine Fertigungsstraße entlang zu befördern.[5]

Heutzutage haben wir uns an komplexe Herstellungsprozesse gewöhnt, aber man kann das Ausmaß dieser Erfindung gar nicht überschätzen, nachdem sie zum ersten Mal von Ford in großem Stil eingesetzt wurde. Die Produktionszeit für einen Modell T lag zuvor bei über zwölfeinhalb Arbeitsstunden und nach der Einführung der Förderungsstraßen bei nur 93 Minuten. Ford verkaufte 16,5 Millionen dieser Ikone und in Spitzenzeiten verließ ein neues Modell T alle 40 Sekunden seine riesige Produktionshalle in Highland Park.

Vielleicht scheinen die scheppernden Ketten und der Funkenflug der Schweißgeräte in den Automobilfabriken des frühen 20. Jahrhunderts weit weg von unseren Wissensarbeitern, die ihre E-Mails auf

Aluminium-glänzenden Computertastaturen tippen. Aber wie ich schon vorher andeutete, bietet Fords Erfindung und ihr Einfluss auf die industrielle Produktion eine höchst nützliche Analogie, um zu verstehen, was nötig ist, um dem Übel zu entkommen, das der Arbeitsablauf hyperaktiven Schwarmdenkens auslöst.

■ ■ ■

Im Herbst 2019 berichtete *The Wall Street Journal* über den Gründer Lasse Rheingans aus Bielefeld, der für sein damals sechzehnköpfiges Technologie-Start-up ein neues Konzept aufsetzte: den Fünf-Stunden-Tag.[6] Rheingans reduzierte nicht nur die Zeit, die seine Mitarbeiter im Büro verbrachten, sondern auch ihre tägliche Gesamtarbeitszeit. Die Angestellten beginnen morgens um 8 Uhr ihre Arbeit und verlassen das Büro gegen 13 Uhr mittags. Während der Bürozeiten sind Social Media verboten, es werden nur in geringem Maße Meetings abgehalten und das Checken von E-Mails ist eingeschränkt. Wenn die Mitarbeiter das Büro verlassen, arbeiten sie tatsächlich bis zum nächsten Tag nicht mehr – es existieren weder Nachtschichten am Laptop noch ständiges Texten aus der Turnhalle der Kinder heraus. Rheingans dachte sich, dass fünf Stunden am Tag ausreichten, um die für die Firma wichtigsten Aufgaben abzuarbeiten, weil Ablenkungen und die endlosen Gespräche *über* das Arbeiten ausblieben.

Nachdem Rheingans' Porträt erschienen war, lud mich *The New York Times* ein, eine Meinungskolumne über dieses Experiment zu schreiben, die dann einige Wochen später erschien.[7] Darin schrieb ich: »*The Wall Street Journal* bezeichnet Mr. Rheingans' Ansatz als *radikal*, [aber] ich bin zu dem Schluss gekommen, dass das eigentlich Radikale die Tatsache ist, dass nicht weitaus mehr Unternehmen ähnliche Experimente durchführen.« Um meine Behauptung zu stützen, verwies ich auf Henry Ford und seine Fertigungsstraße. Was wir daraus lernen können, ist, dass die Menge der zur Verfügung stehenden Ressourcen bei einer Produktherstellung in einer kapitalistischen Wirtschaft an sich keine Voraussage über die Profitabilität zulässt. Vor dem Bau des Modell T zum Beispiel verfügte Ford nicht über mehr Kapital als seine Konkurrenten. Wenn überhaupt, dann hatte er an wichtigen Punkten vielleicht sogar weniger. (Zu dem Zeitpunkt, als Fords erstes Modell A verkauft wurde, erhielt er von dem Zahnarzt aus Chicago dafür 750 Dollar. Seine Barreserven betrugen damals nur 223 Dollar.[8]) Und dennoch produzierte Ford Ende 1914 Wagen zu einem Kostenpunkt, der sie zehnmal profitabler machte als die der Konkurrenz. Sein Einsatz dessen war demnach genauso wichtig wie das Kapital selbst.

Nach Fords Revolution wurde dieses Prinzip zur Grundlage der industriellen Führung. Mittlerweile gilt es als gesetzt, dass kontinuierliches gewerbliches Wachstum nicht ohne fortgesetztes Experimentieren und der Neuerfindung der Produktionsprozesse passiert. Wie Peter Drucker in einem Artikel von 1999, der zum Klassiker avancierte, schrieb, führte Fords fixe Idee der ständigen Prozessverbesserung zu extremem Erfolg. Drucker erinnert die Leser daran, dass sich die Produktivität eines Arbeiters seit 1900 um den *Faktor 50* vergrößert hat! »Die Produktivität des Arbeiters hat etwas entstehen lassen, das wir heute ›entwickelte Ökonomien‹ nennen. Auf dieser Errungenschaft basieren alle wirtschaftlichen und sozialen Vorteile des 20. Jahrhunderts«, so Drucker.

Aber wenden wir unsere Aufmerksamkeit wieder der Wissensarbeit zu, dann stellen wir fest, dass es hier weder einen Experimentierwillen noch einen Erfindungsgeist gibt. Genau das meinte ich, als ich in der *Times* schrieb: Die Seltenheit sei »radikal«, mit der Experimente wie Rheingans' Fünf-Stunden-Tag gemacht werden. Rheingans sieht sein Unternehmen aus Ford'schen Augen, er sucht nach mutigen neuen Wegen für den Einsatz seines Kapitals, um so mehr Wert zu erwirtschaften. Bald nachdem meine Kolumne in der *Times* erschienen war, kam Rheingans auf mich zu und wir sprachen über den Alltag in seiner Firma. Dabei erzählte er mir, dass sein Experiment mit dem Fünf-Stunden-Tag zu dem Zeitpunkt bereits seit zwei Jahren liefe und er nicht vorhabe, diese Struktur in nächster Zeit zu verändern.

Es habe sich jedoch als Herausforderung herausgestellt, diese Transformation auch hinzubekommen. Ich fragte Rheingans, wie er seine Angestellten dazu bekommen habe, nicht ständig ihre E-Mails zu checken. »Die Antwort ist nicht so leicht, wie man meinen möchte«, erzählte er mir. Der Vorschlag, den Posteingang einfach seltener zu kontrollieren, ging vielen nicht weit genug. Am Ende beauftragte er externe Coaches damit, die Idee zu verfestigen, »dass das ständige Checken von E-Mails und Social-Media-Kanälen ihnen nicht weiterhelfen wird.« Die Coaches ermutigten die Mitarbeiter außerdem, ihren Stress mit Achtsamkeitsübungen, wie Meditation, zu reduzieren und mit Sport, wie Yoga, für ihre körperliche Fitness zu sorgen. Rheingans' Ziel bestand darin, dass alle langsamer machten, dass seine Mitarbeiter ihre Arbeit wohlüberlegt und mit weniger hektischer Aktivität angingen. Er wollte ihnen bewusstmachen, dass sie »die ganze Zeit herumrannten, ohne irgendwo anzukommen«. Vor diesem Hintergrund erwiesen sich fünf Stunden als mehr als ausreichend, um die gleiche Arbeit zu schaffen, für die zuvor viel längere Arbeitstage nötig gewesen waren.

Rheingans ist eine der wenigen Führungspersönlichkeiten, die willens ist, die fundamentalen Bausteine der Arbeit in unserem Zeitalter der vernetzten Gehirne drastisch zu verändern. Zurzeit verharren die meisten Unternehmen im Treibsand der möglichst produktiven Arbeitsabläufe des hyperaktiven Schwarmdenkens. Sie begnügen sich damit, an Kleinigkeiten herumzudoktern, um die schlimmsten Exzesse auszugleichen. Diese Denkweise führt zu »Lösungen«, wie das Erwartungsmanagement bezüglich Antwortgeschwindigkeiten oder die Formulierung besserer Betreffzeilen. Sie führt dazu, den Vervollständigungsmechanismus von Wörtern in Gmail toll zu finden, damit wir Nachrichten schneller schreiben können. Oder wir suchen die Zukunft in Slack, um uns in dem Hin- und Her-Wirrwarr von Messages besser zurechtzufinden. Diese Maßnahmen für die Wissensarbeit sind vergleichbar mit dem Bemühen, die Handwerksmethode in der Automobilherstellung zu beschleunigen, indem man den Arbeitern Schuhe verpasst, in denen sie schneller laufen können. Das ist ein kleiner Sieg im falschen Krieg.

Lasse Rheingans und ich sind nicht die Einzigen, denen bewusst ist, wie viel in dieser Diskussion auf dem Spiel steht. In dem bereits erwähnten Artikel über die Reflexion über Produktivität bemerkt Peter Drucker 1999, dass Wissensarbeit heute auf dem Stand der industriellen Produktion um 1900 ist – also bevor radikale Experimente die Produktivität um das 50-Fache vergrößerten. Wir sind demnach nahe dran, ähnliche massive Steigerungen bezüglich der ökonomischen Effektivität auf dem Wissenssektor zu erreichen, *wenn* wir ernsthaft unsere Art zu arbeiten hinterfragen. Drucker nennt den Vorstoß, Wissensarbeit produktiver zu gestalten, die »zentrale Herausforderung« unserer Zeit: »Vor allem von der Produktivität [der Wissensarbeit] werden der zukünftige Wohlstand – und in der Tat das Überleben – der Industrieländer in steigendem Maße abhängen.«[9]

Sowohl die Notwendigkeit als auch das Potenzial dieser veränderten Denkweise lassen sich im folgenden Prinzip zusammenfassen, das die Basis aller praktischen Ideen aus Teil II in diesem Buch bildet.

Das Prinzip der Aufmerksamkeitsökonomie

Die Produktivität im Wissenssektor kann deutlich gesteigert werden, wenn wir Arbeitsabläufe identifizieren, die die Fähigkeit des menschlichen Gehirns, Informationen nachhaltig Wert hinzuzufügen, optimieren.

In der Industrie bestehen die wichtigsten physischen Ressourcen aus Material und Maschinen.[10] Einige Einsatzmöglichkeiten für dieses Kapital erwirtschaften weitaus mehr Erlös als andere (etwa Fertigungsstraße versus Handwerk). Jedoch sind im Wissenssektor die wichtigsten Kapitalressourcen die Gehirne, die dafür sorgen, dass Informationen an Wert gewinnen – ich nenne es das *Kapital der Aufmerksamkeitsökonomie.* Aber auch hier gilt dieselbe Dynamik: Verschiedene Strategien, dieses Kapital einzusetzen, generieren unterschiedliche Gewinne. Basierend auf den Beweisen aus Teil I ist klar, dass der ständige Wechsel zwischen Netzwerken, der im hyperaktiven Schwarmdenken verlangt wird, das Hirn vernebelt und von einer optimalen Lösung weit entfernt ist. In gewisser Weise ist diese Arbeitsweise ein Äquivalent der händischen Autoproduktion. Um die enormen von Peter Drucker für das 21. Jahrhundert prophezeiten Produktivitätssteigerungen zu erreichen, müssen wir uns zur Suche nach neuen Ansätzen für die Wissensarbeit verpflichten, die wesentlich höhere Erträge generieren.

In den folgenden Kapiteln werde ich Gedanken folgen, wie diese bessere Anwendung dieses Kapitals in der Aufmerksamkeitsökonomie aussehen könnte. Sie werden etwas über die Vorteile erfahren, wenn Sie Ihren Fokus von der Optimierung von Menschen auf die Prozessoptimierung lenken, und über die Bedeutung, spezialisierte Aufgaben von Verwaltungstätigkeiten zu trennen. Ich werde Ihnen meine Argumente dafür darlegen, warum es sinnvoll ist, die reine Arbeitsmenge, die der edelmütige Wissensarbeiter durchschnittlich zu bewältigen hat, zu reduzieren. Nebenbei werden Sie viele Fallbeispiele anhand von Personen wie Lasse Rheingans und Unternehmen kennenlernen, die das Risiko eingehen, mit besseren Alternativen zu experimentieren. Doch bevor ich tiefer einsteige, konzentriere ich mich darauf, Ihnen einige *allgemeine* Best Practices zu präsentieren, wie sich das Prinzip der Aufmerksamkeitsökonomie umsetzen lässt.

FALLBEISPIEL: DEVESH GIBT DEM SCHWARMDENKEN EINEN LAUFPASS

Lassen Sie uns das Prinzip der Aufmerksamkeitsökonomie anhand eines konkreten Beispiels aus der Praxis untersuchen. Devesh ist Entrepreneur mit einer kleinen Marketingberatung, in der er diese Ideen für ein Umdenken nutzte. Deveshs Unternehmen beschäftigt einige Mitarbeiter, die über die USA und in Europa verteilt sind. Aufgrund der geografischen Distanzen, inklusive verschiedener Zeitzonen, ist die Firma von asynchronen Kommunikationsmitteln wie E-Mails abhängig. Wie so viele andere Unternehmen in der gleichen Situation fand sich Deveshs Beratung schnell in einem nicht enden wollenden Wirrwarr aus hin- und hergeschickten E-Mails wieder – also in der Arbeitsweise des hyperaktiven Schwarmdenkens. Wie Devesh erläutert, endete es damit, dass er sich frustriert tagelang um den Posteingang kümmerte, der »mit Gesprächsnotizen, Design-Ordnern, kurzfristigen Benachrichtigungen sowie einzelnen E-Mails, die verschiedene Inhalte thematisierten, gefüllt war.«

Wie viele Unternehmer, die ebenso überwältigt sind von der Arbeitsweise des Schwarmdenkens, versuchte Devesh die Probleme zunächst mit einer effizienteren Kommunikation zu lösen, so wechselte er unter anderem zu Gmail. Das Programm gruppiert Nachrichten beispielsweise automatisch in Konversationen und die Smartphone-App erlaubt es den Angestellten, auch außerhalb des Büros zu kommunizieren.

Diese Möglichkeiten der effektiveren Kommunikation minderten jedoch nicht das Gefühl, dass allein das Aufkommen an hektischer Kommunikation viel zu groß war. In einem Gespräch erklärte mir Devesh, dass er und seine Mitarbeiter sich fühlten, als würden sie von Nachrichten »bombardiert«, die ihnen »diktierten«, wie sie ihre Zeit zu strukturieren hatten. Schnell war klar, dass das nicht der beste Umgang mit Wissensarbeit war. Um den neuen Begriff zu benutzen:

Devesh fürchtete, dass er für den Einsatz seiner Aufmerksamkeitsökonomie zu wenig Ertrag bekam.

Angelehnt an Henry Fords Leitlinien experimentierte Devesh nun mit radikal neuen Herangehensweisen an die Unternehmensorganisation. Eine wichtige Einsicht bestand darin, dass die Arbeitstage weiterhin vom Posteingang strukturiert würden, wenn seine Mitarbeiter sich auf das Schwarmdenken verließen. Die ständig neuen E-Mails gaben ihnen vor, woran sie arbeiteten und sie mussten zwischen zahlreichen unterschiedlichen Projekten ständig hin und her springen, was ihre Aufmerksamkeit für jedes einzelne Projekt deutlich einschränkte. Devesh beschloss, diese Dynamik umzudrehen. Er bat seine Mitarbeiter darum, sich zu entscheiden, woran sie arbeiten wollten. Sobald die Entscheidung stand, fokussierten sie ihre Aufmerksamkeit nur auf diese eine Sache, bis sie bereit für das nächste Thema waren. Um dieses Ziel umzusetzen, kehrte Devesh dem Schwarmdenken-Modell den Rücken, in dem alle E-Mails an eine Person automatisch in deren allgemeinem Posteingang landen. Das Projektmanagement-Tool Trello sollte stattdessen nun die Basis für den Workflow innerhalb der Firma sein.

Setzt man in Trello ein Projekt auf, entsteht eine neue Webseite, das »Board«, auf das alle relevanten Mitarbeiter Zugriff haben. Auf diesem Board werden Spalten nach Aufgaben eingerichtet. Unter jeder Überschrift, die eine Aufgabe bezeichnet, befinden sich »Karten«, die Sie wie beim Solitär-Spiel untereinander anordnen können. Jede Karte zeigt auf der Vorderseite eine kurze Beschreibung, beim Draufklicken dreht sie sich um. Auf ihrer Rückseite sind weitere Informationen verzeichnet, wie Aufgabenlisten, Notizen, Diskussionen sowie Anhänge.

Auf meine Bitte hin sandte mir Devesh einen Screenshot von einem Trello-Board zu einem ihrer aktuellen Projekte. Auf diesem befanden sich die folgenden vier Kartenstapel:

- **Recherche & Notizen**
  Die Karten in dieser Spalte beinhalten für die Marketingkampagne wichtige Hintergrundinformationen, wie die Notizen zu einem kürzlichen Kundengespräch oder eine Liste der Ideen, wie man für den Kunden mehr E-Mail-Kontakte generieren könne.

- **Rückstand**
  Die Karten in dieser Spalte beschreiben einen Projektschritt, der irgendwann vervollständigt werden muss, aber gerade pausiert, weil niemand Zeit dafür hat. Beispielsweise beschreibt eine dieser Karten das Vorgehen, wie neue Kunden-Testimonials auf die Kundenwebseite gebracht werden.

- **Programmierung** und **Umsetzung**
  Auf den Karten in den beiden letzten Spalten stehen die Schritte, die gerade ausgeführt werden. In der Spalte *Programmierung* geht es natürlich um Arbeitsschritte der Programmierung. Die Implementierungsspalte konzentriert sich auf andere relevante Schritte, um die Marketingkampagne in der Praxis anzuwenden. An diesen beiden Punkten arbeiten verschiedene Mitarbeiter, daher ist deren Trennung sinnvoll. Wenn man eine von ihnen anklickt, steht auf der Rückseite – und das ist entscheidend – nicht nur eine Beschreibung des jeweiligen Arbeitsschrittes, sondern auch der derzeitige Status und die Kommentare. In diesem Teil können Fragen gestellt, Antworten gegeben und Verantwortung dafür übertragen werden, damit wichtige Schritte zum jeweiligen Thema ausgeführt werden. Einige dieser Karten haben sogar Checklisten und untergeordnete Aufgaben, während andere Abgabetermine verzeichnen, die in Leuchtbuchstaben unter der Überschrift erscheinen. Viele Karten haben Anhänge mit weiteren wichtigen Informationen.

Wie mir Devesh erklärte, ist Trello bei der Arbeit in seiner Firma nun der Dreh- und Angelpunkt. Wird einem eine Aufgabe übertragen, finden sich alle ihre Aspekte, also die Diskussionen, Aufgabenverteilungen und wichtigen Dokumente, koordiniert auf dem entsprechenden Board – keine E-Mails, keine Slack-Chats. Wenn man sich dann einer Aufgabe widmet, steuert man das entsprechende Board an und arbeitet mit den Karten. Wenn Projektschritte bearbeitet wurden, können die Karten von *Rückstand* in die aktiven Spalten verschoben werden. Wenn neue Ideen auftauchen oder zusätzliche Kundenwünsche geäußert werden, werden sie in der Spalte *Recherche & Notizen* aufgeführt. Sobald Fragen entstehen oder Arbeit delegiert werden muss, werden diese Bemerkungen zur Diskussion auf der Rückseite der betreffenden Karte zugefügt. Dort sind sie für alle Beteiligten auffindbar.

Zuvor waren die Arbeitstage der Mitarbeiter vom Posteingang bestimmt. Sobald sie morgens mit der Arbeit anfingen, öffneten sie ihr E-Mail-Programm und beantworteten bis zum Feierabend die Nachrichten. Im neuen Trello-basierten Arbeitsablauf wurden die Schritte jedes Angestellten durch die Projekt-Boards bestimmt, die im Laufe des Tages an die Fortschritte angepasst werden. Obwohl E-Mails immer noch für nicht dringende Verwaltungsfragen und private Einzelkontakte genutzt werden, haben sie bei Weitem nicht mehr die Bedeutung wie vorher. Vielleicht werden nun die Posteingänge ein- oder zweimal täglich kontrolliert, ähnlich wie bei einem richtigen Briefkasten an der Tür.

Diese neuen Arbeitsabläufe ermöglichen die Arbeit an einem einzelnen Thema, sozusagen das Singletasking. Beschließt einer von Deveshs Mitarbeitern, sich an einem Tag nur um ein bestimmtes Projekt zu kümmern, sieht er auf dem Board nur dieses Thema betreffende Informationen oder Diskussionen. Damit kann er sich auf seine Aufgaben konzentrieren, bis er das Gefühl hat, *er ist fertig* und kann zum nächsten Thema wechseln. Bei dem Prinzip des allgemeinen Posteingangs hingegen wäre er gezwungen, zwischen vielen verschiedenen Projekten hin und her zu springen, manchmal sogar innerhalb ein und derselben Mail. Dieser kognitive Zustand ist sowohl unproduktiv als auch stressauslösend.

Ein weiterer Vorteil dieses Arbeitsablaufes ist, dass alle relevanten Informationen zu einem Projekt klar strukturiert werden. Als Deveshs Firma sich noch auf das hyperaktive Schwarmdenken verließ, waren diese Informationen auf verschiedene E-Mails verteilt, die in den Posteingängen von verschiedenen Mitarbeitern schlummerten. Es ist viel effizienter, die Informationen klar in differenzierten Spalten zu sortieren, wo Fragen und weiterführende Informationen bei den einzelnen Karten hinterlegt werden. So ermöglicht man einen guten Überblick zum Stand der Dinge und der nächsten Schritte.

Als ich Deveshs Trello-Boards sah, reagierte ich in etwa so, wie wohl ein Automobilhersteller, der noch per Hand arbeitet und zum ersten Mal eine funktionstüchtige Fertigungsstraße in Henry Fords Werk in Highland Park erblickt: Ich hatte sofort das Gefühl, dass dies einfach die bessere Art der Arbeitsorganisation ist. Devesh stimmte mir zu. Seine Angestellten wirken viel glücklicher, weil sie nun nicht mehr von ihren E-Mails angetrieben werden, und große Beschwerden oder Produktivitätseinbrüche blieben bis jetzt auch aus. Es ist bezeichnend, dass Devesh nicht an eine Wiedereinführung des alten Systems denkt. Um zu betonen, wie sehr sich sein Berufsalltag verändert hat, schickte er mir einen Screenshot seines beruflichen E-Mail-Posteingangs. Im vorherigen Monat war er an insgesamt nur acht E-Mail-Threads beteiligt gewesen: summa summarum hatte er 44 E-Mails verschickt und erhalten, also etwa zwei Nachrichten am Tag. »Ein Gottesgeschenk«, fasst er es zusammen.

Solch eine radikale Veränderung der Arbeitsweise mag leicht zu beschreiben sein, ist aber in der Umsetzung umso kniffliger, weil viele Hürden überwunden werden müssen: Man muss herausfinden, worauf man seine Energie bei diesem Experiment konzentrieren will, bedenken, wie man Unannehmlichkeiten oder zusätzliche Gemeinkosten angeht und nicht zuletzt muss man alle mit ins Boot holen. Auf den nächsten Seiten werde ich zeigen, wie sich diese Hindernisse am besten meistern lassen, wenn Sie vorhaben, das Prinzip der Aufmerksamkeitsökonomie in Ihrem Unternehmen oder Beruf umzusetzen.

AUTONOMIE ALS STRUKTURELEMENT

In Kapitel 3 ging es um folgende Frage: *Wenn das hyperaktive Schwarmdenken so ineffektiv ist, warum ist es dann so beliebt?* Ironischerweise ist es wieder Peter Drucker, der nicht nur die Produktivität des Wissensarbeiters zur zentralen Herausforderung des 21. Jahrhunderts erklärte, sondern auch einen Großteil zu ihrer Beantwortung beitrug. Wie bereits erwähnt, zeigte Drucker der Geschäftswelt der 1950er- und 1960er-Jahre, dass die aufkommende Wissensarbeit einen führenden ökonomischen Sektor darstellte. Eine seiner zentralen Aussagen bezog sich dabei auf die Wichtigkeit der Autonomie: »Der Wissensarbeiter kann weder streng noch umfassend überwacht werden«, schrieb er 1967. »Er muss sich selbst führen.«[11]

Drucker erkannte, dass Wissensarbeit zu sachkundig und kreativ war, um sie in wiederholbare Einzelschritte herunterzubrechen, die dann von Managern an Mitarbeiter delegiert würden. Es gibt keinen einfachen Weg, um abstrakte Aufgaben, etwa das Ersinnen einer neuen Geschäftsstrategie oder die Einführung einer Innovation bei einem wissenschaftlichen Herstellungsprozess, in eine Reihe kleiner eindeutiger Schritte aufzuteilen, die jemand, ohne nachzudenken, abarbeiten kann.

Die Betonung auf Autonomie erwies sich als weitreichend, und sie war weit entfernt von der trotzigen Hartnäckigkeit des Schwarmdenkens. Wie ich gezeigt habe, überrascht es nicht, dass am Ende der einfache, kleinste gemeinsame Nenner herauskommt, wenn man dem

Individuum Entscheidungen über die Produktivität überlässt: eine Arbeitsweise wie die des hyperaktiven Schwarmdenkens.

Und hier finden wir uns in einer Sackgasse wieder: Auf der einen Seite lässt sich Autonomie in der Wissensarbeit nicht vermeiden, weil diese Anstrengungen sehr komplex sind, aber auf der anderen Seite verankert Autonomie mit dem Schwarmdenken verwandte Arbeitsweisen. Wir brauchen das Prinzip der Aufmerksamkeitsökonomie, um dieser Falle irgendwie entkommen zu können. Dafür müssen wir Druckers Faden wieder aufnehmen und verdeutlichen, an welchen Stellen die Autonomie essenziell ist.

■ ■ ■

Wissensarbeit sollte als Kombination aus zwei Aspekten gesehen werden: der *Tätigkeitsausübung* und dem *Arbeitsablauf*. Die Ausübung beschreibt den Akt der zugrunde liegenden wertschöpfenden Tätigkeiten der Wissensarbeit – die Informatikerin programmiert, der Pressesprecher schreibt eine Presserklärung. Es geht um das, was Wert aus der Aufmerksamkeitsökonomie schöpft.

Der zweite Aspekt, der Arbeitsablauf, wurde bereits in der Einleitung definiert. Er beschreibt, wie diese grundlegenden Aktivitäten identifiziert, beauftragt, koordiniert und überarbeitet werden. Beispielsweise ist das hyperaktive Schwarmdenken ein Arbeitsablauf, ebenso wie Deveshs Board-System für einzelne Projekte. Wenn die Ausübung wertschöpfend ist, dann strukturiert der Arbeitsablauf diese Bemühungen.

Sobald wir begriffen haben, dass diese beiden Aspekte verschiedene Sachlagen beschreiben, können wir die Autonomiefalle umgehen. Als Drucker die Autonomie betonte, sprach er über die Arbeitsausübung, denn diese Tätigkeiten sind häufig zu komplex, um in einzelne Routinen zerlegt zu werden. Arbeitsabläufe sollten auf der anderen Seite nicht dem Individuum überlassen werden, das dann jeweils überlegt, wie die Arbeit am besten erledigt werden könnte, denn das effektivste Vorgehen ergibt sich nur selten von selbst. Arbeitsabläufe müssen stattdessen explizit als ein Teil der firmeninternen Standardabläufe bestimmt werden.

Wenn ich ein Entwicklungsteam leite, dann sollte ich meinen IT-Kollegen nicht erklären, wie sie bestimmte Programme zu schreiben haben. Allerdings sollte ich mir Gedanken darüber machen, wie viele Programme sie schreiben sollen, wie diese Aufgaben aufgeteilt werden, wie wir mit der Codebasis umgehen und sogar, welcher Kollege ihnen auch Fragen stellen und Aufträge erteilen darf. (Weitere Gedanken über radikal neue Arbeitsabläufe für Softwareentwickler findet sich im Fallbeispiel *Extremprogrammieren* in Kapitel 7.)

Diese Aufteilung wurde in Deveshs Marketingfirma umgesetzt. Indem er die Trello-Boards für das Projektmanagement einführte, bestimmte er nicht, wie sein Team die wichtigen Aufgaben bezüglich Konzeption und Umsetzung von Marketingkampagnen im Einzelnen erledigte, aber er veränderte die nötigen Arbeitsabläufe für die Unterstützung dieser Tätigkeiten. Dazu gehörte, wie Informationen zu diesen Projekten verwaltet wurden und wie grundlegende Informationen sowie Fragen untereinander kommuniziert wurden. Er erfand die Arbeitsabläufe neu, überließ es aber seinen gut ausgebildeten Mitarbeitern, wie sie ihre Aufgaben im Detail umsetzten. In den folgenden Kapiteln werden Sie feststellen, dass die meisten der Fallstudien und Praxisbeispiele einer solchen Einteilung folgen.

Fairerweise dürfen wir Drucker nicht vorwerfen, diese Unterscheidung in seiner ersten Untersuchung von Wissensarbeit nicht gemacht zu haben. Als er sich zum ersten Mal mit diesem Thema beschäftigte – immerhin in den 1950er- und 1960er-Jahren –, war die Idee, *überhaupt irgendeinem* Angestellten Autonomie zuzugestehen, so radikal, dass für Spitzfindigkeiten kein Raum blieb. Es war schwer genug, die Menschen davon zu überzeugen, dass der autoritäre Ansatz, der dem Industriesektor solch ein wunderbares Wachstum beschert hatte, möglicherweise nicht auf diese Sorte Synapsen-zentrierter Aktivitäten anwendbar sein könnte.

Doch Drucker hatte mit seinen Bemühungen Erfolg dabei, einem skeptischen Publikum das Evangelium der Autonomie zu predigen. Und diejenigen von uns, die heute im Wissenssektor arbeiten, sind die Nutznießer dieser hellsichtigen Argumente. Jedoch reicht es nicht, wenn wir uns an dieser Stelle damit begnügen. Um das große Versprechen des Prinzips der Aufmerksamkeitsökonomie zu verbreiten, müssen wir uns auf Druckers Schultern stellen und diese Theorien noch ein Stück weiterentwickeln, zu noch komplexeren Entwicklungsstadien. Die Differenzierung der beiden Aspekte Arbeitsabläufe und Arbeitsausübung ist wichtig, wenn wir weiterhin die Produktivität im Wissenssektor steigern wollen. Um das Kapital der Aufmerksamkeitsökonomie voll ausschöpfen zu können, müssen wir anfangen, unsere Strukturierung der Arbeit ernst zu nehmen. Das schränkt nicht die Autonomie der Wissensarbeiter ein, sondern ermöglicht ihnen, noch mehr aus ihren Fähigkeiten und ihrer Kreativität herauszuholen.

MINIMIEREN SIE KONTEXTWECHSEL UND ÜBERLASTUNG

Anfang des 20. Jahrhunderts experimentierte Henry Ford mit den Möglichkeiten einer besseren Autoproduktion. Ein Jahrhundert später experimentierte Devesh mit den Möglichkeiten eines besseren Services für seine Marketingkunden. Bei diesen Bemühungen, das müssen wir einräumen, hatte Ford einen Vorteil: Wenn es um die Produktion von Automobilen geht, ist sofort ersichtlich, warum eine Vorgehensweise besser ist als die andere: die Geschwindigkeit. Dieses Gestaltungsprinzip – schneller ist besser als langsamer – trieb Fords Bemühungen an und ermöglichte ihm, Verbesserungen in grundlegenden Herstellungsschritten direkt in Nettoprofit umzuwandeln. Bei

Wissensarbeit funktioniert diese Rechnung nicht so einfach. Wenn Sie versuchen, Ihre Arbeitsabläufe zu optimieren, um einen besseren Profit aus Ihrem Aufmerksamkeitskapital zu generieren, wonach suchen Sie dann? Was ist das Äquivalent für Produktionsgeschwindigkeit bei kognitiver Arbeit?

Für eine Antwort darauf können wir auf die Erkenntnisse aus Teil I dieses Buches zurückgreifen, der die Probleme mit der Arbeitsweise des hyperaktiven Schwarmdenkens aufzeigte. In den vorangegangenen Kapiteln habe ich dargestellt, dass es große kognitive Kosten verursacht, wenn man seine Aufmerksamkeit von einem Thema auf ein anderes lenkt. Jeglicher Arbeitsablauf, der Sie zwingt, sich permanent um Konversationen in Ihrem Posteingang oder Chat-Channel zu kümmern, reduziert die Qualität Ihres intellektuellen Outputs. Ebenso habe ich argumentiert, dass eine Überbelastung durch Kommunikation – das Gefühl, dass Sie niemals mit den unterschiedlichen eintreffenden Anfragen nach Ihrer Zeit und Aufmerksamkeit werden mithalten können – Ihre Leistung mindert. Sie widerspricht unserem uralten Echsenhirn und unserem Bedürfnis nach sozialer Verbundenheit, was auf kurze Sicht unglücklich macht und auf lange zum Burn-out führt.

Im Rückgriff auf diese Beobachtungen schlage ich das folgende Designprinzip für die Entwicklung von Ansätzen vor, um bessere Renditen aus Ihrem persönlichen oder firmeneigenen Aufmerksamkeitskapital zu erwirtschaften: Streben Sie Arbeitsabläufe an, die

1. den Wechsel zwischen Kontexten inmitten einer Tätigkeit und
2. das Gefühl von Kommunikationsüberlastung

minimieren. Diese beiden Eigenschaften sind das Äquivalent zu Henry Fords Besessenheit mit Geschwindigkeit in der Wissensarbeiterwelt.

Beginnen wir mit der ersten Eigenschaft. Ein Wechsel zwischen Kontexten inmitten einer Tätigkeit passiert dann, wenn Sie während einer sonst in sich abgeschlossenen Aufgabe Ihre Aufmerksamkeit etwas anderem zuwenden, bevor Sie wieder zur ersten Tätigkeit zurückkehren. Das klassische Beispiel dafür ist das Bedürfnis, immer wieder die E-Mails im Posteingang oder die Messenger-App zu checken, um in die Länge gezogene Konversationen aufrechtzuerhalten, die mit Ihrer momentanen Aufgabe nichts zu tun haben. Solche Wechsel passieren allerdings auch analog. In Großraumbüros kommen vielleicht häufiger Kollegen mit Fragen vorbei. Wenn Ihr Arbeitsablauf so angelegt ist, dass ständig Besprechungen nötig sind, dann sind diese auch Unterbrechungen, die Ihren Tagesablauf in Scheibchen teilen, in deren Pausen Sie kaum eine Aufgabe zu Ende führen können.

Ungeachtet der Unterbrechungsart beeinflussen diese den Wert, den Ihr Gehirn produziert. Je mehr Sie in der Lage sind, eine einzige Sache zu einem Zeitpunkt fertigzustellen, so lange dranbleiben zu können, bis sie abgeschlossen ist und Sie die nächste Aufgabe angehen können, desto effizienter und effektiver werden Sie arbeiten. Wie ich in Teil I ausgeführt habe, trifft dies auf viele unterschiedliche Arten der Wissensarbeit zu, sei es angestrengtes Nachdenken, Managen oder sogar unterstützende Tätigkeiten. Das menschliche Gehirn wird am optimalsten bei sequenzierten Tätigkeiten genutzt.

Die zweite erwähnte Eigenschaft versucht, den kognitiven Tribut zu reduzieren, wenn Sie das Gefühl haben, Sie werden die ganze Zeit von allen gebraucht. Unter sonst gleichen Umständen sollten die Arbeitsabläufe, die den nicht enden wollenden Strom wichtiger Kommunikation minimieren, statt ihn zu verstärken, Vorrang haben. Wenn Sie nach Feierabend zu Hause sind, sich am Wochenende an Ihrer Freizeit erfreuen oder in den Urlaub fahren, sollten Sie nicht das Gefühl haben, dass Sie in jedem freien Moment noch größere Kommunikationsschulden anhäufen. Im Zeitalter des hyperaktiven Schwarmdenkens haben wir uns so an diesen Zustand der Verzweiflung gewöhnt, als sei er die unabdingbare Konsequenz unserer hochtechnologisierten Welt. Aber das ist Unsinn. Bessere Arbeitsabläufe können das Gefühl der Überlastung bändigen. Indem Sie sich von diesem Unbehagen freimachen, werden

Sie nicht nur glücklicher, sondern auch produktiver und mindern die Wahrscheinlichkeit, mit der Zeit auszubrennen.

Bei Devesh sehen wir diese Prinzipien in der Umsetzung: Der neue Workflow mithilfe der Projekt-Boards eliminiert Kontextwechsel inmitten von Aufgaben. Kommunikation über ein Projekt geschieht jetzt nur noch, wenn *Sie* entscheiden, das entsprechende Board zu öffnen und sich die nötigen Karten anzuschauen. Es gibt keinen allgemeinen Posteingang mehr, wo Sie über Nachrichten stolpern, die mit Ihrer aktuellen Aufgabe nichts zu tun haben. Devesh nannte dieses Vorgehen »den Spieß umdrehen«: *Sie* entscheiden, wann Sie über ein Projekt kommunizieren möchten, anstatt *das Projekt* für Sie entscheiden zu lassen.

Der von Devesh eingeführte Arbeitsablauf minimiert nun auch die Überlastung aufgrund von Kommunikation. Werden Mails und Chats sofort den spezifischen Karten zugeordnet, die zu einem bestimmten Projekt-Board gehören, vermindert dies das Gefühl, dass sich die Nachrichten *stapeln*. Wenn Sie sich für ein bestimmtes Board entscheiden, nehmen Sie an einer Konversation teil. Wenn Sie das Board nicht besuchen, sind die Nachrichten voller ungeduldiger Anfragen und Anmerkungen in diesem Posteingang nicht an Sie gerichtet.

Doch bei der Verbesserung von Workflows geht es um mehr als nur um die Vermeidung von Kontextwechsel und der Reduzierung von Nachrichtenüberlastungen. Diese beiden Ansätze sind zwar auf kurze Sicht wichtig, aber auf lange Sicht müssen Sie immer noch die grundlegende Metrik im Auge behalten: die Quantität und Qualität des Outputs, den Sie in Rechnung stellen können. Für Unternehmen der Wissensarbeit bedeutet dies die Kontrolle über den Einfluss von neuen Arbeitsabläufen auf das Geschäftsergebnis. Für den Soloselbstständigen mag das heißen, mit welcher Geschwindigkeit Sie Ihre Meilensteine erreichen oder Projekte abschließen.

Wenn Sie diese Zahlen im Verlauf der Zeit verfolgen, werden Sie die Gewissheit bekommen, dass die neuen Arbeitsabläufen lohnenswert sind. Genau so wichtig ist es, dass Sie Konsequenzen ziehen, wenn die Maßnahmen zur Verschlechterung Ihrer Zahlen beitragen, denn dann sind Sie zu weit gegangen und haben erfolgsentscheidende Aktivitäten ausgebremst. Es geht darum, Wege zu finden, wie Sie Kontextwechsel und Überlastung minimieren können, *aber immer noch das erledigt bekommen, was erledigt werden muss.*

KEINE ANGST VOR UNANNEHMLICHKEITEN

Deveshs Geschichte rief bei anderen Wissensarbeitern Zweifel hervor, was abzusehen war. Als sie sich vorstellten, das eigene Unternehmen vom hyperaktiven Schwarmdenken weg und hin zu einer strukturierteren Vorgehensweise zu lenken, wie etwa bei dem Arbeiten mit Projekt-Boards, beschworen sie leicht mögliche Probleme herauf. Man könnte Deadlines versäumen oder wichtige Aufgaben nicht rechtzeitig fertigstellen, wenn die Aufmerksamkeit aller nicht mehr immer zu bekommen wäre. Oder es würde zu argen Verzögerungen kommen, bevor man die nötigen Antworten erhielt, um einen Projektschritt voranbringen zu können. Indem man die Einfachheit des hyperaktiven Schwarmdenkens hinter sich ließe, würde man demnach für alle einen steten Fluss an Unannehmlichkeiten produzieren.

Dieser Einwand ist wichtig, weil er sich auf vieles bezieht, das bei der Anwendung des Prinzips der Aufmerksamkeitsökonomie auftritt. Wie ich bereits gezeigt habe, ist eine der wichtigsten Erklärungen dafür, dass sich das hyperaktive Schwarmdenken im Wissenssektor immer noch hält, dass es für die Nutzer *im jeweiligen Moment* wirklich bequem ist. Man muss sich für die Nutzung weder in ein System einlernen noch sich an Regeln halten, denn man greift sich seinen Ansprechpartner auf elektronischem Weg, wenn man ihn gerade braucht. Fast alle Alternativen dazu sind unbequemer, denn es bedarf eines Mehraufwands, um kurzfristige Probleme, beispielsweise eine unerledigte Aufgabe oder längere Wartezeiten auf eine Antwort, zu lösen und das resultierende Ergebnis zu steuern. Dies erklärt, warum so viele Ansätze zur Arbeitsreformierung aus der Erschöpfung heraus entstehen und in winzigen Verbesserungen enden: eine bessere »Netiquette« bei E-Mails einzuführen. Das sind Vorschläge ohne Biss, um alle vor den Schwierigkeiten echter Veränderungen, die den Status quo des hyperaktiven Schwarmdenkens infrage stellen, zu bewahren.

Stellen Sie sich vor, Sie wollen in Ihren Arbeitsabläufen oder sogar in Ihrem eigenen Unternehmen große Veränderungen einführen. Wie können Sie die Unannehmlichkeiten vermeiden, die mit diesem Experiment einhergehen? *Gar nicht.* Stattdessen müssen Sie Ihre Denkweise verändern, damit Sie sich davor nicht länger fürchten. Um diesen Rat zu untermauern, kehren wir kurz zum Herstellungssektor zurück, wo man sich eher auf Unannehmlichkeiten einlässt. Stellen Sie sich nun kurz vor, wie es wohl zwischen 1908 und 1914 in Henry Fords Werk in Highland Park gewesen sein mochte, als er das radikale Experiment der Fließbänder durchführte. Am Anfang hatte Fords Produktionsweise von Automobilen durchaus Sinn ergeben. Seit Jahrzehnten setzte er Handwerksmethoden ein. Arbeiter standen um feststehende Fahrzeuge herum, feilten und verschraubten Einzelteile, die Kollegen aus der Fertigung herbeibrachten. Im Prinzip baute er seine Wagen so, wie man bis dato komplizierte Sachen gebaut hatte: ein Ort, ein Teil nach dem anderen.

Fords erste Fertigungsstraße muss hingegen für seine Angestellten ein Albtraum gewesen sein. Nichts davon war für sie natürlich. Erst einmal waren dafür kompliziertere Maschinen nötig, die fehleranfällig waren. Dagegen war es ein einfacher und verlässlicher Vorgang, einen Kotflügel von einem Stapel zu nehmen und zu einem stehenden Wagen zu tragen. Ein ganzes Chassis auf einem Windensystem bei unterschiedlichen Geschwindigkeiten zu einem Arbeiter befördern zu wollen, der dann an den vorbeifahrenden Wagen einen Kotflügel schraubte, war ein viel komplizierterer Weg zum selben Ziel.

Und dann gab es noch die dafür angefertigten Hilfsmittel. Um eine fortlaufende Produktion zu ermöglichen, werden spezielle Arbeitsbühnen benötigt, die Präzisionsarbeiten in kurzer Zeit erledigen. Beispielsweise erfand Ford eine Bohrvorrichtung, die gleichzeitig 54 Löcher in einen Motorenblock fräsen konnte.[12] Die Sache mit angefertigten Maschinen ist jedoch, dass sie aufgrund von Problemen nicht ständig laufen. Man kann davon ausgehen, dass es in Highland Park in diesen frühen Jahren großen Frust und viele Ausfallzeiten gab, in denen die sperrigen Maschinen für die nötigen Reparaturen stillstanden.

Eine weitere lästige Tatsache ist, dass die ganze Produktion angehalten werden muss, sobald es in der Fertigungsstraße auch nur das kleinste Hindernis gibt. Das passiert, wenn eine einzelne Teilmontage zu lange dauert oder ein Teil nicht in der vorgegebenen Zeit dorthin passt, wo es hin soll. Dass das Band stillgelegt wurde, war sicherlich in den frühen Jahren an der Tagesordnung, weil die Macken erst noch ausgebügelt werden mussten. Stellen Sie sich vor, wie frustrierend es gewesen sein muss, dass die verlässliche und stabile Handwerksarbeit von einem Prozess verdrängt wurde, der die Arbeiter immer wieder zum Stillstand zwang. Was das Ganze aber noch schlimmer machte, war, dass noch mehr Manager und Ingenieure für die Überwachung der Fertigungsstraße nötig waren – nicht nur lästig, sondern auch noch teurer!

Zusammenzufassend nahm Henry Ford also einen verlässlichen und intuitiv verständlichen Prozess der Automobilproduktion und ersetzte ihn mit einem, der im Unterhalt teurer war und sowohl mehr Führungskräfte brauchte als auch höhere Gemeinkosten verursachte. Dieser Prozess war alles andere als natürlich, das Band ging leicht kaputt, was manchmal zu starken Produktionsverzögerungen führte. Diese Aspekte waren weder leicht umzusetzen noch leicht nachzuvollziehen. Wären Sie zu jener Zeit ein Manager, Fließbandarbeiter oder Investor bei Ford gewesen, hätten Sie sicherlich einer sicheren und weniger disruptiven neuen Produktionsmethode den Vorzug gegeben, um die altbewährte Methode ein wenig effizienter zu machen. Das wäre das industrielle Äquivalent zu dem Versuch, eine Netiquette bei E-Mails einzuführen, gewesen.

Mittlerweile haben wir natürlich erkannt, dass diese Befürchtungen unnötig waren und dass das Fließband die Ford Motor Company zu einem der weltweit größten und profitabelsten Unternehmen gemacht hat. Hinsichtlich der industriellen Produktion nehmen wir solche Geschichten als gegeben hin, denn wenn wir an eine Industriefabrik denken, geht es nicht um Bequemlichkeit, Einfachheit oder um die Vermeidung allfälliger Missgeschicke, sondern schlicht darum, die Herstellung möglichst kosteneffektiv zu gestalten.

Management-Literatur aus dem 20. Jahrhundert feiert in der Tat die Idee, die Effektivität durch die Fähigkeit zu erhöhen, zusätzliche Komplexität tolerieren zu können. Peter Drucker rühmt in seinem Buch *Das Fundament für Morgen* aus dem Jahr 1958 das »ständige Streben nach Verbesserung, Anpassung und Anwendung«, das, von praxiserfahrenen Forschern und Ingenieuren angeführt, Unternehmen in die Lage versetzte, neue und verbesserte Produkte schneller als jemals zuvor zu produzieren.[13] In ähnlicher Weise verbindet James McCay in seinem umfangreichen Klassiker *The Management of Time* von 1959 Führung in der modernen Welt mit der Fähigkeit, ständig mit der Arbeitsweise zu experimentieren, während die daraus erwachsene Komplexität stoisch ertragen wird:

> Der Mann der Stunde ist derjenige, der fähig ist, mit den aus der steigenden Geschwindigkeit der Erfindungen erwachsenden Probleme umzugehen … Er ist ein Mann außergewöhnlicher Originalität. Er ist der Mann, der die Disziplin besitzt, sich ständig neues Wissen und neue Fertigkeiten anzueignen. Er ist es, der neue Produktionskonzepte, Marketingkonzepte und Finanzierungsmöglichkeiten ersinnt.[14]

In der modernen Wissensarbeit haben wir meist das Interesse daran verloren, unbeirrt voranzuschreiten und uns dem daraus erwachsenen Mühsal zu stellen, der Preis dafür, unser Geschäft besser als vorher zu betreiben. Wir sprechen immer noch von »Innovation«, was sich mittlerweile nur noch auf die angebotenen Produkte und Dienstleistungen bezieht statt auf unsere Produktionsweise. Wenn es um Letzteres geht, dann tendieren Wirtschaftstheoretiker dazu, sich zur Erhöhung der Produktivität auf Sekundärfaktoren, wie bessere Führung oder präzisere Ziele, zu konzentrieren, dabei geraden die Abläufe, wie Arbeit delegiert, ausgeführt und bewertet wird, in den Hintergrund.

Dieser Fokus auf die Sekundärfaktoren basiert nicht auf der Zaghaftigkeit seitens der Führungskräfte in der Wissensbranche. Es ist eher das Ergebnis der bereits erläuterten Autonomie-Falle. Die Details, *wie* Wissensarbeiter ihre Aufgaben erledigen, hat jeder Einzelne zu entscheiden. Demzufolge ist es nur natürlich, dass den Arbeitsabläufen der Vorzug gegeben werden, in denen Bequemlichkeit an erster Stelle steht. Sobald wir uns jedoch aus dieser Falle befreit und mit einer systematischen Reflexion unserer Arbeitsweisen begonnen haben, wird es unvermeidlich, auf kurze Sicht Unbequemlichkeiten auf uns zu nehmen, um auf lange Sicht eine Verbesserung zu erreichen. Wie hoffentlich mein Ausflug in die Wirtschaftsgeschichte gezeigt hat, sollten wir uns vor diesen Unbequemlichkeiten nicht fürchten. Im Geschäftsleben ist gut ungleich leicht und erledigen ungleich bequem. In ihrem tiefsten Inneren möchten Wissensarbeiter das Gefühl haben, dass sie Wichtiges hervorbringen, was nur aufgrund ihrer hart erarbeiteten Fertigkeiten möglich ist, selbst wenn das bedeutet, dass ihre E-Mails nicht immer sofort beantwortet werden.

NEBENBEMERKUNG: WAR FLIESSBANDARBEIT NICHT SCHRECKLICH FÜR DIE ARBEITER?

Während der ersten Vorbereitungen auf dieses Buch war ich auf einer Hochzeit im Familienkreis eingeladen. Wie in den USA üblich, gab es vorab ein Probeessen, bei dem ich mich mit einem Verwandten unterhielt. Er fragte mich, woran ich gerade arbeitete, also erzählte ich ihm von diesem Buch und stellte ihm meine Ideen über die Relevanz von Fließbandarbeit in der kritischen Analyse von Wissensarbeit vor. Ich war gespannt auf seine Reaktion. Ich erinnere mich noch genau an seine Worte: »Das klingt schrecklich.«

Der Punkt, Fließbandarbeit als positives Beispiel anzuführen, ist, dass die Arbeit an sich alles andere als positiv war. Wie der Historiker Joshua Freeman in seinem 2019 erschienen Buch *Behemoth* zeigt, denken wir bei einer Fertigungsstraße zu sehr an die Produktionssteigerungen. Wir konzentrieren uns zu sehr auf den effizienteren Umgang mit Material. Viele dieser Steigerungen stammen allerdings aus der »schieren Intensivierung der Arbeit.«[15] Ein einziger unachtsamer Moment konnte dafür sorgen, dass das ganze Band angehalten werden musste. Das führte zu einem unnatürlichen Zustand einer Kombination aus Langeweile und Aufmerksamkeit bei den Arbeitern. Frederick Winslow Taylor hatte schon zuvor versucht, die Effizienz zu steigern, indem er die Leistung der Arbeiter mit einer Stoppuhr maß und denjenigen, die schnell waren, einen Bonus gab. Henry Ford überholte Taylors Ansatz einfach dadurch, dass es bei seiner Fließbandarbeit gar keine andere Möglichkeit als Schnelligkeit gab. »Für Fließbandarbeiter war die Arbeit unerbittlich und monoton«, schreibt Freeman. »Die Arbeit am Fließband erwies sich physiologisch und psychologisch als erschöpfend in einer Weise, die es bei anderen Arbeiten nicht gab. Mehr als jemals zuvor waren die Arbeiter die Erweiterung von Maschinen, sie waren ihren Anforderungen und ihrer Geschwindigkeit ausgeliefert.«[16]

Im Jahr 1936 kam der Film *Moderne Zeiten* in die Kinos, in dem Charlie Chaplin diese düstere Realität parodiert. Seine Figur des kleinen Vagabunden versucht, mit einem Fließband mitzuhalten, das immer schneller und schneller läuft. Mit zwei großen Schraubenschlüsseln muss Chaplin an jedem vorbeikommenden Werkstück zwei Bolzen festdrehen. Da der Vorarbeiter die Bandgeschwindigkeit erhöht, werden Chaplins Bewegungen immer hektischer, bis er schließlich auf das Förderband springt und dort versucht, die Schrauben an den vorbeischwirrenden Werkstücken zu befestigen. Schließlich gerät er am Ende des Bandes in eine Schütte und landet in dem riesigen Getriebe des Werkes. Chaplin drehte den Film kurz nach einem Besuch einer von Fords Fabriken.[17]

Die negative Reaktion meines Verwandten basierte auf dem Verständnis, dass Fließbandarbeit entmenschliche. Er stellte sich die Zukunft der Wissensarbeit so vor, dass wir in einer digitalen Neufassung von *Moderne Zeiten* arbeiten, in der wir hektisch auf Tastaturen einhämmern, anstatt hektisch an Bolzen herumzuschrauben. Und die Szene würde dann genauso enden: dass uns die sprichwörtliche Produktivitätsmaschinerie verschluckt. Diese Besorgnis ist verständlich, aber wenn wir uns bestimmte Fallbeispiele dieses Prinzips der Aufmerksamkeitsökonomie in der Praxis anschauen, erfüllt sich diese Angst vor der Schinderei nicht. Nehmen wir Deveshs Marketingberatung: Nichts weist darauf hin, dass der Schritt von einem überquellenden Posteingang hin zu strukturierten Projektübersichten mit einem Wechsel in Richtung der monotoneren oder seelenloseren Arbeit verbunden ist. Wenn überhaupt, dann sorgte diese Veränderung für den gegenteiligen Effekt. In der Umkehrung dessen, was passierte, als Ford die Fließbandfertigung einführte, empfanden Deveshs Mitarbeiter ihre Arbeit weniger schrecklich und nachhaltiger, *nachdem* er die internen Arbeitsabläufe verändert hatte.

Wie Sie in den Praxisbeispielen in Teil II sehen werden, sind die Vorzüge von Deveshs Transformation des Workflows die Regel, nicht die Ausnahme. Sobald wir uns anschauen, wie ich die Analogie des Fließbands anführe, wird das deutlicher. Indem ich Henry Ford bemühe, möchte ich nicht die Effektivität der *speziellen Arbeitsweise* hervorheben, mit der die Arbeiter seine Automobile bauten – die Parallelen zwischen dem Zusammenschrauben eines Zündmagneten und der Entwicklung einer Marketingstrategie sind dann doch eher begrenzt.

Mir geht es vielmehr darum, zu zeigen, wie viel es ausmachen kann, wenn man mit unterschiedlichen Arten des Kapitaleinsatzes herumexperimentiert. Dieser Prozess unterscheidet sich beim Produktionssektor und Wissenssektor stark. Wie Peter Drucker feststellte, muss die Autonomie eines gut ausgebildeten Arbeiters in der Wissensarbeit gesichert sein, denn jeder hat seine individuelle Herangehensweise an seine Kunst. Das Prinzip der Aufmerksamkeitsökonomie jedoch legt nahe, dass man mit den Arbeitsabläufen experimentiert, die die Arbeitsverteilung und -bewertung strukturieren. Ziel dieser Veränderungen soll es sein, dass Wissensarbeiter sowohl einfacher als auch nachhaltiger zu wichtigen Ergebnissen kommen, nicht darum, sie dazu zu zwingen, noch mehr Aufgaben schneller zu erledigen – diese Strategie wird kaum bei geistig anspruchsvollen Tätigkeiten auf lange Sicht Erfolg haben.

Henry Ford hat radikale Denkschritte unternommen, um mehr aus seinen Fabriken herauszuholen. Wissensarbeit muss radikale Denkschritte unternehmen, um mehr aus den eingesetzten Gehirnen herauszuholen. Aber weiter reicht die Analogie dann auch nicht mehr. In Fords Welt war der einzelne Arbeiter entbehrlich, aber in der Wissensarbeitswelt ist unser Geist die Quelle allen Wertes. Wenn überhaupt, hält uns das hyperaktive Schwarmdenken in der digitalen Version von *Moderne Zeiten* fest. Denn wir versuchen vergebens, mit den schneller und schneller eintrudelnden E-Mails mitzuhalten. Das Prinzip der Aufmerksamkeitsökonomie kann uns aus dieser Misere heraushelfen.

BEI DER EINFÜHRUNG VON VERÄNDERUNGEN BRAUCHT MAN PARTNER STATT VERGEBUNG

Ende 1984 kaufte Sam Carpenter, damals 35 Jahre alt, einen schlecht laufenden Fernsprechauftragsdienst.[18] Der Antwortservice hatte sieben Mitarbeiter, die sich um die Belange von 140 Kunden kümmerten. Die Firma kostete 21.000 Dollar. Carpenter verkündete kühn,

»irgendwann werden wir der beste Auftragsdienst der USA sein«. Wie es Carpenter in seinem 2008 erschienen Buch *Work the System* trocken zusammenfasst: »Die Ereignisse entwickelten sich nicht wie erwartet.«

Wie sich herausstellen sollte, ist das Geschäft von Fernsprechauftragsdiensten kompliziert. Ständig rufen die Kunden mit einem völlig neuen Problem an, sei es ein medizinischer Notfall oder eine dringende geschäftliche Angelegenheit. Jeder Kunde stellt an den Mitarbeiter seine eigenen und vor allem ganz besonderen Anforderungen. Wie viele Geschäftsführer stellte Carpenter schnell fest, dass sich sein Leben in einen »unorganisierten Albtraum« verwandelt hatte. Er war 80 Wochenstunden damit beschäftigt, Feuerwehr zu spielen. Er musste sowohl sein Haus als auch seinen Wagen verkaufen. In seinem Büro stellte er ein Etagenbett für seine beide Teenager auf, damit sie einen Ort zum Schlafen hatten. Irgendwann beantwortete Carpenter selbst die Anrufe, in der Spätschicht zwischen 0 und 8 Uhr. Von 8 bis 17 Uhr erledigte er dann die administrativen Arbeiten, die das Geschäft so mit sich brachte.[19]

Dies konnte natürlich nicht lange weitergehen. Nach 15 Jahren stand Carpenter vor dem Ruin – sowohl physisch als auch finanziell. Aber zu diesem Zeitpunkt, wie es in Biografien von Geschäftsleuten so häufig der Fall ist, hatte er eine »weltbewegende« Eingebung. Die Erkenntnis, dass seine Firma kurz vor der Insolvenz stand, gab Carpenter absurderweise das Vertrauen, kühn etwas ganz Neues auszuprobieren. Folgende Denkweise brachte ihn zu diesem Gedankenblitz: Seine Firma war wie ein mechanisches Laufwerk. Es bestand aus zahlreichen montierten Elementen, die auf vorhersehbare Weise ineinandergriffen. Seine Probleme, von den fortwährenden Krisen zur überwältigenden Menge an Verwaltungsarbeit, in der er zu ertrinken drohte, waren nicht unumgänglich. Ebenso wenig basierten sie auf der Laune der Umstände, sondern resultierten aus Fehlern in den zugrunde liegenden Systemen, die die Dienstleistung seiner Firma ausmachten. Wenn er in der Lage wäre, jedes dieser Systeme klar zu identifizieren, die Funktion jedes Einzelnen aufzuschreiben und dann bei auftretenden Problemen zu optimieren, würde sein Unternehmen reibungslos laufen – und dabei käme ohne seine permanente Kontrolle und Eingriffe aus.

Carpenter erstellte eine Übersicht über all die Tätigkeiten, die den Service seiner Firma ausmachten. Mit den wichtigsten Mitarbeitern erarbeitete er ein offizielles System für jede Leistung, so ging er bei seinen Überlegungen zunächst die interne Buchhaltung an. Viele Stunden hatte er bisher wöchentlich mit der Zahlung von Rechnungen, dem Einlösen von Schecks und den normalen Bankgängen verbracht – alles zusammen eine Hauptstressquelle für ihn. Dieses Chaos beseitigte er, indem er ein strukturiertes System einführte, um Ausgaben und Erlöse zu verfolgen, und einigen seiner Angestellten eine Bankvollmacht erteilte, damit sie statt seiner zur Bank gehen konnten. Was zuvor Stunden gedauert hatte, wurde auf eine kurze Sitzung reduziert, in der er Überweisungen unterschrieb. Auch diesen Schritt hätte er automatisieren können, aber wie Carpenter einräumte, wollte er lieber eine unmittelbare Übersicht über die Ausgaben behalten. Ein weiteres neues System sorgte für eine Optimierung des Kundendiensts, indem klare Anleitungen den Angestellten halfen, die meisten Themen selbst zu bearbeiten, ohne dass er einbezogen werden musste. Auch die grundlegenden Arbeitsvorgänge, die alle Mitarbeiter in der Zentrale betrafen, wurden streng vereinheitlicht, was eine gleichbleibende Qualität der Dienstleistung mit sich brachte (außerdem musste sich Carpenter dann um weniger Probleme kümmern) und sogar das Prozedere bei der Neueinstellung von Kollegen wurde größtenteils vereinfacht. Damit wurde die durch Neueinstellungen bedingte Komplexität reduziert.

»Die Logik war glasklar, hervorragend«, so Carpenter. »Ich spürte eine stille Freude in mir, die ich so nicht kannte. Noch bis heute erinnere ich mich an jeden einzelnen Moment.«[20] Aus gutem Grund war Carpenter optimistisch. Sobald er seine Firma auf klare und optimierte Richtlinien umstellte, stiegen die Umsätze zum ersten Mal.

»Mein persönliches Einkommen ist ... sagen wir mal, ich habe jetzt mehr, als ich brauche«, so Carpenter auf seiner Webseite. Doch noch entscheidender ist die Tatsache, dass seine Arbeitszeit von 80 oder mehr Stunden auf wöchentlich knapp zwei sank. Nimmt man die Statistik zu Hilfe, hat sein Unternehmen sogar Carpenters ursprüngliches marktschreierisches Ziel erreicht: Sie ist auf Platz eins unter über 1.500 Antwortdiensten, die es in den USA noch gibt.[21]

Sam Carpenter ist nicht Geschäftsführer eines Wissensunternehmens. Daher sollten wir nicht zu viel Aufmerksamkeit auf die Details des Systems lenken, das seine Abläufe so sehr verbessert hat. Für uns ist er aus dem einen Grund interessant, weil er ein übergeordnetes Ziel erreicht hat: Er hat seine Mitarbeiter dazu bekommen, ganz anders zu arbeiten als zuvor. In den folgenden Kapiteln werden konkrete Ideen vorgestellt, wie sich das Prinzip der Aufmerksamkeitsökonomie durch ein radikales Umdenken der Arbeitsabläufe umsetzen lässt. In den meisten Fällen werden die Folgen dieser Veränderungen sich nicht nur auf Ihr Berufsleben auswirken, sondern auch auf den Alltag anderer: vielleicht auf den Ihrer Mitarbeiter, Kollegen oder Kunden. Das kann zu einer heiklen Dynamik führen, weshalb es zunächst um die Frage geht, *wie* man diese allgemeinen Veränderungen in Arbeitsabläufen vornimmt, bevor wir im Einzelnen zu den Vorschlägen nachhaltiger Veränderungen kommen. Dabei können uns Sam Carpenters Erfahrungen helfen.

■ ■ ■

Die Umsetzung des Prinzips der Aufmerksamkeitsökonomie kann auf die Menschen, mit denen Sie zusammenarbeiten, auf zwei Arten Auswirkungen haben. Erstens kann es eine Veränderung der Arbeitsabläufe insofern mit sich bringen, dass die Betroffenen ihre eigenen Aufgaben anders *ausführen* müssen. Dies betraf beispielsweise Deveshs Marketingfirma, als er die Vorgänge von E-Mails auf die Arbeit mit Projekt-Boards umstellte. Jetzt mussten sich die Mitarbeiter bei Trello einloggen und die einzelnen Karten anklicken, um Informationen über ein Projekt auszutauschen, anstatt einfach eine E-Mail abzuschicken.

Zweitens wirkt sich das Prinzip der Aufmerksamkeitsökonomie auf die *Erwartungen* anderer auf Ihre Tätigkeit aus. Dies trifft bei einer Verbesserung der persönlichen Arbeitsabläufe zu. Wenn Sie zum Beispiel beschließen, Ihre E-Mails nur noch zweimal am Tag zu checken, weil Sie gerade im großen Stil Ihre Arbeitsweise umstellen, dann müssen Ihre Kollegen die Erwartungen an Sie, wann Sie auf ihre E-Mails antworten, anpassen.

Zunächst betrachten wir die erste Auswirkung genauer, weil deren Umgang in der Praxis schwieriger ist, und hier können wir sehr viel von Sam Carpenter lernen. Die wichtigste Erkenntnis, über die Carpenter in seinem Buch schreibt, ist der Einbezug in die Planung derer, die von den Veränderungen betroffen sind. Seine Mitarbeiter entwickelten 98 Prozent der Abläufe weiter, und hatten recht viel Mitspracherecht bei den verbleibenden 2 Prozent, die Carpenter selbst ersann. Daraus resultierend, waren seine Mitarbeiter in dem Prozess »voll investiert«. Doch vielleicht war es noch wichtiger, dass Carpenter es ihnen ziemlich einfach machte, weitere Verbesserungen vorzuschlagen. »Wenn ein Mitarbeiter eine gute Idee hat, wie man einen Ablauf noch weiter verbessern kann, dann passen wir ihn umgehend an – ohne große bürokratische Hürden«, erklärt Carpenter.[22] Das Engagement seiner Mitarbeiter ist ihm so wichtig, dass seine Kundenberater im Außendienst mindestens ein Dutzend Verbesserungsvorschläge einreichen müssen, wenn sie den Jahresbonus wollen.

Im Zusammenhang mit der psychologischen *Theorie der Kontrollüberzeugung (locus of control theory)* ergibt das durchaus Sinn, denn sie ist Teil der Persönlichkeitspsychologie. Es geht dabei darum, dass die Motivation eng mit dem Gefühl verknüpft ist, Kontrolle über den schlussendlichen Erfolg einer Anstrengung zu haben oder nicht. Wenn man ein Mitbestimmungsrecht darüber hat, was man tut (gleichbedeutend mit dem Ort der Kontrolle an einem Ende des Spektrums, der internen Kontrolle), ist man motivierter, als wenn man den Eindruck hat, dass die eigenen Handlungen hauptsächlich von äußeren Faktoren bestimmt sind (am anderen Ende des Spektrums, der ausschließlich externen Kontrolle).

Diese schlägt dann fehl, wenn man sich Carpenters modellhaftem Vorgehen widersetzt und versucht, einen vollkommen neuen Arbeitsablauf per Dekret einzuführen. Unabhängig von den möglicherweise verborgenen Nutzen, die das neue Vorgehen birgt, sorgen Sie vielleicht unbeabsichtigt dafür, dass Ihr Team das Gefühl der Kontrollwegnahme und Fremdbestimmung bekommt. Das untergräbt die Motivation und senkt die Wahrscheinlichkeit, dass die Teammitglieder bei den Veränderungen mitziehen. Beziehen Sie andererseits aber Ihre Mitarbeiter in die Veränderungsbemühungen mit ein und entwickeln gemeinsam einen neuen Workflow, bleibt die Kontrollüberzeugung bei ihnen und sie haben vielleicht auch das Gefühl, die neuen Arbeitsabläufe bei Problemen noch weiter verbessern zu können – dann werden diese sicherlich viel positiver aufgenommen.

Dieses Konzept trifft weniger auf die Funktionen zu, in denen keine Autonomie erwartet wird. Aus diesem Grund fühlte sich Henry Ford mit seinem legendären Despotismus nicht bemüßigt, seine Arbeiter mit in die Entscheidung über die Vor- oder Nachteile einer Fertigungsstraße einzubeziehen. Das erklärt auch den Erfolg militärischer Ausbildungslager – der Inbegriff externer Kontrolle. Hier werden in kürzester Zeit Armeefreiwillige zu Berufssoldaten gemacht: Die neuen Rekruten unterwerfen sich dem über Jahre erprobten System und sind am Ende dort, wo sie sein müssen. Wie wir von Peter Druckers vorausdenkenden Theorien jedoch wissen, werden Wissensarbeiter durch größtenteils autonome Arbeit definiert. Die Theorie der Kontrollüberzeugung fasst hier notgedrungen: Die Arbeitsabläufe der Betroffenen können nicht ohne deren Input radikal verändert werden.

Um derartige Experimente gemeinschaftlich durchzuführen, sind drei Schritte nötig:

1. *Wissen.* Es ist entscheidend, dass Ihr Team den Unterschied zwischen Arbeitsabläufen und Arbeitsdurchführung versteht sowie warum das hyperaktive Schwarmdenken nur einen Arbeitsablauf von vielen (zudem vermutlich nicht den schlauesten) darstellt. Für viele Wissensarbeiter ist die E-Mail synonym mit Arbeit, daher ist die Klärung dieses Missverständnis wichtig, bevor man dieses bequeme Verfahren des Schwarmdenkens für die Erledigung aller Aufgaben aufbricht.

2. *Befürwortung.* Der zweite Schritt besteht darin, sich den neuen Arbeitsprozess von denjenigen absegnen zu lassen, die ihn später ausführen müssen. Dafür sollten die Ideen in einer gemeinschaftlichen Diskussion entstehen. Es sollte zudem allgemein eine Übereinkunft herrschen, dass sich das Experiment eines neuen Workflows lohnt. Carpenters Beispiel folgend sollten die Details glasklar festgelegt werden, damit kein Zweifel über die Veränderungen besteht.

3. *Anpassungen.* Carpenter folgend besteht der dritte Schritt darin, Verbesserungen des neuen Systems zuzulassen und diese bei auftretenden Problemen schnell umzusetzen. Es gibt vielleicht keinen besseren Weg, um die Kontrollüberzeugung intern zu belassen, als das Team dafür zu autorisieren, das Dysfunktionale zu ändern. Es wird Sie dann vielleicht überraschen sein, wie wenige Vorschläge tatsächlich eingehen. Es geht letztlich nur darum, dass alle etwas verändern *können* – quasi ein psychologisches Überdruckventil, um die Angst zu mindern, dass man in den unbequemen neuen Abläufen festsitzen wird und seine Arbeit nicht erledigen kann.

Häufig werden, wenn der allgemeine Zugriff auf das hyperaktive Schwarmdenken durch die neue Arbeitsweise nicht mehr gegeben ist, auch Back-up-Systeme für den Notfall, also bei dringenden Angelegenheiten, eingerichtet. Damit solch ein Vorgehen wirklich ein Sicherungssystem und nicht das Hintertürchen zurück zum Schwarmdenken darstellt, muss dessen Hürde groß genug sein, damit es tatsächlich nur bei absoluter Not genutzt wird. Das klassische Beispiel sind Anrufe als Auffanglösung. Ihre Kollegen können Sie bei einem auftretenden Problem auf dem Mobiltelefon erreichen, falls dieses so dringlich ist, dass der neue Arbeitsablauf es nicht rechtzeitig auffangen kann. Diese Back-up-Systeme beruhigen dabei, dass es *so schlimm* ja nicht werden kann, damit die Zeit nicht reicht, um Schwachstellen mithilfe der neuen Prozesse rechtzeitig zu erkennen und zu beheben.

■ ■ ■

Kommen wir nun zu der zweiten Auswirkung, den die Anwendung des Prinzips Aufmerksamkeitsökonomie auf andere hat: Sie müssen deren Erwartungen an Ihr Verhalten ändern. Wie bereits erläutert, stellt sich eine Veränderung ein, wenn Sie Ihre Arbeitsabläufe modifizieren. Sie stehen im Rahmen Ihres neuen täglichen Rhythmus nicht mehr dem ständigen Hin und Her von E-Mails zur Verfügung, was die Basis des hyperaktiven Schwarmdenkens ist. Dieser andere Ablauf verursacht vermutlich eine Umstellung, die auch Ihren Kollegen und Kunden nicht entgehen wird, da Sie nun nicht mehr ständig in der Kommunikation präsent sind, um E-Mails oder Messages sofort zu beantworten. In anderen Worten: Ihre Umgebung muss ihre Erwartungen bezüglich der Zusammenarbeit mit Ihnen entsprechend ändern. Ein bewährter Weg, diese persönlichen grundlegenden Veränderungen im Arbeitsfluss zu handhaben, besteht darin, den Kollegen Ihren neuen Ansatz zu erklären. Sinnvoll ist auch ein Zusatz mit unangreifbarer Logik Ihrer Beweggründe. Ein berühmtes Beispiel für diese in die Praxis umgesetzte Idee ist die automatische E-Mail-Antwort, die Tim Ferris in seinem Megabestseller *Die 4-Stunden-Woche* aus dem Jahr 2007[23] zitiert:

> **Liebe Freunde [oder Geschätzte Kollegen],**
>
> aufgrund des immensen Arbeitsaufkommens lese ich zurzeit meine E-Mails nur zweimal täglich: um 12 Uhr und um 16 Uhr. Solltet ihr (wirklich) dringende Hilfe benötigen, bei der ihr nicht bis 12 Uhr oder 16 Uhr warten könnt, ruft mich bitte an unter 0xxx-xxxxxx.
>
> Danke für euer Verständnis dafür, dass diese Maßnahme der Effizienz und Effektivität dient. Sie hilft mir zu mehr und besserer Leistung für euch.
>
> Viele Grüße

Aufgrund von Ferris' großem Bucherfolg bekamen eine Zeit lang Zehntausende von Wissensarbeitern weltweit solche oder ähnlich lautende Mails von ihren gewieften Kollegen. Aus rationaler Perspektive ergibt diese Strategie Sinn: Sie sorgt dafür, dass die Erwartungen des Gegenübers zurechtgerückt werden, denn sie fragen sich nun nicht mehr, warum Sie nicht antworten oder wann das wohl der Fall sein könnte. Solche automatischen Antworten geben auch eine grundsolide Erklärung für die Veränderung – prägnant, klar, mit wenig möglichen guten Gegenargumenten. Aus diesem Grund waren so viele dermaßen begeistert, als sie zum ersten Mal davon hörten, jedoch sollte es sich (problematischerweise) für die Empfänger der Standardantworten als extrem lästig herausstellen.

Es ist nicht leicht zu sagen, was genau den Empfängern dabei so gegen den Strich ging – vielleicht die Förmlichkeit, die aus Versehen in eine Herablassung hinüberschwappt oder die Implikation, dass der Sender versucht, die schlechten Angewohnheiten des Empfängers zu kompensieren. Was auch immer es war, die Fans von Ferris mussten feststellen, dass dieser spezielle Trick weniger gut als erhofft funktionierte. Inzwischen treten diese automatischen Antworten, meiner Beobachtung nach, weniger häufig auf als noch vor einigen Jahren kurz nach Erscheinen des Buches. Theoretisch waren sie eine gute Idee, aber in der Praxis erreichten sie ihr Ziel nur teils.

Was wir durch dieses Fallbeispiel lernen, ist, dass man die Veränderungen in der eigenen Arbeitsweise achtsam öffentlich machen sollte. In den letzten Jahren habe ich viele verschiedene Menschen dabei beobachten können, wie sie sich gegen die Abhängigkeit von dem hyperaktiven Schwarmdenken wehrten – ich selbst habe es häufig genug mit entsprechenden Veränderungen versucht. Mittlerweile bin ich der Meinung, dass solche Experimente am besten im Stillen ausgeführt werden sollten. Behalten Sie die Details Ihrer neuen Herangehensweise an die Arbeit für sich – es sei denn, Sie werden von jemandem, der tatsächlich Interesse daran hat, danach gefragt. Hüten Sie sich auch davor, neue Erwartungen zu schüren, nach dem Motto: »Ich schaue mir die E-Mails für gewöhnlich ab 10 Uhr an« oder »Ich gucke nur wenige Male täglich in meinen Posteingang«. Mit solchen klaren Kanten bieten Sie skeptischen Kollegen, Kunden oder Chefs eine Angriffsfläche, die diese nur allzu gern auseinandernehmen: »Was ist, wenn ich aber früher und dringend etwas von dir brauche? … Nein, das gefällt mir ganz und gar nicht. Ich denke, Sie sollten besser kontinuierlich Ihre E-Mails checken.« Wenn Sie in ähnlicher Weise in den Trott verfallen, ständig um Entschuldigung zu bitten – wie häufig vorgeschlagen wird –, werden die Menschen um Sie herum den Eindruck bekommen, dass Ihre Arbeitsstrategien nicht richtig funktionieren. Warum sonst sollten Sie sich ständig dafür entschuldigen?

Eine bessere Strategie, um die Erwartungen anderer an Ihre Arbeitsweise zu verändern, ist es, sich beständig an Ihre Ansagen zu halten, anstatt immer wieder Ihre neue Arbeitsweise zu erklären. Die anderen müssen Sie als einen verlässlichen Partner kennenlernen, dem keine Schnitzer passieren. Sie wollen nicht als jemand gelten, der sich immer nur Gedanken über seine neue Arbeitsweise und Produktivität macht. Bekommen Sie eine Anfrage oder bittet Sie jemand um etwas, sei es via E-Mail oder auf dem Weg zum Kopierer, sorgen Sie dafür, dass es erledigt wird, dass nichts durchrutscht. Wenn Sie also eine Zusage für einen bestimmten Abgabetermin machen, dann halten Sie die Deadline ein oder erklären Sie rechtzeitig, warum Sie doch eine Verlängerung brauchen. Wenn die Menschen Ihnen vertrauen, dass Sie die aufgetragene Arbeit gewissenhaft erledigen, nehmen sie es generell gelassen hin, wenn Sie sich nicht umgehend bei ihnen melden. Wenn Sie aber unzuverlässig sind, werden Ihre Kollegen und Kunden schneller eine Antwort von Ihnen erwarten, weil sie das Gefühl haben, Ihnen auf die Finger schauen zu müssen. Adam Grant, Autor und Organisationspsychologe, nennt dies »Idiosynkrasiekredit«[24] (*idiosyncrasy credit*). Ihm zufolge braucht es keine Erklärungen, denn: Je besser Sie in dem sind, was Sie tun, desto mehr Freiheiten haben Sie, um diese Ergebnisse zu erzielen.

Darüber hinaus entstehen Probleme, Ihre transformierte Arbeitsweise mit der Umgebung abzugleichen. Entscheiden Sie sich, die in den folgenden Kapiteln beschriebenen Systeme einzuführen, um Ihre Arbeitsabläufe zu optimieren, müssen Sie sich darüber bewusst werden, was Sie zukünftig von anderen Menschen wollen. Mitarbeiter oder Kunden sind es gewöhnt, jederzeit Ihre Aufmerksamkeit mit einer kurzen E-Mail oder Message erregen zu können, aber nun müssen sie lernen, mit den alternativen Strukturen umzugehen.

Dazu können wir viel aus dem IT-Support lernen. Wie bereits erwähnt, führten Systemadministratoren und Softwarespezialisten ein sogenanntes Ticket-System für die Behebung von technischen Problemen ein. Dabei wird jedes einzelne Problem als *Ticket* bezeichnet. Jede Konversation und Anmerkung zu genau diesem Problem wird an sein Ticket angehängt, wo sie leicht wiedergefunden und bearbeitet werden kann.

IT-Profis stellten sehr schnell fest, dass es keinen Sinn ergab, dass die Kunden direkten Zugriff auf das Ticketing-System hatten, so konnten sich Fragesteller beispielsweise auf einer bestimmten Support-Site einloggen, um den Verlauf ihres Tickets zu verfolgen. Theoretisch ist das vielleicht die einfachste Vorgehensweise für solche Probleme, aber in der Praxis mussten viele Unternehmen feststellen, dass die meisten Betroffenen diesen Mehraufwand eh nicht auf sich nahmen. Stattdessen lautete die Lösung die Erschaffung einer *nahtlosen Schnittstelle.* In den meisten IT-Bereichen kann man nun ganz normal per E-Mail (wie an support@namederfirma.com) sein Problem schildern. Die meisten Ticketing-Systeme nehmen diese E-Mail, ordnen dem Problem eine Ticketnummer zu und leiten sie in den allgemeinen Posteingang des Support-Teams zur weiteren Bearbeitung zu. Während jemand die Lösung zu dem Problem erarbeitet, erhält der Betroffene von dem System automatisch ein Statusupdate. Die Person mit dem Problem muss das Ticketing-System nicht verstehen, sondern schickt einfach eine Mail und erhält daraufhin eine als Antwort zurück. Hinter den Kulissen tut sich aber eine weitaus komplexere Struktur auf.

Aus diesem Prozedere können wir für die Systeme lernen, die wir für die Organisation unserer persönlichen Arbeitsabläufe einsetzen. Bürden Sie den Menschen, mit denen Sie zusammenarbeiten, nicht auf, Ihre neuen Systeme kennenzulernen oder deren Kommunikation mit Ihnen zu verändern – nutzen Sie eine möglichst nahtlose Schnittstelle.

Vielleicht sind meine Erfahrungen als Professor am Fachbereich Informatik an der Georgetown University in Washington D.C. hier nützlich. In dem Jahr, in dem ich den Hauptteil dieses Manuskriptes geschrieben habe, hatte ich den Posten des Direktors des Graduiertenstudiengangs inne. Zu meinen Aufgaben gehörten der Vorsitz des Prüfungsausschusses, der das Graduiertenprogramm überwacht, Veränderungen genehmigt und Verfahrensanträge prüft.

Wie Sie sich vorstellen können, führt diese Aufgabe dazu, dass auf mich zahlreiche zu lösende Probleme zukamen. Dafür machte ich mir Deveshs Herangehensweise zunutze und stellte für mich so etwas wie ein Trello-Board zusammen, um die Anfragen handhaben zu können. Auf meinem Board fanden sich die folgenden Spalten:

- zu erledigen
- zu erledigen (zeitkritisch)
- zur Diskussion bei der nächsten Komiteesitzung
- zur Diskussion beim nächsten Treffen mit dem Fachbereichsvorsitzenden
- Antwort steht aus
- diese Woche zu erledigen

Sobald ich eine E-Mail erhalte oder jemand in mein Büro mit einer Frage bezüglich des Graduiertenprogramms hereinschneit, verwandele ich sie sofort in eine Karte und platziere sie in der entsprechenden Spalte auf dem Trello-Board.

Jeden Montag prüfe ich das Board und schiebe die Karten der Situation entsprechend hin und her. Ich entscheide so beispielsweise, was in der betreffenden Woche wichtig ist und woran ich arbeiten werde oder was in anstehenden Meetings zu besprechen ist. Außerdem habe ich so den Überblick, bei welchen Themen ich noch einmal nachhaken müsste. Ich habe mir angewöhnt, immer dann, wenn ich eine Karte in eine andere Spalte verschiebe, der betreffenden Person eine E-Mail zu schreiben. Habe ich beispielsweise ein Thema aus der Spalte *zu erledigen* in die Spalte *zur Diskussion bei der nächsten Komiteesitzung* verschoben, schicke ich dem Fragesteller eine kurze Notiz, dass sein Thema bald zur Sprache kommen wird. Sobald ich eine Karte vom Board entferne, weil ich diese Aufgabe erledigt habe, setze ich die Betroffenen von der abschließenden Lösung in Kenntnis etc.

Das wichtigste Merkmal dieses Systems ist aber, dass weder die Professoren noch die Studenten in meinem Fachbereich etwas davon ahnen. Vermutlich könnte ich sie zwingen, sich in mein Trello-Bord einzuloggen, um neue Themen anbringen oder den Status überprüfen zu können. Theoretisch könnte mir dies das Schreiben einiger E-Mails einsparen, aber letztlich würde das niemand machen – was ich ihnen nicht verübeln kann! Pro Woche verbringe ich etwa 30 Minuten damit, mein Board auf den neuesten Stand zu bringen und die Updates per E-Mail zu versenden. Die Aufgaben derart klar zu strukturieren, ist für mich von großem Vorteil. Und weil ich ein wenig zusätzliche Zeit damit verbringe, meine nahtlose Schnittstelle regelmäßig zu aktualisieren, haben meine Kollegen auch etwas davon.

■ ■ ■

Auf den ersten Blick scheint meine Empfehlung, das Prinzip der Aufmerksamkeitsökonomie auf Gruppen anzuwenden, im Widerspruch zu stehen mit der für einzelne Mitarbeiter. Erstere betont die Notwendigkeit klarer Kommunikation bezüglich der Arbeitsabläufe, die das hyperaktive Schwarmdenken ersetzen; Letztere schlägt vor, diese Veränderungen weitestgehend für sich zu behalten. Bei genauerem Hinsehen jedoch zeigt sich, dass beide Herangehensweisen auf demselben Prinzip basieren: Menschen mögen keine Veränderungen, die sie nicht kontrollieren können.

Modifiziert man den Workflow von einem gesamten Team oder einer Organisation, kann jeder in diese Veränderung mit einbezogen werden und sich zur Prozessoptimierung ermächtigt fühlen. Wie bereits dargestellt, entsteht so das Gefühl, dass der Ort der Kontrolle bei jedem selbst liegt, was wiederum die Mitarbeiter motiviert, die Änderungen mitzutragen und dabei zu bleiben. Geht es jedoch um Ihren persönlichen Workflow, haben die Menschen, mit denen Sie zusammenarbeiten, sowieso wenig Mitspracherecht über das, was Sie ändern wollen. Werden sie dann mit einem neuen System konfrontiert, das sich auch auf ihre Arbeit auswirkt, und zu dem sie keinen Beitrag hatten leisten können, wird der Ort der Kontrolle als extern wahrgenommen. So entstehen Irritationen und ein Abwehrverhalten, um wieder ein wenig Kontrolle zurückzugewinnen. Diese Menschen bejubeln Ihre neue automatische Antwort nicht, stattdessen überlegen sie sich Wege, wie sie diese Einschränkungen umgehen können, die ihnen von extern auferlegt wurden.

Dabei mag eine recht subtile Psychologie eine Rolle spielen, doch es ist entscheidend, diese Aspekte zu berücksichtigen, wenn Sie Ihr Aufmerksamkeitskapital maximieren möchten. Bei der Arbeit geht es nicht ausschließlich darum, Aufgaben zu erledigen, denn Arbeit bedeutet auch, dass eine Ansammlung von chaotischen humanoiden Persönlichkeiten versucht, herauszukriegen, wie sie erfolgreich zusammenarbeiten können. In den folgenden drei Kapiteln beleuchte ich spezielle Strategien, die das hyperaktive Schwarmdenken mit deutlich effektiveren Arbeitsabläufen ersetzen. Der Wert dieser ausgeklügelten Herangehensweisen wird jedoch deutlich gemindert, wenn Sie nicht zuerst die feine Kunst der nachhaltigen Umsetzung meistern.

5

Das Prozessprinzip

DIE MACHT DES PROZESSES

Als ich anfing, an diesem Buch zu arbeiten, besuchte ich für meine Recherchen die Lauinger Library der Georgetown University in Washington D.C. In einem etwas verstaubten Regal fand ich zahlreiche Titel, die sich mit den Details der Arbeitsgestaltung beschäftigten. Ich stolperte über eine Sammlung von Artikeln des mittlerweile eingestellten Wirtschaftsmagazins *System*. Das Journal aus dem frühen 20. Jahrhundert beschäftigte sich mit Fallbeispielen, die den damals neuartigen »systematischen« Führungsansatz verfolgten. Diese Artikel berichteten fast durchgängig aufgeregt und atemlos darüber, wie viel mehr Geld Industrieunternehmen verdienen könnten, sobald sie ihre Arbeit und deren Ausführung systematischer analysierten. Schon bald wurde allerdings deutlich, wie langweilig diese Artikel für die modernen Leser waren. In jener Zeit schien systematisches Management vorwiegend darin zu bestehen, Formulare in dreifacher Ausführung auszufüllen. Auf einigen Seiten des Magazins finden sich Bilder von Formularen sowie Informationen über ihre Farbgebung, ihre Perforation und sogar Abhandlungen über das Material der Ordner, in denen sie abgeheftet werden (es empfiehlt sich wohl Manilakarton).[1]

Unter diesen Einzelheiten fand ich allerdings ein äußerst interessantes Fallbeispiel von 1916. Das Thema war derart altmodisch, dass es schon wie eine Parodie wirkte: Es ging darum, die Effizienz der Fabriken zu steigern, die Messing für die Pullman-Eisenbahnwagen verarbeiteten. Diese Fabriken waren für den riesigen Fabrikenkomplex des Unternehmens in Lake Calumet, südlich von Chicago, wichtig. Der Artikel wurde unter der Leitung des Pullman-Präsidenten John Runnells verfasst und hatte definitiv etwas an sich – einige Aspekte erschienen erstaunlich modern. Viele von Pullmans 33 Abteilungen waren von den Messingwerken abhängig, die wichtige Einzelteile herstellten. Dafür arbeiteten ständig ungefähr 350 Männer in den Gießereien und an den Stanzmaschinen. Wie der Artikel erklärt, bestand das Problem in der Organisation dieser ganzen Arbeit – denn es gab so gut wie kein System, sondern nur ein Durcheinander von »schludrigen Methoden«.[2]

In den Messingwerken arbeiteten nur sieben Führungskräfte, die die kontinuierlich hereinkommenden Aufträge in eine sinnvolle Reihenfolge bringen mussten. Natürlich waren diese Abteilungsleiter von dem Arbeitsvolumen überfordert, was darin mündete, dass jeder Arbeiter formlos auch mit in die Organisation der Arbeitsabläufe einbezogen wurde. »An vielen Stellen in der gesamten Fabrik war der ein oder andere damit beschäftigt, diese sieben Männer aktiv zu unterstützen«, so der Artikel. »Überall wurde irgendwo etwas geplant. Und jeder Arbeiter, der zu Hilfe sprang, bremste seine eigene Arbeit mit dieser Unterbrechung aus.« Wie der Artikel ausführt, war es für die Arbeiter anderer Abteilungen wohl üblich, in dem Messingwerk aufzukreuzen und so lange, manchmal auch den ganzen Tag, dort herumzulungern und die Männer, die sie kannten, zu stören, bis sie endlich die Teile in den Händen hielten, die sie für ihre eigene Arbeit brauchten.

Mit anderen Worte scheinen die Pullman-Messingwerke in den ersten Jahrzehnten des 19. Jahrhunderts zu einem Arbeitsablauf übergegangen zu sein, der dem des hyperaktiven Schwarmdenkens recht ähnlich ist. Jedoch – im Gegensatz zu vielen Wissensarbeitern und -organisationen von heute, die unter ähnlichen informellen Bedingungen arbeiten – nahm sich die Führungsetage von Pullman freudig erregt das systematische Management zu Herzen und beschloss einige radikale Lösungen auszuprobieren.

■ ■ ■

Um die Messingwerke effizienter zu gestalten, griffen die Führungskräfte von Pullman zu Maßnahmen, die der Intuition widersprechen: Sie verkomplizierten die Abläufe. Brauchte man einen Gegenstand aus Messing, musste man nun ein offizielles Formular mit allen relevanten Informationen ausfüllen und einreichen. Um die Mitarbeiter davon abzuhalten, diesen Prozess zu umgehen und den Status quo aufrechtzuerhalten, in dem sie die anderen Arbeiter informell nervten, wurden tatsächlich die Türen verriegelt und die Fenster verhängt. Jetzt musste man einfach die neu eingeführten »ordentlichen Wege« einhalten.

Sobald eine Anforderung durch einen extra für diesen Zweck angebrachten Posteinwurf ankam, wurde das Formular einer strengen Überprüfung unterzogen. Ein Büroangestellter bekam dann den Auftrag, einen sinnvollen Produktionsplan für die Anforderung zu erstellen. Berücksichtigt wurde, welche Rohmaterialien und wie viele Mannstunden für das fertige Werkstück benötigt wurden. Diese Einzelheiten wurden dann an die entsprechenden Unterabteilungen verteilt, um die rechtzeitige Fertigstellung sicherstellen zu können. Die Einzelheiten dieses Prozesses sind im Weiteren ebenso kompliziert wie faszinierend. Mithilfe einer Armee von Büroangestellten scheinen die Messingwerke von Pullman viele der Aufgaben repliziert zu haben, die wir heute in Sekundenschnelle durch einen einfachen Klick auf eine Taste oder einen Button in einer App erledigen können. In einer Art dampfgetriebenem Schritt-für-Schritt-System, das aus endlosen Formularen bestand, die von Schreibtisch zu Schreibtisch wanderten, wurden die Aufträge organisiert, wie Arbeitspakete in einem modernen Netzwerk. Es gab sogar eine Kundenhardware: Mein Lieblingsbeispiel ist ein analoges Tabellensystem, in dem Messingschildchen auf einer großen Holzwand in Spalten und Zeilen aufgehängt wurden. Mit dessen Hilfe konnten die Büroangestellten in kurzer Zeit die laufenden Arbeitsaufträge Arbeitern und Maschinen zuweisen.

Um diese stärker strukturierte Arbeitsweise in der Praxis umzusetzen, musste Runnells mehr Geld ausgeben. Während zuvor sieben Verwaltungsangestellte die Bemühungen von 350 Arbeitern koordinierten, waren es nun 47. »Hier gibt es einen großen Zuwachs an Gemeinkosten«, räumte der Artikel ein. Jeder dieser neuen Manager verdiente jährlich ca. 1.000 Dollar, was die Lohnkosten in dieser Abteilung in die Höhe schnellen ließ. »Aber zahlt sich das aus?« Der Artikel fährt fort: »Mit Sicherheit hat es das.« Der neue Prozess senkte die Produktionskosten für jeden Waggon um 100 Dollar. Diese Einsparungen deckten nicht nur die neuen Verwaltungskosten ab, sondern erzielten darüber hinaus auch einen »beträchtlichen Profit«.

Aus dem Artikel geht hervor, warum zusätzliche Gemeinkosten zu einem größeren Gewinn führten. Der alte Prozess – der im Prinzip den Namen nicht verdiente – sorgte dafür, dass 350 Arbeiter damit beschäftigt waren, die Wertschöpfung des Werkes zu generieren, indem sie ständig hin und her sprangen: Auf der einen Seite machten sie ihre Arbeit in der Produktion, auf der anderen Seite halfen sie dem Management mit den Arbeitsabläufen aus. Diese »demoralisierende« Doppelbelastung verlangsamte die Arbeiter bei ihren eigentlichen Aufgaben, was den Gewinn schmälerte, den das Werk durch die Bandarbeiter verdiente.

Sobald die Abläufe strukturiert waren und diese Doppelbelastung wegfiel, konnten dieselben Arbeiter in derselben Zeit viel mehr Messingteile produzieren als zuvor. »Der alte Methodenmangel hat nie und wird nie zu einer Verbesserung der Standards führen«, so das Artikelfazit. »Aber die Systematisierung zeigte umgehend eine überraschende Qualitätsverbesserung; die Männer arbeiteten konzentrierter und das Ergebnis sah man im Produkt.«

■ ■ ■

Was Produktivitätsgenies des Industriezeitalters wie John Runnells vor knapp 100 Jahren entdeckten, war die Tatsache, dass Effizienz über die physische Herstellung eines Objektes hinausgeht – genauso entscheidend ist die Koordination dieser Arbeit. Mit anderen Worten lag das Problem der Pullman-Messingwerke nicht darin, dass die Arbeiter schlechte Qualität bezüglich des Metallgießens und Polierens der einzelnen Teile ablieferten, sondern wie ihre Tätigkeiten zugeteilt und organisiert wurden.

Wie bei vielen grundlegenden Ideen dauert es eine Weile, bis diese neue Denkart in dem industriellen Sektor Fuß fasste. Als Frederick Winslow Taylor, der Vater der Revolution des systematischen Managements, Ende der 1890er-Jahre zu erstem Ruhm kam, konzentrierte diese Bewegung ihre Energien zumeist allein auf die Herstellung. In jener Zeit entstand das Bild eines drakonischen tayloristischen Werksvorstehers, der mit einer Stoppuhr bewaffnet versuchte, in der Produktionshalle jede überflüssige Bewegung auszumerzen. Taylor selbst erarbeitete sich seinen Ruf bei Bethlehem Steel von 1898 bis 1900. Unter anderem sorgte er dort für eine Verbesserung, indem er bekanntlich die Form der Schaufel veränderte, mit der die Arbeiter die Schlacke entfernten. So konnte die Geschwindigkeit beim Schaufeln des Materials von einem Haufen auf den anderen gesteigert werden. Pullman integrierte viele dieser Ideen, als das Unternehmen in jener Zeit ein neues Werk baute. John Runnells zufolge wurde das Messingwerk extra mit breiten Gängen ausgestattet und Werkzeug wurde in Gestellen geordnet, damit effizienter gearbeitet werden konnte. Aber es sollte sich herausstellen, dass es nicht reichte, das Augenmerk allein auf die physische Produktivität zu richten, um die Abteilungen zum Laufen zu bringen.

Als die Fallstudie von Pullman 1916 veröffentlicht wurde – ein Jahr nach Taylors Tod –, nahmen Wirtschaftsmagazine wie *System* zunehmend auch die Umstände und die Entscheidungen in den Blick, die die eigentliche physische Arbeit beeinflussten. In der Publikation ging es weniger um die richtige Art Schaufel, sondern um die bessere Vorgehensweise, um herauszufinden, wie viel Schaufelei für das angestrebte Ergebnis nötig war. Der Genauigkeit halber werden wir den Begriff *Produktionsprozess* für die Kombination aus der eigentlichen produktiven Arbeit und all den Informationen und Entscheidungen verwenden, die für die Organisation dieser Arbeit nötig sind. Der Gedanke dieses Produktionsprozesses, der sich in dem Magazinartikel von 1969 zeigt, sollte in Zukunft die Betriebswirtschaft beherrschen und ist bis heute ihr wichtigstes Konzept. In seinem BWL-Klassiker *High Output Management* widmet Andy Grove, ehemaliger CEO von Intel, die ersten beiden Kapitel seines Buches der Erklärung, wie einflussreich das Denken bei verschiedenen Produktionsprozessen ist. Ihm zufolge gibt es ohne diese Struktur nur einen Weg für die Produktivitätssteigerung: Man muss es schaffen, dass die Menschen »schneller arbeiten«. Sobald man jedoch den gesamten Prozess betrachtet, ergibt sich eine vielversprechendere Alternative: »Wir können das Wesen der Arbeit grundlegend verändern.« Optimiert die Prozesse, plädiert Grove, nicht die Menschen.[3]

Was uns wieder auf das Thema dieses Buches zurückführt: Wissensarbeit. In diesem Sektor beharren wir trotzig darauf, die Einsichten aus der Betriebswirtschaft zu ignorieren. Im Großen und Ganzen ignorieren wir die Prozesse und verschwenden stattdessen unsere Energie darauf herauszufinden, wie wir Menschen schneller machen können. Wir sind besessen davon, Stars einzustellen und sie zu (be-)fördern. Wir heuern Managementberater an, die uns helfen sollen, unsere Angestellten zu längeren Arbeitstagen und mehr Leistung zu motivieren. Wir begrüßen Innovationen wie das Smartphone, das es ermöglicht, noch mehr Stunden des Tages mit Arbeit zu durchsetzen. Wir lassen auf unseren »Firmen-Campuses« eine chemische Reinigung aufmachen und Wi-Fi in die Firmenbusse installieren – allein um herauszubekommen, wie man die Schlacke noch schneller wegschaufeln kann.

Es überrascht niemanden, dass das nicht wirklich gut funktioniert hat.

■ ■ ■

Die Hauptaussage dieses Kapitels besteht darin, dass sich das Denken in Produktionsprozessen aus der Massenherstellung genauso auf Wissensarbeit anwenden lässt. Nur weil Sie etwas mit Ihrem Kopf statt mit den Händen produzieren, ändert das nichts Grundlegendes daran, dass diese Anstrengungen immer noch koordiniert werden müssen. Ob es nun um das Gießen von Messingbeschlägen, um das Programmieren von Software oder das Schreiben von Angeboten geht – es ist gleichermaßen wichtig, die Entscheidung, wer an was arbeitet, zu organisieren und systematisch die Abläufe zu koordinieren.

In der Wissensarbeit kann man jede Art von geldwertem Ergebnis, das Sie oder Ihr Unternehmen Tag für Tag produzieren, als Output eines Produktionsprozesses interpretieren. Arbeiten Sie in einer Marketingfirma und veröffentlichen Kampagnen für Ihre Kunden, dann hat das Unternehmen einen PR-Kampagnen-Produktionsprozess. Sind Sie Mitglied eines HR-Teams und beschäftigen sich mit Gehaltsfragen, dann hat Ihr Team dafür einen Lösungsprozess. Sind Sie Hochschuldozentin und müssen in Ihren Kursen Hausarbeiten verteilen und benoten, dann haben Sie einen Prozess für Hausarbeiten.

Auf den folgenden Seiten werde ich aufzeigen, dass Wissensarbeiter die gleichen Ergebnisse wie die Messingwerke bei Pullman erzielen würden, wenn sie anerkannten, dass diese Prozesse existieren und sie dann dementsprechend ihre intellektuellen Verfahren reflektieren und optimieren: Die Produktivitätssteigerung wird bei Weitem die Ausgaben für die Gemeinkosten wettmachen. Vergleicht man Kosten und Nutzen, lautet das Ergebnis meist »beträchtlicher Profit«. Das Problem besteht aber darin, dass nur wenige Wissensarbeiter ein solches Denken gewohnt sind: Sie konzentrieren sich auf Menschen statt auf Prozesse. Folglich lässt der Wissenssektor diese Prozesse lieber undefiniert und verlässt sich bei der Organisation der Tätigkeiten auf die formlosen Arbeitsabläufe des hyperaktiven Schwarmdenkens.

Mit Sicherheit ist eine wichtige Erklärung für diese Aversion gegenüber Prozessen das Beharren auf Autonomie, die wir zuvor erkundet haben. Qua Definition bedürfen Produktionsprozesse Regeln über die Koordination der Arbeit. Regeln aber schränken die Autonomie ein – das widerspricht der Überzeugung, dass Wissensarbeiter »sich selbst managen müssen«, wie Peter Drucker es verlangte. Die Abneigung gegen Prozesse geht jedoch über die allgemeine positive Einstellung zur Autonomie hinaus. Viele Wissensarbeiter sind eigentlich der Überzeugung, dass der Mangel an Prozessen in diesem Sektor nicht nur ein unausweichlicher Aspekt dieser selbstbestimmten Arbeit sei, sondern gar eine *intelligente* Art zu arbeiten. Das Fehlen von Prozessen, so lautet die allgemeine Ansicht, stehe für Wendigkeit und Flexibilität. Es stelle die Basis für die Art Tätigkeit dar, für die man angeblich unbedingt über den Tellerrand schauen muss.

Diese Ansicht folgt im Prinzip den Gedanken Jean-Jacques Rousseaus im 18. Jahrhundert. Der Philosoph glaubte daran, dass das Wesen des Menschen vor der Einführung politischer Kräfte grundsätzlich tugendhaft sei. Dieser Philosophie zufolge passen sich Wissensarbeiter, wenn sie sich selbst überlassen werden und mit ihren entsprechenden Tätigkeiten beschäftigt sind, an die komplexen Umweltbedingungen an, bringen originelle Lösungen und wegweisende Erfindungen hervor. In dieser Weltsicht sind kodierte Prozesse künstlich. Sie korrumpieren die paradiesischen Kreativen und führen zu Bürokratie und Stagnation.

Ich habe Jahre lang die Nuancen von Wissensarbeit und geistiger Produktivität studiert und halte dieses Verständnis für grundlegend verkehrt. Um mit der Analogie der Aufklärung mitzugehen, ist die Realität der Wissensarbeit eher wie die Philosophie nach Thomas Hobbes. Diesem zufolge ist das Leben ohne die Einschränkungen durch den Staat »gemein, brutal und kurz«, wie er in seinem *Leviathan* beschreibt. Wenn man Arbeit auf einen natürlichen Zustand reduziert, der seine Prozesse ungehindert entfaltet, ist das daraus resultierende Verhalten alles andere als utopisch. Genau wie in der Natur ergeben sich in Arbeitsumgebungen mit informellen Prozessen Hierarchien. Sind Sie zufällig forsch und unangenehm oder der Liebling vom Chef, können Sie sich vor der Arbeit, die Ihnen nicht passt, drücken, denn wie der stärkste Löwe im Rudel können Sie sich behaupten, indem Sie die Kollegen, die Sie um Unterstützung bitten, niederstarren, deren E-Mails ignorieren oder behaupten, Sie hätten zu viel zu tun. Sind Sie aber vernünftig und sympathisch, dann werden Sie dermaßen mit Arbeit zugeschüttet, dass Sie sie nicht mehr allein bewältigen können. Diese beiden Szenerien sind sowohl demoralisierend als auch irritierend ineffizient, wenn wir sie unter dem Aspekt der Aufmerksamkeitsökonomie betrachten – doch ohne eine ausgleichende Kraft fast unvermeidlich.

Wie in der Natur wird die Einsparung von Energie auch in Arbeitsumgebungen ohne definierte Prozesse zur obersten Priorität. Es ist eine grundlegende menschliche Eigenschaft: Wenn es keine Struktur gibt, die große Anstrengungen koordiniert, gehen wir instinktiv den Weg des geringsten Widerstands. Die meisten von uns sind in diesem Punkt schuldig, wenn wir unserem Instinkt folgen dürfen.

Sie bekommen eine E-Mail, die Sie ohne formale Struktur mit einer neuen Aufgabe versieht. Da es kein festgelegtes Prozedere für diesen Fall gibt, der vorsieht, wie diese Aufgabe bis wann zu erledigen ist, suchen Sie stattdessen nach dem einfachsten Weg, diese loszuwerden – und sei es nur vorübergehend. Daher schicken Sie eine kurze E-Mail zurück mit der Bitte, eine Unklarheit zu beseitigen. Und schon beginnt das Spiel, bei dem niemand das heiße Eisen in der Hand halten will. Die E-Mails fliegen hin und her und die Verantwortlichkeit wechselt ebenso schnell. Schließlich ist der Abgabetermin gekommen oder ein wütender Chef steht in der Tür und will ein Ergebnis sehen, was dazu führt, dass sich in letzter Minute alle anstrengen, damit es wenigstens halbwegs vernünftig aussieht. Natürlich ist das auch eine fürchterliche Art, Sachen zu erledigen.

Mit anderen Worten stellt ein gut durchdachter Produktionsprozess kein Hindernis für effiziente Wissensarbeit dar, sondern ist häufig eine Voraussetzung dafür. Womit wir bei dem Prinzip wären, um das es in diesem Kapitel geht.

Das Prozessprinzip

Die Einführung kluger Produktionsprozesse in die Wissensarbeit kann die Leistung drastisch steigern und sorgt dafür, dass die Arbeit wesentlich weniger anstrengend ist.

Um die Defizite der Arbeitsabläufe des hyperaktiven Schwarmdenkens zu überwinden, müssen wir uns von dem Rousseau'schen Optimismus abwenden, dass Wissensarbeiter am besten gedeihen, wenn man sie sich selbst überlässt. Stattdessen brauchen wir Prozesse, um das meiste aus der Aufmerksamkeitsökonomie zu holen – eine Tatsache, die sowohl für Unternehmen als auch für Freiberufler gilt. Um noch einmal das Offensichtliche hervorzuheben: Ich spreche hier nicht über Prozesse, die in irgendeiner Weise die qualifizierten und dynamischen Aspekte von Wissensarbeit in Schritt-für-Schritt-Anleitungen pressen. Wie wir im letzten Kapitel gesehen haben, konzentrieren sich die

Reformbemühungen dieses Buches auf die *Abläufe*, die die Wissensarbeit koordinieren, nicht auf die sachkundige *Ausführung* der Tätigkeiten. Dies trifft auch auf die Auseinandersetzung mit den Produktionsprozessen zu. Hier dreht es sich um die Frage, wer mit was beschäftigt ist, ohne ins Detail zu gehen, wie diese Arbeit sich im Weiteren entwickelt. Es gilt also mit anderen Worten das endlose E-Mail-Hin-und-Her im Schwarmdenken mit Richtlinien zu ersetzen, die dazu führen, dass der Wissensarbeiter mehr Zeit mit seiner eigentlichen Aufgabe verbringen kann, anstatt in Mails darüber zu reden – also das kognitive Äquivalent von John Runnells aufgemotzter Messinggießerei.

Auf den folgenden Seiten stelle ich Ideen für den Aufbau kluger Produktionsprozesse vor – sowohl für Wissensunternehmen als auch für den Berufsalltag von Einzelunternehmern. Wie immer beginnen wir mit einem konkreten Fallbeispiel, auf das wir in der Diskussion zurückkommen werden. In diesem Fall handelt es sich um eine Medienfirma mit zwölf Mitarbeitern, die das Prozessprinzip derart erfolgreich umgesetzt hat, dass sie im Ergebnis extreme Profite erwirtschaften konnte.

FALLBEISPIEL: OPTIMIERER OPTIMIEREN

Optimize Enterprises ist eine Medienberatung, die sich mit Inhalten zur persönlichen Weiterentwicklung beschäftigt. Das Hauptprodukt besteht aus einem Aboservice, der die Nutzer wöchentlich sowohl mit ausführlichen Buchrezensionen als auch täglichen Übungen in Form von kurzen Videoclips versorgt. Der Service wird auf einer Webseite und einer Smartphone-App angeboten. Kürzlich führte Optimize auch ein Trainingsprogramm für Coaches ein, das sich als Überraschungshit erwies. Mehr als 1.000 Coaches meldeten sich für den ersten 300 Tage dauernden Kurs an. Das Unternehmen hat zwölf Vollzeitmitarbeiter, die im Tandem mit zwischen acht bis zwölf freien Mitarbeitern agieren. Optimize hat kein physisches Büro und die Teams arbeiten ausschließlich in ihren eigenen Büros oder von zu Hause aus. Als ich dessen Gründer Brian Johnson für dieses Buch interviewte, war die Firma dabei, Jahreseinnahmen in Höhe von ca. 2,5 Millionen Dollar zu erwirtschaften.

Ich war weder wegen des Produktangebots noch wegen der genauen Arbeitsweise an Johnsons Unternehmen interessiert. Wie Johnson mir erklärte: »Wir schreiben uns keine E-Mails. Null. Es wird nie einen E-Mail-Austausch zwischen zwei Teammitgliedern geben.« Ohne dass er die Terminologie bemühte, waren Johnson und sein Team in der Lage, die Arbeitsweise des hyperaktiven Schwarmdenkens zu umgehen, weil sie in Produktionsprozessen dachten. Johnson folgte seiner intuitiven Abneigung, bei seiner Arbeit unterbrochen zu werden oder sie gehetzt erledigen zu müssen. Er und sein Team teilten die Arbeit in einzelne Prozessabschnitte auf, die klar umrissen sind und (angemessen) optimiert werden konnten. Ziel war es, die Arbeitszeit zu maximieren, die mit sinnvollen Tätigkeiten verbracht werden konnte. Sie minimierten die Zeit, die damit vergeudet wurde, zwischen der eigentlichen Arbeit und dem Posteingang hin und her zu springen: »Unser Team hat sich dem Single-Tasking voll verpflichtet. Wir machen jeweils immer nur eine Sache.«

Ein komplizierterer Prozess bei Optimize ist beispielsweise die Produktion der Unterrichtsvideos, die jeden Morgen auf verschiedenen Plattformen präsentiert werden und deren nötiger Aufwand beträchtlich ist. Johnson ist dafür verantwortlich, sich die einzelnen Stunden auszudenken und zu schreiben, er steht aber auch vor der Kamera. Darüber hinaus lauern noch andere Aufgaben hinter den Kulissen: Die Unterrichtsstunden müssen als Textversion verfasst und redigiert werden, das Video muss gefilmt und geschnitten werden und alles muss zur rechten Zeit auf die verschiedenen Plattformen hochgeladen werden. Diese ganzen unterschiedlichen Schritte werden von ungefähr sechs Menschen durchgeführt.

In vielen Unternehmen hätte die reine Menge koordinierter Aufgaben, die diese Contentproduktionsmaschine am Laufen hält, eine Lawine von E-Mails oder hyperaktiven Slack-Chats ausgelöst – nicht so bei Optimize. Über die Jahre haben Johnson und seine Mitarbeiter einen Produktionsprozess etabliert, der fast jegliche informelle Interaktion unterbindet. Das erlaubt allen, sich mit 100 Prozent ihrer Energie ihrer qualifizierten Arbeit zu widmen, damit der Strom mit qualitativ hochwertigen Inhalten nicht abreißt.

Am Anfang des Prozesses steht eine Tabellenkalkulation, die von allen eingesehen werden kann. Wenn Johnson eine Idee für eine Lehreinheit hat, fügt er einen Titel und einen Untertitel ein. Es gibt eine *Status*-Spalte, in die Johnson »Idee« einträgt, um zu zeigen, dass sich die jeweilige Unterrichtseinheit noch im Anfangsstadium befindet. Sobald er die Stunde entwickeln und schreiben konnte, lädt er die Tabelle in die Firmen-Dropbox hoch. Für diesen Entwurf fügt er einen Link auf die jeweilige Reihe auf dem Spreadsheet hinzu. An diesem Punkt ändert er den Status in *Fertig für die Redaktion*. Johnsons Lektor interagiert nicht direkt mit ihm, sondern behält schlicht die Tabelle im Auge. Sobald er sieht, dass eine Stunde fertig für die Redaktion oder das Lektorat ist, lädt er sie herunter, legt sie im richtigen Format an, erledigt Textarbeit, legt das Ergebnis in den Dropbox-Ordner für die Postproduktion, in dem sich die fertigen Texte für die Sendung befinden.

An diesem Punkt ändert der Lektor in der Tabelle den Status dieser Stunde in *Fertig zum Filmen*. Johnson filmt die Einheiten in seinem Studio zu Hause. Mit seiner Filmcrew hat er eine Vereinbarung, dass sie regelmäßig für einige Tage im Monat vorbeikommt, um eine Reihe Videos am Stück zu drehen. Wenn die Crew vor der Tür steht, gibt es keine Fragen über die kommende Arbeit: Sie drehen alle Videos, deren Status in der Tabelle *Fertig zum Filmen* anzeigt. Nach dem Filmen lädt die Crew die Daten in einen Dropbox-Ordner für den Schnitt. Entsprechend wird der Status geändert in *Fertig zum Schnitt*. In der nächsten Phase lädt die Cutterin von Optimize die Clips aus dem Ordner herunter und bearbeitet sie nach einem Standardverfahren, sodass sie gesendet werden können. Sind sie fertig, lädt sie sie wieder hoch in den gemeinsamen Ordner für die Postproduktion. Wiederum ändert die Cutterin den Eintrag in der Status-Spalte, um anzuzeigen, dass der Film *Zum Senden bereit* ist. Danach wird ein Sendetermin festgelegt und in die entsprechende Spalte eingetragen.

Der letzte Schritt besteht in der Veröffentlichung der Videoversion und des entsprechenden Textes am geplanten Sendetag. Zwei Spezialisten für den Content-Management-Service (CMS) sorgen für die Umsetzung dieses letzten Schritts. Sie beobachten die Tabelle, um auf dem Laufenden zu sein, welches Video an welchem Tag gesendet werden soll. Sie laden den Clip aus dem Ordner der Postproduktion herunter und legen einen Termin für die Veröffentlichung über die CMS-Plattform fest. Wenn es dann soweit ist, wird die Einheit, die als Idee in Johnsons Hirn angefangen hat, über die Optimize-Netzwerke veröffentlicht.

Folgendes verblüffte mich bei diesem Vorgang: Es werden eine ganze Menge Spezialisten, die überall auf der Welt verstreut sitzen, koordiniert, um die komplizierte Aufgabe zu erledigen, jeden einzelnen Tag Multi-Media-Content mit hohen Produktionsanforderungen zu veröffentlichen. Und all das geschieht ohne eine einzige unvorhergesehene E-Mail oder Instantmessage. Kein einziger dieser qualifizierten Wissensarbeiter muss irgendwann in seinen Posteingang schauen oder seinen Messenger-Dienst kontrollieren. Die Zeit aller fließt fast vollständig in die gelernte Arbeit. Und nach dem Abschluss der Aufgabe ist sie fertig – es gibt nichts, was kontrolliert werden müsste oder eine umgehende Antwort benötigte.

Fairerweise muss ich an dieser Stelle aber anmerken, dass die Medienproduktion eine strukturierte Unternehmung ist. Viele Wissensarbeiter haben es stattdessen mit unklareren und sich ständig wandelnden Herausforderungen zu tun. Um zu verstehen, wie auch diese

Bemühungen durch Prozesse gebändigt werden können, bat ich Johnson, mir einen typischen Tag einer seiner Führungskräfte im Detail zu schildern. Jemand, der verschiedene einmalige Projekte leitet sowie regelmäßig an Strategien arbeiten muss. Wie Johnson mir erklärte, beginnt die fragliche Managerin ihren Tag mit drei Stunden ungestörter konzentrierter Arbeit, bevor sie überhaupt »nur einen einzigen Input« bekommt. Diese Zeit ist dafür reserviert, eingehend über ihre Projekte nachzudenken – bedachte Entscheidungen über die als Nächstes anstehenden Schritte zu fällen, den Fokus für die nächste Zeit festzulegen, zu entscheiden, was verbessert werden muss oder was ignoriert werden kann.

Erst nachdem dieser morgendliche Arbeitsblock beendet ist, widmet sich die Führungskraft aktiv den laufenden Projekten. Um dieses Projektmanagement stärker zu systematisieren, setzt Optimize ein Online-Tool namens Flow ein. In seiner einfachsten Form ermöglicht es, Aufgaben bezogen auf Projekte zu verfolgen. Jede Aufgabe ist auf einer Karte dargestellt, die bestimmten Mitarbeitern zu einer bestimmten Deadline zugeteilt wird. Dateien und Informationen, die mit der Aufgabe zu tun haben, können in den Kartenanhang verschoben werden. Diskussions-Tools sorgen dafür, dass die Betroffenen sich untereinander wie in einem Onlineforum direkt austauschen können. Schließlich können diese Karten umhergeschoben und verschiedenen Spalten zugeordnet werden. Jede dieser Spalten ist einer bestimmten Aufgabenkategorie oder einem Status zugeordnet.

Ähnlich Trello, das Devesh in seiner Marketingfirma nutzte (vgl. Fallstudie in Kapitel 4), werden diese virtuellen Karten auf virtuellen Tafeln arrangiert. Sie bilden das Zentrum für alle bei einem Projekt anfallenden Arbeiten. Statt die vollständige Kommunikation für die Gesamtheit der Arbeitsabläufe durch einen allgemeinen Posteingang oder Kanal fließen zu lassen, wählt man nun anhand der Karten ein bestimmtes Projekt aus, an dem man arbeiten möchte. Dort werden die unerledigten Aufgaben sichtbar. Genau das macht die Optimize-

Managerin, nachdem sie den Block konzentrierter Denktätigkeit abgeschlossen hat: Sie geht auf der Plattform die einzelnen Projekte durch, klinkt sich bei Bedarf in die Konversationen auf den Karten ein und verschafft sich einen Überblick über den Stand der einzelnen Projekte.

Nachdem sie die einzelnen Projekte in Flow überprüft hat, finden normalerweise Einzelgespräche via FaceTime mit verschiedenen Mitgliedern ihres Teams statt. Diese Gespräche dienen zur Diskussion neuer Ideen oder der Lösung von Problemen bei laufenden Projekten. Für die meisten Vorhaben sind darüber hinaus regelmäßige wöchentliche Treffen angesetzt, um die Arbeit der einzelnen Teammitglieder abzustimmen und gemeinsame Probleme zu lösen. Die Führungskraft nimmt an diesen Meetings teil und bringt die entsprechenden Projektseiten auf den aktuellen Stand, um die gemeinsam getroffenen Entscheidungen zu dokumentieren. Wie bei allen Optimize-Mitarbeitern ist der Arbeitstag der Managerin zwischen 16 und 17 Uhr zu Ende. Johnson hat darauf bestanden, einen »digitalen Sonnenuntergang« einzuführen: Er möchte, dass seine Angestellten ihren Arbeitstag zu einer vernünftigen Zeit beenden, um Zeit für die Familie zu haben und sich zu erholen. Weil es keine E-Mails gibt, die man checken müsste, hat unsere Managerin, wie alle Mitarbeiter bei Optimize, bis zum nächsten Tag auch wirklich frei.

Es gab noch einige weitere Details bei Optimize, die ich hinsichtlich der Prozesse interessant fand: Auch wenn intern keine E-Mails verschickt werden, kommen diese doch in der Kommunikation mit externen Partnern zum Einsatz, aber der Umgang mit dem E-Mail-Posteingang ist strikt geregelt. Laut Johnson haben diejenigen, die sich mit diesen E-Mails beschäftigen, »gesonderte Zeitblöcke«, in denen sie den Nachrichteneingang kontrollieren: normalerweise einmal am Tag. Für den Kundenservice nutzt Optimize ein Tool namens Intercom, das den Antwortprozess bei typischen Fragen rationalisiert. Damit wird vermieden, dass sich unklare Anliegen von Kunden ansammeln. Jeden Montag veranstaltet Optimize auch eine Vollversammlung der Mitarbeiter mithilfe einer Telekonferenz-Software, um die Arbeit aufeinander abzustimmen.

Ich war wirklich überrascht, als ich erfuhr, dass Optimize mit Slack arbeitet – eine äußerst interessante Tatsache. Wie Johnson erklärte, sieht die Arbeit mit dem Tool ganz anders aus als das Klischee von nicht enden wollenden hyperaktiven Schwarm-Chats. Weil fast alle Interaktionen, die die Arbeit von Optimize betreffen, bereits durch präzise definierte Prozesse koordiniert sind, bleibt nicht mehr viel für den Austausch in diesem Kanal. Das Tool wird hauptsächlich aus zwei Gründen genutzt: erstens um »Erfolge zu feiern«. Wenn jemand etwas Wichtiges – sei es nun privat oder beruflich – erreicht hat, kann er es auf Slack den anderen mitteilen. Das sei ein virtuelles Abklatschen, wie es Johnson nennt. Weil sich die Mitarbeiter nie im Büro träfen, sei es wichtig, so auch etwas für das soziale Miteinander tun zu können. Der zweite Grund ist die Terminkoordination für Besprechungen, in denen wiederum die meiste Kommunikation stattfindet.

Die Mitarbeiter von Optimize nutzen Slack tatsächlich asynchron. Sie checken ihre Nachrichten nur ein- oder zweimal täglich, meist zwischen zwei Aufgaben. Häufiger wäre sinnlos, weil es sich aufgrund der geringen Anzahl von Nachrichten kaum lohnt. An einem typischen Arbeitstag nutzt ein Teammitglied Slack wohl für circa fünf Minuten: um jemandem zu einem Erfolg zu gratulieren oder einem Manager einen Termin für eine Besprechung vorzuschlagen.

Um diese prozessorientierte Herangehensweise an die Arbeit zu fördern, besteht Johnson darauf, dass alle diese Prozesse ernstnehmen. Dies sieht er als Grundlage für ihren Erfolg. Von jedem Optimize-Mitarbeiter wird daher erwartet, dass er die ersten 90 Minuten seiner Arbeitszeit für konzentriertes, ungestörtes Arbeiten reserviert. (Viele, wie die bereits erwähnte Managerin, verbringen wesentlich mehr Zeit mit hochkonzentrierter Tätigkeit.) Häufig wird diese Zeit dafür genutzt, um Verbesserungen für die Prozesse zu reflektieren. Wie Johnson mir erklärte, brauche es Zeit, um zu erkennen, wie man die verrückte Anzahl von Informationen und Interaktionen, die die meisten Arbeitsabläufe betreffen, strukturieren könne. Er wird nicht müde, sicherzustellen, dass alle das als höchste Priorität betrachten: »Man braucht Zeit ohne Input, um herauszufinden, wie man diese hereinkommenden Informationen am besten systematisiert.« Vielleicht ist genau das der wichtigste Prozess bei Optimize: der, der bei der Optimierung der bereits bestehenden Prozesse hilft.

WER MACHT WAS UND WIE? MERKMALE EFFEKTIVER PROZESSE

Nehmen wir an, Sie stehen vor der Herausforderung, die Prozesse von Wissensarbeit zu verbessern. Was macht in diesem Zusammenhang einen effektiven Prozess aus? Schauen Sie sich den Produktionsprozess von Brian Johnsons Optimize Enterprises für die Erstellung von Multimedia-Content an. Sobald Johnson einen neuen Titel und Untertitel für eine Sendung in die Tabelle seines Teams einträgt, sind alle Schritte von dieser Anfangsphase bis hin zur Sendung vorher chronologisch festgelegt. In jeder Phase ist allen klar, was gemacht werden muss, wo die relevanten Daten zu finden sind, wer damit beauftragt ist, eine bestimmte Aufgabe zu erledigen und was passiert, sobald ein Schritt abgeschlossen ist.

Die Prozesse bei Optimize, mit denen verschiedenste individuelle Projekte realisiert werden, verlassen sich auf den exakten Ablauf vorher festgelegter Schritte, obwohl jedes der Projekte einen anderen inhaltlichen Schwerpunkt hat. Aber der grundsätzliche Arbeitsablauf bleibt gleich, schlicht extrem strukturiert. Die Informationen, wer an was arbeitet und wie es gerade läuft, werden mittels des Management-Tools Flow festgehalten. Die Entscheidungen, welche Aufgaben neu hinzukommen und welcher Mitarbeiter diese übernehmen wird, werden in regelmäßig stattfindenden Meetings vereinbart. Wenn man an einem dieser Projekte arbeitet, ist am Ablauf nicht zu rütteln: Man guckt sich die jeweilige Karte seiner zugewiesenen Aufgabe in Flow an, dann macht man sich an die Erledigung des Auftrags und bringt bei dessen Abschluss die Karte auf den neuesten Stand. Gelegentlich nimmt man an Besprechungen teil, wenn es mehr zu besprechen und zu entscheiden gibt. Die Ergebnisse dieser Meetings sind anschließend sofort in Flow sichtbar. Dieser projektzentrierte Prozess minimiert die Zeit für die Kommunikation über die zu erledigende Arbeit und maximiert die Zeit, die für die tatsächliche Erledigung der Aufgaben zur Verfügung steht.

Diese Beispiele effektiver Produktionsprozesse zeichnen sich durch folgende Merkmale aus:

1. Es ist einfach zu überprüfen, wer an was arbeitet und wie es vorangeht.
2. Die Arbeit schreitet voran, ohne dass viel Zeit mit ungeplanter Kommunikation verstreicht.
3. Es gibt eine allgemein bekannte Vorgehensweise, um Aufgaben zu modifizieren, wenn es der Prozess verlangt.

Auf unser Beispiel einer Unterrichtseinheit von Optimize bezogen, wird das erste Merkmal insofern erfüllt, dass im *Status*-Feld der allgemein zugänglichen Tabelle steht, wo sich das jeweilige Projekt zu einem gegebenen Zeitpunkt im Prozess befindet. Die beiden weiteren Merkmale werden auch berücksichtigt, indem die einzelnen Phasen im Voraus bestimmt sind und damit exakt vorschreiben, wer was macht, wann wer an einer bestimmten Unterrichtstunde arbeitet und wo die nötigen Dateien zu finden sind. Darüber hinaus steht schon fest, wo die fertig bearbeiteten Dateien abgelegt werden und was nach Abschluss dieser Phase passieren soll.

Hinsichtlich des Projektablaufs wird das erste Merkmal durch Flow sichergestellt, auf dessen ansprechender Oberfläche alle anstehenden Aufgaben für ein Projekt zu sehen sind. Icons mit den jeweiligen Porträts stehen für die Beteiligten. Ist man mit einer Aufgabe beschäftigt, dann bestehen keine Zweifel daran, was in diesem Moment zu erledigen ist. Das zweite Merkmal wird durch eine Kombination aus Kollaborations-Tools in Flow, die direkt in die Karten integriert sind, und den regelmäßigen kurzen Status-Updates in die Praxis umgesetzt. Auf das Projekt bezogene Kommunikation ist auf diese beiden definierten Kanäle beschränkt. Schließlich werden Entscheidungen darüber, wer an welchen neuen Aufgaben arbeitet, meist in Besprechungen getroffen, deren Ergebnisse in Flow dokumentiert werden – damit ist das dritte Merkmal ebenfalls erfüllt.

Mit anderen Worten sollte ein guter Produktionsprozess sowohl Unklarheiten zur Frage, was passiert wann, als auch die Anzahl ungeplanter Meetings zur Kommunikation über den Prozess minimieren. Dabei darf kein Aspekt dieser Merkmale die Autonomie des Wissensarbeiters einschränken: Es ist seine Entscheidung, *wie* er die Arbeit erledigt. Der Fokus liegt allein auf der Koordination der anstehenden Aufgaben. Beachten Sie außerdem, dass diese Merkmale wohl kaum in einer lähmenden Bürokratie enden, weil die Produktionsprozesse so optimiert sind, dass sie *weniger* Gemeinkosten – hinsichtlich Kontextveränderungen und Zeit – hervorrufen, während tatsächlich Ergebnisse von Wert produziert werden. Durch die extrem systematische Arbeitsweise von Optimize Enterprises fühlen sich die Mitarbeiter vermutlich deutlich befähigter und weniger überfordert als diejenigen, die sich in den Fesseln des Status quo der Arbeitsabläufe im Rahmen des hyperaktiven Schwarmdenkens befinden.

Das Hauptproblem mit den Produktionsprozessen in der Wissensarbeit besteht darin, dass sie häufig für die jeweiligen Umstände maßgeschneidert werden müssen. Was bei Optimize gut funktioniert, ist beispielsweise gar nicht in einem Unternehmen für mobile Apps gangbar – und noch weniger für einen selbstständigen Buchhalter. Vor diesem Hintergrund erkunde ich in diesem Kapitel unterschiedliche, erfolgreiche Anwendungsbeispiele, die Sie bei der Umgestaltung Ihrer Produktionsprozesse einsetzen können. Finden Sie so den Prozess, der am besten zu Ihnen und Ihren spezifischen Bedürfnissen passt.

KARTEN IN TABELLENSPALTEN: DIE TASK-BOARD-REVOLUTION

Ein Manager – nennen wir ihn Alex – leitet ein Team aus 15 Mitarbeitern. Seine Gruppe arbeitet wie ein unabhängiges Start-up unter dem Dach einer großen landesweiten Krankenkasse, dabei konzentriert sich sein Team auf die Datenanalyse. Nehmen wir an, Sie sind ein Wissenschaftler und arbeiten für diesen Dienstleister. Nun wird Ihr Projekt finanziert, für das Sie komplizierte Berechnungen anstellen müssen. Dann kann Alex' Team die nötige Software liefern. Darüber hinaus setzen sie interne Projekte um, die dafür sorgen, dass der Gesundheitsdienstleister effizienter arbeiten kann, und gelegentlich werden diese Softwarelösungen sogar als eigenständige Produkte auf dem Markt angeboten. Angesichts dieser unterschiedlichen Ansprüche kann man sich vorstellen, dass Alex viele verschiedene Anliegen jonglieren muss, die sein Team in einer vorgegebenen Zeit erfüllen muss.

Wie er das anstellt, wird zum Teil schon bei Betreten seines Büros offensichtlich: An einer der Wände hängt eine 1 x 2,5 Meter große Schultafel. Aufgemalt sind fünf Rubriken: *planen, bereit, blockiert, arbeiten, fertig.* Die Spalte für *arbeiten* ist noch einmal zweigeteilt: *in der Entwicklung* und *testen.* In jeder Spalte befinden sich handbeschriftete, mit Klebeband befestigte Moderationskarten. Hält man sich länger in Alex' Büro auf, lässt sich ein Muster erkennen. An den meisten Tagen der Woche treffen sich die Projektleiter aus seinem Team morgens vor der sogenannten »großen Tafel«, wo die Karten durchgesprochen und während des Meetings umsortiert werden: Einige rücken eine Spalte weiter, während die Reihenfolge von anderen innerhalb ihrer Rubrik verändert wird. Was man hier nicht beobachten wird, ist, dass die Teamleiter ihre Aufmerksamkeit zwischen der gerade stattfindenden Diskussion und ihren E-Mails aufteilen. Alex' Team nutzt E-Mails nicht so häufig (und übrigens auch keine Instant-Messenger). Sie sehen diese Technologie hauptsächlich als Tool für die Kommunikation mit externen Ansprechpartnern. Die Informationen, die für ihre Ziele wirklich wichtig sind, hängen direkt vor ihnen: auf Karten notiert an einer Tafel klebend.

Als ich Alex fragte, wie er den Workflow des hyperaktiven Schwarmdenkens vermeide, erklärte er mir, dass die Schultafel in seinem Büro nicht das einzige Hilfsmittel sei, das sein Team verwende. Jede Notizkarte auf der Tafel entspreche einem Projekt. Sobald es ein Projekt in die Spalte »arbeiten« geschafft habe, erstellte das ihm zugeordnete Team eine weitere Tafel, auf der die nötigen Schritte für den Projektabschluss verzeichnet seien. Im Gegensatz zu der großen Schultafel sind diese kleineren Boards meist in einer Software implementiert. Alex' Team nutzt am liebsten zwei Tools, die in der IT-Community überaus beliebt sind: Asana und Jira. Sobald ein Projekt bearbeitet wird, treffen sich die Mitwirkenden regelmäßig, um das Projekt-Board auf den neuesten Stand zu bringen. In den Meetings diskutieren sie die einzelnen Karten und sortieren sie zwischen den Rubriken um.

Als ich mit Alex sprach, hing beispielsweise eine Karte für ein neues Projekt an der großen Tafel. Dabei ging es um einen Prozess, mit dem die Ergebnisse von an Neugeborenen durchgeführten Gentests gespeichert werden können. Auftraggeber war eines der Krankenhäuser, mit dem der Gesundheitsdienstleister zusammenarbeitete. Zunächst wurden die Daten auf einem FTP-Server gespeichert. Die Aufgabe von Alex' Team bestand darin, die Daten von dieser Art Datenübertragungsprotokoll auf eine flexiblere Datenbank zu transferieren. Er erklärte mir, wie dieses Projekt vorankam:

> Wir kennen dieses Projekt schon länger. Es befindet sich auf einer Karte in der *Plan*-Spalte. Es steht an vierter Stelle hinter drei anderen Projekten, die ich vorher beenden muss. Sobald es nach ganz oben in der Spalte hochgerückt ist, werden wir es durchsprechen und detailliertere Aufgaben zuordnen, die wir dann in Asana oder Jira einspeisen. Danach verschieben wir die Karte auf der großen Tafel in die Spalte *Entwicklung*.

Normalerweise finden diese Besprechungen unter Alex' Leitung jeden Morgen statt. Wenn die Entwicklungsteams sich richtig in das Projekt eingearbeitet haben – »wenn's wie am Schnürchen läuft« – dann reduziert er die Anzahl der Besprechungen auf einmal pro Woche, bis wieder weitere Planung nötig ist.

■ ■ ■

Hier begegnet uns dasselbe Muster zum dritten Mal: Information über eine Wissensarbeit wird in Spalten auf einer Tafel oder in einer Tabelle festgehalten. Alex' Team nutzt sowohl analoge als auch digitale Boards von Asana. Optimize Enterprises verlässt sich auf Flow, und Devesh, aus dem letzten Kapitel, setzt Trello ein.

Die ganze Idee, Aufgaben an Tafeln übersichtlich zu gestalten, ist nicht neu. In US-amerikanischen Krankenhäusern gibt es zum Beispiel Übersichtstafeln *(tracking boards)* in der Notaufnahme. Dabei werden auf Whiteboards in einer Tabelle alle eingelieferten Patienten aufgeführt, samt Zimmernummer, dem behandelnden Arzt und ihrem Triage-Status. So bekommen die Ärzte und Pfleger auf einen Blick eine gute Übersicht über den Zustand der Patienten auf der Notfallambulanz – trotz Zeitnot. Außerdem vereinfacht sie die Entscheidung, wohin die Patienten verlegt werden sollen und wem die Ärzte ihre Zeit zuerst widmen sollten. Wie beschrieben, nutzten die

Pullmann-Eisenbahnwerke ähnliche Tabellen auf Messingschildchen an einem großen hölzernen Brett schon zu Beginn des 20. Jahrhunderts. So hatten sie eine Übersicht darüber, welche Aufträge die Messinggießer und -verarbeiter an welchen Maschinen erledigen mussten.

Seit Kurzem gibt es produktivitätssteigernde Aufgaben-Boards, die verfeinerter arbeiten, denn bei diesem Konzept besteht das Board aus verschiedenen Spalten, die mit einem Status benannt sind. In ihnen werden vertikal die Projekte ihrem jeweiligen Zustand zugeordnet. In einigen Fällen, wie bei der *Plan*-Spalte von Alex' großer Tafel, gibt die vertikale Reihenfolge einen Hinweis auf die Priorität eines Vorhabens. Solch ein Aufbau wird sowohl von Alex, Devesh als auch Brian Johnson genutzt.

Der Ursprung dieser Herangehensweise an die Arbeitsorganisation findet sich in der Softwareentwicklung. Über die letzten Jahrzehnte hat sich dort die sogenannte *agile* Methode zur Softwareproduktion durchgesetzt. Die grundsätzliche Idee hinter Agilität wurde zum ersten Mal von einer Gruppe Programmierer und Projektmanager entwickelt und zusammengetragen. Diese 17 Experten veröffentlichten 2001 das *Agile Manifest*, dessen erster Satz optimistisch verlauten lässt: »Wir erschließen bessere Wege, Software zu entwickeln […].«[4] Danach werden die zwölf Prinzipien in einfacher Sprache dargelegt: »Unsere höchste Priorität ist es, den Kunden durch frühe und kontinuierliche Auslieferung wertvoller Software zufriedenzustellen«, lautet ein Prinzip, ein weiteres: »Die Einfachheit – also die Kunst, die Menge unerledigte Arbeit zu maximieren – ist essenziell.«[5]

Um Agilität zu begreifen, muss man verstehen, was diesem Ansatz vorausging. Softwareentwicklung hatte sich zuvor auf schwerfälligere, komplizierte Projektpläne verlassen. Sie versuchten unerschrocken im Voraus, all die Arbeit zu erraten, die für die Erstellung einer umfangreichen Software nötig sein würde. Dahinter stand die Idee, dass man anhand einer dieser Pläne, die häufig liebevoll mit farbenfroh gestreiften Gantt-Diagrammen ausgeführt wurden, genau wusste, wie der

Status war: wie viele Programmierer in jeder Phase eingesetzt wurden und wann man den Kunden mit einem präzisen Abgabetermin versorgen konnte. Theoretisch war dieser Ansatz sinnvoll, doch sobald ein Projekt auch nur etwas an Komplexität zunahm, erwiesen sich diese Pläne nur in den seltensten Fällen als zutreffend. Das Programmieren von Software ist nicht wie die Produktion von Autos: Es ist im Voraus schwierig zu bestimmen, wie lange die einzelnen Schritte dauern werden oder wann vielleicht ein Problem auftaucht. Wie sich außerdem herausstellte, wussten die Kunden nicht immer, welche Details sie alle brauchten und was genau programmiert werden sollte, daher veränderten sich die Funktionen manchmal im Laufe des Prozesses, was die Programmierer in ihrem Zeitplan noch weiter zurückwarf.

Die agile Denkart propagiert, dass Softwareentwicklung in kleinere Abschnitte geteilt werden sollte, die schnellstmöglich veröffentlicht werden müssen. Während die Nutzer Feedback geben, können deren Informationen zeitnah in zukünftige Updates integriert werden. So entsteht ein fließender Feedback-Kreislauf, mit dem eine funktionale Software entstehen kann, anstatt sie von vornherein vor der Freigabe möglichst perfekt gestalten zu wollen. Da immer mehr Software auf dem Web basierte, wurden verschiedene agile Methoden bei Entwicklern extrem populär, denn so konnte der Prozess für Updates und Feedback vereinfacht werden.

Hier ist das Stichwort *verschiedene* wichtig, denn Agilität an sich ist noch kein Organisationsprinzip: Sie definiert vielmehr eine allgemeine Herangehensweise, die mittels zahlreicher unterschiedlicher Systeme umgesetzt werden kann. Zwei der bekannteren sind zurzeit Scrum und Kanban. Beide Begriffe werden Sie vielleicht schon mal gehört haben, wenn Sie im weitesten Sinne etwas mit Software zu tun haben. Grob gesagt teilt Scrum eine Arbeit in *Sprints,* einzelne Abschnitte, auf, bei dem ein Team nichts anderes macht, als ein bestimmtes Update abzuliefern, bevor es sich der nächsten Aufgabe widmet. Im Gegensatz dazu betont Kanban einen eher gleichmäßigen Arbeitsfluss. Durch eine vorherbestimmte Phasenanzahl versucht man zu verhindern, dass mehrere *works in progress* entstehen, die zu Nadelöhren werden und damit zu Verzögerungen führen könnten.

Womit wir wieder beim Thema Boards sind. Sieht man einmal von den Umsetzungsdetails ab, wird deutlich, dass sowohl Scrum als auch Kanban Task-Boards einsetzen. Hier sind Karten einzelnen Aufgaben zu- und in Spalten angeordnet und machen so die Prozessphasen der Softwareentwicklung sichtbar. Bei Scrum gibt es beispielsweise häufig eine Spalte *backlog,* Rückstand, für Funktionen, die als potenziell wichtig gelten, aber bisher noch nicht in Angriff genommen wurden. Eine weitere Spalte zeigt Funktionen an, an denen gerade ein Programmierteam in einem Sprint arbeitet, die nächste für abgeschlossene Funktionen, die nun getestet werden, und eine weitere für die Funktionen, die abgeschlossen und getestet sind, daher also freigegeben werden können.

Es ist kein Zufall, dass diese Systeme letztlich zur Erledigung einer Aufgabe dieselben Hilfsmittel nutzen. Das agile Projektmanagement setzt bei der Idee an, dass der Mensch gut planen kann, man braucht daher keine komplizierten Management-Strategien, um festzustellen, was als Nächstes gemacht werden muss. Normalerweise reicht es, sachkundige Informatiker gemeinsam an einen Tisch zu setzen und zu klären, was sinnvoll wäre. Doch Vorsicht: Eine Schwachstelle in dieser Annahme ist, dass wir unseren Planungsinstinkt nur dann effektiv anwenden können, wenn wir ein *gutes Verständnis von allen relevanten Informationen* haben. Welche Aufgaben werden gerade bearbeitet, was muss noch erledigt werden, wo sind die Engpässe ...? Karten, die an einer Tafel kleben, erweisen sich als erstaunlich effektive Methode, solche Informationen schnell zu kommunizieren.

Task-Boards sind aufgrund ihrer Beschaffenheit nicht nur bei der Softwareentwicklung nützlich, sondern auch für andere Zwecke. Deshalb tauchen sie oft im Zusammenhang mit zukunftsorientierten Wissensorganisationen auf, die ihre Prozesse systematischer gestalten wollen. Auch deswegen empfehle ich Ihnen, Task-Boards zu erwägen, wenn Sie die Prozesse in Ihrem Unternehmen optimieren möchten. Dafür habe ich einige Best Practices zusammengestellt, die im Kontext der Wissensarbeit mit der Methode arbeiten.

Task-Board-Tipp #1: Karten müssen klar und aussagekräftig formuliert sein

Das Herzstück eines Task-Boards besteht darin, Karten in Spalten anzuordnen. Daher ist es entscheidend, diese Karten eindeutig zu beschriften: Es sollte kein Zweifel darüber herrschen, auf welche Aufgabe sich diese Karte bezieht.

Um diese Vorgehensweise erfolgreich umzusetzen, ist es außerdem entscheidend, sich darüber bewusst zu sein, wie die Karten einzelnen Mitarbeitern zugeordnet werden. Digitale Systeme wie Flow haben die Aufgabenzuteilung schon von vornherein integriert, denn kleine Fotos auf jeder Karte zeigen an, wer sich hier um die Erledigung kümmert. Aber auch in Systemen ohne diese Zuteilung ist es leicht, diese Information oben auf der Karte einzutragen. In einigen Fällen geben schon die einzelnen Spalten die Zuteilung einer bestimmten Tätigkeit vor. Beispielsweise kann in einem kleinen Entwicklungsteam immer dieselbe Person für die Spalte *testen* verantwortlich sein, dabei muss aber festgelegt sein, wer sich aktiv um den nächsten Schritt kümmert, sobald die Karte weiterwandert.

Schließlich sollte es einfach möglich sein, wichtige Informationen jeder Karte zuzuordnen. Bei der Nutzung von digitalen Instrumenten wie Flow oder Trello lassen sich Dokumente und lange Beschreibungen an die einzelnen Karten anhängen. Dies ist nützlich, weil so alle Informationen, die für diese Aufgabe wichtig sind, an einem Ort gesammelt werden. Diese Eigenschaft fiel mir auf, als ich mir die Trello-Boards von Devesh genauer ansah. Eine seiner Karten enthielt beispielsweise die Aufgabe, einen Controlling-Bericht für einen Kunden zu schreiben. Im Anhang dieser Karte fanden sich die relevanten Dokumente mit den Daten sowie einige Hinweise über die Formatierung des Berichts. So muss sich der Mitarbeiter, der mit dieser Aufgabe betraut ist, für diese Informationen nicht durch volle Posteingänge wühlen. Alles für diesen Bericht Nötige findet er hier: im Kartenanhang.

Nutzen Sie ein analoges Board wie eine Schultafel, dann können Sie keine Dokumente an einzelne Karten dranhängen. Aber derselbe Effekt lässt sich erzielen, wenn die nötigen Dokumente in einem Service wie Dropbox zu finden sind. Hier können Sie einen Ordner für das Projekt einrichten, mit Unterordnern für jede Spalte. Die relevanten Informationen speichern Sie dann in dem entsprechenden Unterordner ab. Damit sind die Informationen dann griffbereit, wenn sie benötigt werden.

Task-Board-Tipp #2: Fangen Sie im Zweifelsfall mit den Kanban-Standardspalten an

Es ist nicht immer sofort ersichtlich, wie man ein Task-Board für Wissensarbeit einsetzt. Im Zweifelsfall können Sie für den Anfang die Standardspalten von Kanban nutzen. Es sind nur drei Rubriken: *anstehend, in Arbeit* und *erledigt.* Sie können diese Grundlage an Ihre eigenen Bedürfnisses anpassen.

Beispielsweise befanden sich auf Deveshs Board je eine Spalte für gestalterische Aufgaben und eine für die Umsetzung von Kampagnen. Diese Modifikation der Kanban-Standards ist im Kontext seiner Marketing-Firma sinnvoll, denn völlig andere Mitarbeiter sind mit dem Design und der Umsetzung beschäftigt. Im Gegensatz dazu sahen die Flow-Boards bei Optimize Enterprises einfacher aus: Eine einzige Spalte beinhaltete alle Aufgaben, die mit dem laufenden Projekt zu tun hatten.

Eine weitere sinnvolle Erweiterung des Kanban-Standards besteht in einer zusätzlichen Spalte für Hintergrundinformationen und Rechercheergebnisse, die im Großen und Ganzen für ein Projekt interessant sein könnten. Dieser Tipp entspricht nicht der Konvention, dass alle relevanten Informationen einer bestimmten Karte zugeordnet sein müssen, aber es ist bei digitalen Boards manchmal nützlich, die Informationen ungefähr dort abzulegen, wo sie gebraucht werden könnten. In Deveshs Unternehmen wurden in einer solchen Spalte beispielsweise die Telefonnotizen von Kundengesprächen dokumentiert.

Task-Board-Tipp #3: Regelmäßige Status-Meetings abhalten

Wie bereits aufgezeigt, ist das Hauptmerkmal eines Prozesses für die Wissensproduktion ein effektives System, das übersichtlich darstellt, wer gerade an was arbeitet. Bei Task-Boards werden solche Entscheidungen durch die Karten dokumentiert. Aber wie kommt ein Team zu solchen Entscheidungen? Eine grundlegende Idee der agilen Methoden lautet, dass kurze regelmäßig stattfindene Besprechungen bei Weitem die beste Möglichkeit sind, um Task-Boards zu prüfen und zu aktualisieren. Agile Vorgehensweisen lehnen es ab, solche Informationen asynchron – sei es via E-Mail oder Instant-Messenger – zu kommunizieren. Bei der Nutzung von Task-Boards für den Produktionsprozess von Wissensarbeit bietet es sich an, dieser Regel ebenfalls zu folgen.

Normalerweise laufen diese Besprechungen immer nach demselben Schema ab: Alle berichten der Reihe nach kurz, an was sie gerade arbeiten, was sie von den anderen für ihre heutige Aufgabe brauchen, und wie alles am Vortag gelaufen ist. Während dieser *Berichtsbesprechungen* können neue Aufgaben identifiziert und an einzelne Teammitglieder delegiert werden. Solche Meetings helfen auch, Engpässe auszuräumen, wenn vielleicht ein Mitarbeiter auf Informationen eines anderen wartet. Darüber hinaus werden Verpflichtungen sichtbar: Wenn jemand seine Aufgabe verbummelt, die er bei dem Meeting zugesagt hat, wird das am nächsten Tag bei der Besprechung öffentlich gemacht.

Diese regelmäßigen Besprechungen funktionieren zum Teil deshalb so gut, weil sie kollaborativ sind. Alle haben das Gefühl, dass sie bei der nächsten Aufgabe mitentscheiden. Auch bewirken sie einiges, weil es keine Unklarheiten gibt: Alle sind bei dem Gespräch zwecks der Entscheidung der aktuellen Aufgaben anwesend. Wie ich in Teil I zeigte, ist persönliche Kommunikation meist viel effektiver, wenn verschiedene Mitarbeiter koordiniert werden müssen, als die ausufernde Hin-und-her-Schickerei von E-Mails. Eine zehnminütige Besprechung kann zig mehrdeutige E-Mails ersetzen, die sonst den Tag häufiger unterbrechen würden.

Natürlich arbeiten auch viele Teammitglieder von Wissensorganisationen von zu Hause aus oder sitzen in einem anderen Land und können nicht an solchen Besprechungen teilnehmen. Daher behilft man sich meist mit Softwarelösungen für Konferenzen wie Skype, Zoom oder FaceTime (wenn die Gruppen eher klein sind) – wichtig ist einzig ein Gespräch in Echtzeit.

Task-Board-Tipp #4: Mit Karten das Geplapper des Schwarmdenkens ersetzen

Ein Vorteil bei digitalen Board-Systemen ist, dass jede Karte über eine Diskussionsfunktion verfügt. Bei Trello und Flow kann man beispielsweise an die Karten nicht nur Dokumente und Informationen hängen, sondern auch diese Tools für einen Informationsaustausch wie bei einem Schwarzen Brett nutzen. Dort können Mitarbeiter Fragen stellen, die wiederum von den Kollegen beantwortet werden. In den Wissensorganisationen, die ich beobachten konnte, und die Task-Boards nutzten, erwies sich dieser *Austausch auf Karten* als wichtig für die Koordination spezieller Aufgaben. Mitarbeiter schauten sich diese Konversationen häufiger im Laufe des Tages an, wodurch längere Debatten bei den stattfindenden Treffen überflüssig wurden. Ebenso wurden allgemeine Kommunikations-Tools wie E-Mail obsolet, die selten strukturierte Informationen bieten, sondern stattdessen häufig durcheinandergehen.

Die Frage ist berechtigt, ob nicht dieser Austausch über Karten ein Hintertürchen für die unstrukturierte Kommunikation des hyperaktiven Schwarmdenkens darstellt. Meinen Beobachtungen zufolge ist die Nutzung dieses Austausches ganz anders als das Geplapper im Schwarm. Devesh etwa beschrieb den Wechsel von E-Mail zu den Karten als »den Spieß umdrehen«. Hat man einen allgemeinen E-Mail-Eingang, durch den jegliche Konversation fließt, dann muss man ständig die neuen E-Mails checken, findet dort aber dann die unterschiedlichsten Informationen zu verschiedenen Projekten. Verlässt man sich jedoch auf den Austausch auf Karten, muss man ganz bewusst eine bestimmte Karte ansteuern, um die zum Projekt zugehörigen Informationen zu finden – also eine gezielte Konversation über das Projekt. So drehen Sie den Spieß um, denn jetzt bestimmen Sie, über welches Projekt Sie sprechen wollen, anstatt es dem Projekt zu überlassen, wann es bei Ihnen auf dem Tisch landet.

Der Austausch über Karten bringt unterschiedliche Erwartungen hinsichtlich der Kommunikation hervor. Im Allgemeinen geht man davon aus, dass man die relevanten Karten nur einige Male am Tag überprüft. Daher wird kein Druck für sofortige Antworten aufgebaut. Die Aufgabenstruktur wird kleinteiliger, die Teammitglieder gewöhnen sich daran, über einen längeren Zeitraum eine Sache nach der anderen abzuarbeiten, bevor sie sich dem nächsten Thema widmen. Auf der anderen Seite führt das permanente Checken von Kommunikationswegen, in die allgemeine Informationen einfließen, zu dem Bewusstsein, dass alle diese Tools regelmäßig überprüfen, was die Erwartungen steigen lässt, dass die Reaktion auf eine Nachricht nicht lange auf sich warten lässt. Diese Dynamik führt unweigerlich wieder zurück zur Hochgeschwindigkeitsarbeitsweise des hyperaktiven Schwarmdenkens (vgl. Kapitel 3 zum Kreislauf der Ansprechbarkeit).

Der Austausch über Karten ist darüber hinaus viel strukturierter als das Hin und Her des Schwarmdenkens, weil die Konversation sich auf spezifische Aufgaben bezieht und alle relevanten Dokumente dieser zugeordnet sind. Führe ich beispielsweise ein Projekt durch und möchte den Status der wichtigsten Aufgabe ermitteln, drehe ich die entsprechende virtuelle Karte um und sehe auf einen Blick die aktuelle Diskussion – mehr braucht es nicht. Im Gegensatz dazu sind bei der Arbeitsweise des hyperaktiven Schwarmdenkens diese Informationen auf die Posteingänge verschiedener Mitarbeiter verstreut oder gehen in deren Instant-Messenger-Kanälen unter.

Diese andere Art des Austausches geht also anscheinend mit geringerer Geschwindigkeit, aber mehr Ruhe einher. Man sollte die Tatsache nicht unterschätzen, dass man nicht mehr einen sich stets von allein füllenden Posteingang kontrollieren muss.

PERSÖNLICHES KANBAN: ORGANISIEREN SIE IHRE AUFGABEN MIT INDIVIDUELLEN TASK-BOARDS

Jim Benson macht sich viele Gedanken über die möglichen Verbesserungen von Wissensarbeit. Seine Beratungsfirma Modus Cooperandi ist darauf spezialisiert, die Zusammenarbeit innerhalb von Wissensorganisationen durch maßgeschneiderte Prozesse zu verbessern. Zuvor war Benson Gründer einer Softwarefirma und kennt sich daher bestens mit agilen Methoden aus – wahrscheinlich auch der Grund, warum er bei seinen Kunden häufig Task-Boards einsetzt. Auf der Webseite von Modus Cooperandi finden sich Fotos, die farbenfrohe Post-its in einer komplexen Ordnung in Spalten zeigen.[6]

Bei Soloselbstständigen ist er allerdings eher als Autor des schmalen Bandes *Personal Kanban* bekannt, den er 2011 im Selfpublishing herausgebracht hat. Sein Versprechen klingt verführerisch: Die agilen

Methoden, mit denen Teams Ordnung in die komplizierte Aufgabenlandschaft bringen, können auch Einzelkämpfern gegen das komplexe Durcheinander ihres Berufslebens helfen.

Die wesentlichen Ideen hinter *Personal Kanban* sind so einfach, dass sie Benson in einem fünfminütigen Video erklären kann, das auf der Website zum Buch angeschaut werden kann.[7] Darin steht Benson vor einer Art großem Flipchart, in dessen Mitte des Blattes er diverse Post-it-Notizen auf einen Haufen klebt, die die »Erwartungen« von Familie, Freunden, Kollegen, Chefs und uns selbst verdeutlichen. »Diese ganzen Sachen werden in unserem Kopf zu einer großen soliden Masse, die wir jedes Mal auseinandersortieren müssen, wenn wir uns für die nächste Aufgabe entscheiden wollen«, erklärt er. Dafür müssen wir versuchen, diesen Block in seine Einzelteile zu zerlegen und uns eine Übersicht über all die unterschiedlichen Verpflichtungen verschaffen, nur um zu entscheiden, wie der nächste Schritt aussieht. »Das macht keinen Spaß«, fasst Benson trocken zusammen.

Die Lösung für dieses Problem sieht er mit *Personal Kanban* darin, die ganzen Erwartungen mithilfe eines persönlichen Task-Boards zu organisieren. Benson schlägt dafür drei Spalten vor. Die erste bezeichnet er als *Options,* Möglichkeiten. Hier kommen alle Pflichten auf Post-its hin: pro Klebezettel eine Aufgabe. »Jetzt haben wir diese schreckliche Arbeitsmenge in einzelne, kognitiv sehr ansprechende Rechtecke verwandelt.« Die zweite Spalte ist *Doing,* machen. Hierhin kommen die Post-its, an denen Sie gerade arbeiten. Nicht nur für diese einzelne Spalte, sondern auch für Kanban-Systeme allgemein ist wichtig, also ihre Geheimzutat quasi, dass es eine strikte Obergrenze für die Anzahl der bearbeiteten Aufgaben gibt. Im Kanban-Jargon ist dies das *works in progress (WIP) limit* – maximale Anzahl der laufenden Aufgaben. In seinem Video setzt Benson die Obergrenze bei drei Tätigkeiten. Wie er erklärt, führt eine größere Zahl verschiedener gleichzeitiger Aufgaben dazu, dass man am Ende mit einem »chaotischen Leben« dasteht. Er überzeugt einen davon, dass es besser ist, nur eine kleine Anzahl von Aufgaben zu einem gegebenen Zeitpunkt anzugehen: Konzentrieren Sie sich voll auf sie und nur wenn eine Aufgabe erledigt ist, sollten Sie sich eine neue vornehmen.

Damit wären wir bei der *Done*-Rubrik: erledigt. Hierhin kommen die Post-its nach dem Abschluss einer Aufgabe. Theoretisch könnte man den Zettel einfach abnehmen und wegwerfen, aber Benson zufolge ist der psychologische Schub, den man bekommt, wenn man eine Aufgabe von *doing* in *done* verschiebt, ein sehr guter Motivator.

Nach der Veröffentlich von *Personal Kanban* fanden sich viele Anhänger dieses Systems – wie bei einer Sekte. Auf YouTube gibt es zahllose Heimvideos von Fans, die erläutern, wie sie Bensons Gedanken für sich selbst und die Steigerung ihrer Produktivität umgesetzt haben. Wenn Sie glauben, dass sich alle diese Fans strikt an Bensons Drei-Spalten-System halten, dann kennen Sie diese Community schlecht – man sieht in den Videos viele unglaublich komplexe, individuell angepasste Versionen.

Ein Video zeigt, dass die *Doing*-Spalte ersetzt wurde durch eine *Ready*-Spalte mit der Unterteilung, *kalt*, *warm*, *heiß*. Damit werden die laufenden Aufgaben weiter differenziert.[8] In einem anderen Video erläutert ein Professor mit dem Schwerpunkt Supply-Chain-Management sein persönliches Kanban-Board. Es ist derart komplex, dass man scheinbar einen Doktor in Supply-Chain-Management gemacht haben muss, um es nachvollziehen zu können. Der Hochschullehrer unterteilt seine Spalte *Options* in Reihen mit Farbcodes, die er als »Wertflüsse« bezeichnet. Jede davon gehört zu einer anderen Aufgabenart, der farblich passende Post-its zugeordnet sind. Diese Rubriken sind in weitere Unterrubriken differenziert. Eine Spalte ist einem »Speicher« gewidmet, also den Aufgaben, die er nicht im laufenden Semester unterbringen kann, aber hofft, es in einem späteren zu tun. Jede Reihe hat einen »Sammelbereich«, in dem die als Nächstes anstehenden Aufgaben aufgeführt werden. Aus diesen recht zahlreichen Sammelbereichen können Aufgaben dann auf einige wenige

Doing-Plätze verschoben werden, die mit einem WIP-Limit auf drei begrenzt sind. Seine *Done*-Spalte hat dieselben Farbcodes wie seine *Doing*-Spalte, mit deren Hilfe er auf einem Blick erkennen kann, wie er kürzlich seine Zeit aufgeteilt hat.[9]

■ ■ ■

Der Erfolg des *Personal Kanban* unter Produktivitätsfans zeigt, wie wichtig diese Methode ist, wenn man den Arbeitsabläufen des hyperaktiven Schwarmdenkens entkommen will. Task-Boards sind nicht nur eine sinnvolle Möglichkeit der Teamarbeitskoordination, sondern können auch im individuellen Arbeitsalltag ungemein effektiv sein – auch ohne einen Hochschulabschluss in Supply-Chain-Management.

Wie ich bereits kurz erwähnte, setze ich diese Methode auch in meinem Berufsalltag an der Uni ein. Mittels Trello-Boards behalte ich meine Aufgaben als Direktor des Graduiertenstudiengangs im Fachbereich Informatik an der University of Georgetown im Blick. Ich folge Jim Bensons Beispiel und benutze die Spalten *Doing* und *Done*. Auch habe ich – wie viele in der Personal-Kanban-Community – eigene Rubriken entwickelt, mit denen ich die Übersicht über meine zukünftigen Aufgaben behalte (dazu gleich mehr). Jeden Montag aktualisiere ich das Board und entscheide, an welchen Themen ich im Verlauf der Woche arbeiten möchte. In den folgenden Tagen gibt mir das Board eine Orientierung. Damit kann ich die Zeit sinnvoll einteilen, die ich für meine Tätigkeiten als Direktor des Graduiertenstudiengangs eingeplant habe. Sobald eine neue Aufgabe hereinkommt – sei es via E-Mail, telefonisch oder, wie es auch häufig passiert, weil ein Student in meinem Büro vorbeischaut, um mich etwas zu fragen –, notiere ich sie sofort auf eine Karte, klebe sie an das Board und kümmere mich dann später darum, wenn es mir besser passt.

Ohne dieses Task-Board-System würde ich mich auf die Arbeitsabläufe des hyperaktiven Schwarmdenkens verlassen, was mich einer Lawine von gleichzeitigen E-Mail-Konversationen ausliefern würde, die sich stetig über den ganzen Tag hinwegzöge. Ich wäre genau *der* Typ, der in jedem Meeting seinen Laptop offen hat, ständig am Telefon ist, während er über den Campus hetzt, und permanent versucht, alle Bälle gleichzeitig in der Luft zu halten, indem er hektisch eine Antwort-E-Mail nach der anderen heraushaut. Anders ausgedrückt: Ohne dieses Kanban-System wäre mein Job schier unerträglich. Mit dieser Methode hält sich meine Organisationsarbeit einigermaßen in Grenzen: Aufgaben kommen auf das Board, dann werden sie dort organisiert, dann nehme ich mir jeden Tag eine gewisse Zeit, um sie systematisch abzuarbeiten. Wie zu erwarten, bin ich daher ein vehementer Verfechter dieser Methode, nicht nur für Teamorganisation, sondern auch, um meine eigene Arbeit als Wissensarbeiter in den Griff zu bekommen.

Um für sich selbst ein passendes individualisiertes Task-Board zu finden, sind folgende Best Practices hilfreich.

Tipp für ein individualisiertes Task-Board #1: Nutzen Sie mehr als eins

Viele Befürworter des Personal Kanban setzen nur ein einziges Board ein, um all ihre beruflichen Aufgaben unter einen Hut zu bringen. Ich hingegen schlage eine Alternative vor: Nutzen Sie ein Board für jede einzelne wichtige berufliche Rolle. Im Moment habe ich drei ganz verschiedene Rollen an der Universität inne: Forscher, Lehrkraft und Direktor des Graduiertenstudienganges. Für jede Rolle habe ich ein eigenes Board. Bereite ich beispielsweise etwas für meine Lehrtätigkeit vor, bin ich so nicht mit anderen Themen, etwa der Forschung, konfrontiert, und kann mich ganz auf die nötigen Schritte konzentrieren. Damit reduziere ich den Denkaufwand, zwischen den Aufgaben hin und her zu wechseln, und kann anstehende Probleme in kürzerer Zeit lösen.

Für Großprojekte (wie mehrmonatige Projekte) habe ich ein spezielles Board eingerichtet. Vor nicht allzu langer Zeit hatte ich etwa den Vorsitz bei einer großen akademischen Konferenz. Die Ansprüche an diese Rolle waren derart zahlreich, dass ich es einfacher fand, sie auf einem eigenen Board, also getrennt von meinen anderen akademischen Aufgaben, zu koordinieren. Als das Projekt abgewickelt und die Konferenz vorüber war, konnte ich das Board wieder in die Ecke stellen.

Natürlich ist die Anzahl der Boards, die man handhaben kann, begrenzt, denn sonst wird die ständige Aktualisierung zu aufwendig. Daher ist meiner Meinung nach folgende Regel stimmig: ein Board pro Rolle, ein Board pro Großprojekt. Für die meisten Menschen heißt das, dass zwei bis vier Boards ausreichen. Sind Sie bei zehn, ist der Aufwand des Wechsels zwischen ihnen so groß, dass die Vorteile dies nicht aufwiegen können.

Tipp für ein individualisiertes Task-Board #2: Setzen Sie regelmäßige Berichtsbesprechungen mit sich selbst an

Wie ich bereits betont habe, sind beim Einsatz von Task-Boards in Teams von Wissensarbeitern regelmäßige Berichtsbesprechungen die beste Methode, diese Boards auf dem neusten Stand zu halten. Dasselbe gilt für Ihr persönliches Board-System. Wollen Sie das meiste aus dieser Methode herausholen, nehmen Sie sich jede Woche die Zeit für die Überprüfung und Aktualisierung Ihres Boards. Während dieser einköpfigen Berichtsbesprechungen schauen Sie sich alle Karten auf dem Board an. Verschieben Sie sie zwischen den Rubriken und aktualisieren falls nötig ihren Status. Das sollte nicht länger als fünf oder zehn Minuten dauern, wenn Sie diesen Schritt regelmäßig durchführen. Auch müssen diese Solo-Besprechungen nicht allzu häufig stattfinden – meiner Meinung nach funktioniert ein wöchentlicher Termin recht gut. Allerdings sollte man diese Überprüfung wirklich regelmäßig machen und nicht ausfallen lassen. Sobald Sie dem Task-Board nicht mehr trauen, dass dort alle Projekte und Verpflichtungen sorgfältig dokumentiert sind, werden Sie wieder in den hektischen Arbeitsstil des hyperaktiven Schwarmdenkens zurückfallen. Stellen Sie Ihre Solo-Meetings in Ihren Kalender als regelmäßiges Event ein – dann ist er ebenso verbindlich wie alle anderen getroffenen Verabredungen. Individuelle Task-Boards können Ihre Lebensqualität als Wissensarbeiter deutlich verbessern, aber dazu ist es auch nötig, genügend Zeit für die Wartung und Pflege zu investieren.

Tipp für ein individualisiertes Task-Board #3: Führen Sie eine »Diskussionsthema«-Spalte ein

In meiner Position als Direktor des Graduiertenstudiengangs gibt es einige Themen, die ich häufiger mit meinen Kollegen diskutieren muss. Dazu gehören der Vorsitzende des Fachbereichs, der Leiter des Graduiertenprogramms und zwei weitere Professoren, die mit mir in der Prüfungskommission sitzen. Auf meinem Board für meine Direktorentätigkeit habe ich drei Kategorien für diese Kollegen eingeführt und eine Spalte hinzugefügt: *bei der nächsten Sitzung besprechen.* Wenn sich eine Aufgabe stellt, für die ich Input von diesen Kollegen benötige, bremse ich meinen Instinkt, ihnen eine kurze E-Mail zu schreiben, sondern setze die Frage in die Spalte »Diskussionsthema«.

Mit meinem Programmleiter treffe ich mich zu einer festgesetzten Zeit jede Woche. Bei diesem Meeting besprechen wir all die Aufgaben, die sich in dieser Spalte seit der letzten Woche angesammelt haben. Bei meinem Vorsitzenden und dem Kollegen in der Prüfungskommission warte ich, bis sich die Spalte »Diskussionsthema« einigermaßen mit Aufgaben und Themen gefüllt hat, bevor ich sie um einen Termin bitte, bei dem wir sie gebündelt besprechen können.

Dieser Tipp mag vielleicht ein bisschen einfach klingen, aber er hat sich überaus positiv auf meinen Arbeitsalltag ausgewirkt. Nehmen wir an, im Laufe einiger Tage haben sich fünf Karten unter der Rubrik »Diskussionsthema« mit dem Leiter des Fachbereichs angesammelt. In einem zwanzigminütigen Meeting können wir jede dieser Karten in angemessener Zeit besprechen. Hätte ich für jedes der Themen schnell eine E-Mail geschrieben, hätte das unterschiedliche Konversationen in meinem Posteingang ausgelöst, um die ich mich in dieser Woche hätte kümmern müssen. Das hätte zu zig weiteren täglichen Kontrollblicken in meine E-Mails und zu Frust geführt, weil ich meine Aufmerksamkeit wiederholt zwischen Themen hin und her lenken müsste.

Wollen Sie alle Möglichkeiten eines persönlichen Task-Boards ausschöpfen, um das Hin und Her von E-Mails wie in der Arbeitsweise des hyperaktiven Schwarmdenkens zu minimieren, ist dieser Tipp wahrscheinlich der wichtigste in diesem ganzen Kapitel. Wichtige Meetings in angemessenem Rhythmus anzusetzen, steigert die Effizienz, weil sie 90 Prozent hyperaktiver E-Mails überflüssig machen – *wenn* Sie die Themen vorab systematisch sammeln. Und das ist mit einem Task-Board recht einfach.

Tipp für ein individualisiertes Task-Board #4: Führen Sie eine »Nachhaken«-Spalte ein

Bei der Zusammenarbeit in Wissensthemen ist es häufig notwendig, einen Arbeitsschritt aufzuschieben, weil man auf eine Rückmeldung, eine Antwort auf eine Frage oder eine wichtige Information von jemandem wartet. Auf einem persönlichen Task-Board kann man diese aufgeschobenen Aufgaben in der Spalte »Nachhaken« notieren. Liegt die Aufgabe nun in dieser Rubrik, kann man auf ihr vermerken, von wem man bis wann eine Antwort braucht und was danach der nächste Schritt sein wird. Auf diese Weise behält man alle Tätigkeiten im Blick, die man vorübergehend aus der Hand gegeben hat. Darüber hinaus kann man effizienter weiterarbeiten, wenn man über die fragliche Information verfügt. Aber am wichtigsten ist der Aspekt, dass diese Aufgaben nun ihren festen Ort haben und Sie die nagende Ungewissheit los sind, ob Sie irgendetwas vergessen haben könnten.

NACH A KOMMT B: AUTOMATISCHE PROZESSE

Kehren wir zurück zu den Produktionsprozessen von Optimize Enterprises. Bei der Erstellung von täglich neuen Inhalten kommen dort weder Task-Boards noch Berichtsbesprechnungen vor wie in den anderen Praxisbeispielen. Eigentlich gibt es sogar fast keine Interaktionen oder gemeinsam getroffene Entscheidungen. Sobald Brian Johnson eine neue Idee für eine Unterrichtseinheit in das allgemein zugängliche Spreadsheet gepostet hat, bewegt sich alles dank der einzelnen Produktionsschritte wie ein Uhrwerk. In jeder Phase wissen alle Mitarbeiter genau, was von ihnen erwartet wird.

Diese Art *automatisierter* Produktionsprozesse spielt in vielen Zusammenhängen der Wissensarbeit eine wichtige Rolle, auch wenn nicht jeder Prozess für eine Automatisierung geeignet ist. Um diese Strategie anwenden zu können, müssen die Ergebnisse des betreffenden Prozesses durch Wiederholungen erreicht werden, wobei jedes Mal dieselben Schritte in derselben Reihenfolge durchlaufen und von denselben Mitarbeitern durchgeführt werden. Die Abläufe, die hingegen mit Task-Boards optimiert werden können, sind häufig unterschiedlicher und dynamischer Natur. Sie bedürfen einer engen Abstimmung und gemeinsam getroffenen Entscheidungen, um festzuhalten, was als Nächstes in Angriff genommen werden soll und wer dafür zuständig sein wird.

Nehmen wir zum Beispiel das Quartalsbudget für ein Team. Möglicherweise können Sie diesen Prozess in einzelne eindeutige Schritte aufteilen, die jedes Vierteljahr in derselben Reihenfolge durchlaufen werden müssen. Daher wäre diese Aufgabe ein guter Kandidat für eine Automatisierung. Ein Update der Unternehmenswebseite gehört auf der anderen Seite vermutlich zu den Projekten, die sich weniger gut definieren lassen und deren Umsetzung mehr Abstimmung und Diskussion braucht. Hier bietet sich die Nutzung eines Task-Boards an. Neue Kundenrezensionen auf eine Webseite hochzuladen, ist wiederum etwas, was automatisiert werden kann, denn der Vorgang ist immer der gleiche …

Haben Sie einen Prozess identifiziert, der sich möglicherweise für eine Automatisierung anbietet, helfen Ihnen die folgenden Leitlinien dabei, diese Transformation zu schaffen:

1. **Zerlegen.** Teilen Sie den Prozess in eine Reihe präzise definierter Phasen ein, die einen bestimmten Ablauf haben. Bei jeder Phase legen Sie fest, was sie beinhaltet und wer dafür verantwortlich ist.

2. **Signalisieren.** Setzen Sie ein Benachrichtigungssystem ein, das jede einzelne Phase und jedes Zwischenergebnis nachvollziehbar macht und denjenigen, die im nächsten Schritt die Arbeit übernehmen, das Startsignal gibt.

3. **Kanalisieren.** Institutionalisieren Sie definierte Kanäle, um die relevanten Ressourcen und Informationen von einer Phase in die andere zu übertragen (beispielsweise allgemein zugängliche Dateiverzeichnisse).

Der tägliche Produktionsprozess bei Optimize folgt eindeutig diesen Leitlinien. Er ist in klare Einzelschritte aufgeteilt, das allgemeine Spreadsheet zeigt den jeweiligen Status einer Unterrichtseinheit an und nutzt gemeinsame Dateiverzeichnisse, um Informationen automatisch weiterzuleiten. Jedoch müssen automatische Prozesse nicht immer softwaregestützt sein.

Über die Jahre meiner Tätigkeit als Hochschullehrer habe ich einen automatischen Prozess optimiert, mit dessen Hilfe ich die Benotung der studentischen Hausarbeiten mit meinen Tutoren abstimme. Wenn ich die Aufgaben ausarbeite, notiere ich zusätzlich detaillierte Beispiellösungen. Darüber hinaus füge ich einige Gedanken hinzu, wie diese Aufgaben benotet werden sollten, also welche Lösungen die volle oder nur einen Bruchteil der Punktzahl erhalten – oder gar keine Punkte.[10] An dem Tag, an dem ich die Hausarbeit ausgebe, schicke ich diese Informationen an meine Tutoren.

Die Studenten geben ihre Aufgaben zu Beginn der Stunde ab und ich lege sie in meinem Büro in ein eigens dafür eingerichtetes Ablagefach in dem Regal neben meiner Tür ab. Die Tutoren kommen später vorbei, um sie abzuholen. Ich muss ihnen nicht erzählen, wann sie sie abholen sollen, denn sie kennen den Kursplan und wissen daher, wann die Aufgaben zurückkommen. Sobald die Tutoren die Hausarbeiten haben, fangen sie an, sie zu korrigieren und zu benoten. Währenddessen ergänzen sie gegebenenfalls meine Bemerkungen zu den Benotungen, falls sie eine Arbeit vor sich haben, die eine Anpassung oder eine abweichende Entscheidung nötig macht.[11]

Wenn sie mit der Benotung fertig sind, tragen die Tutoren die Noten in eine ihnen zugängliche Excel-Tabelle ein, die ich zu Semesterbeginn zur Verfügung stelle. Daraufhin legen sie die Arbeiten wieder zurück in mein Bürofach. Am Rückgabetag nutze ich die Excel-Tabelle, um den Notendurchschnitt zu errechnen. Sie hänge ich dann an ein Dokument an, in dem die Beispiellösungen sowie etwaige Notizen meiner Tutoren aufgeführt sind. (Durch mehrere Versuche bin ich darauf gekommen, dass die Anzahl der Beschwerden der Studenten signifikant abnimmt, wenn ich detaillierte Beispiellösungen sowie den Notendurchschnitt öffentlich mache.) Die Lösungsblätter drucke ich vor der Stunde aus und händige sie gemeinsam mit den Hausarbeiten aus.

Dieser Prozess basiert mehr oder weniger auf den oben genannten Leitlinien. Die Phasen sind deutlich voneinander getrennt, die aktuelle Phase ist allen Betroffenen klar und wir haben vorgegebene Kanäle, durch die die relevanten Ressourcen – in diesem Fall die Aufgaben,

Benotung, Lösungen, Zensuren – dorthin fließen, wo sie gebraucht werden. Im Gegensatz zum Ablauf bei Optimize ist der Hauptteil des Prozesses jedoch physisch. Es werden tatsächlich Blätter von A nach B getragen. Dieses Detail erweist sich als weniger wichtig; solange die Phasen und Kommunikationswege klar sind, ist der Prozess effektiv.

Wie jeder sinnvolle automatisierte Prozess eliminiert mein Ansatz für die Benotung von Hausarbeiten im Prinzip jegliche ungeplante Kommunikation zwischen mir und den Tutoren. Nachdem ich die Aufgaben formuliert habe, ist meine einzige Interaktion mit dem Material, die Hausarbeiten in mein Büro zu tragen und in das richtige Ablagefach zu sortieren. Danach trage ich die benoteten Hausarbeiten samt der Beispiellösungen wieder zurück in den Kursraum. Die einzige E-Mail in diesem Arbeitsablauf ist die mit den Beispiellösungen an die Tutoren. (Allerdings ließe sich auch dieser Schritt weiter digitalisieren, indem ich den Tutoren Zugang zu einer Datei gewähre, wo sie die Lösungen abrufen können.) Ich verwende absolut keine kognitive Energie darauf, mir Gedanken um die Logistik zu machen oder Termine abzusprechen. Das mag vielleicht oberflächlich klingen – als sei ich jemand, der Arbeit vermeiden wollte –, aber die Tatsache ist, dass ich so Energie und Aufmerksamkeit beim Verwaltungs-Hick-Hack spare. Stattdessen investiere ich sie lieber in die Unterrichtsverbesserungen, optimiere meine Vorträge oder beantworte Fragen von den Studenten. Das trifft auch auf die meisten automatisierten Prozesse zu: Die Vermeidung von unnötigem Koordinationsaufwand minimiert nicht nur die Frustration, sondern setzt auch Ressourcen für die wirklich wichtigen Aufgaben frei.

In den meisten Unternehmen oder Teams gibt es Prozesse, die sich für eine Automatisierung anbieten. Jedoch sollte man diese Transformation nicht zu leicht nehmen, denn der Aufwand und die entstehenden Gemeinkosten für die Detailausarbeitung sind beträchtlich. (Mich hat es einige Jahre Tüftelei gekostet, bis ich den aktuellen Prozess für die Benotung von Hausarbeiten erarbeitet hatte.) Ein guter Ansatz, um zu entscheiden, ob dieser Aufwand sich lohnt, ist die *30-mal-Re-*

gel. Der Managementberater Rory Vaden erklärt die ursprüngliche Fassung dieser Regel folgendermaßen: »Man sollte das 30-Fache der Zeit investieren, jemandem eine Tätigkeit beizubringen, die es einen kosten würde, sie selbst einmal durchzuführen.«[12] Grob genommen können wir diese Regel auf die Entwicklung eines Automatisierungsprozesses anwenden: Produziert Ihr Unternehmen oder Ihr Team ein Ergebnis 30-mal oder häufiger im Jahr und diese Produktion lässt sich in einen automatisierten Prozess transformieren, dann ist es die Mühe voraussichtlich wert.

AUTOMATISIERUNG INDIVIDUELLER ARBEIT

Automatische Prozesse eignen sich nicht nur dazu, Arbeit von Teams zu verschlanken. Sie lassen sich auch auf regelmäßige Tätigkeiten anwenden, die Sie meist allein bewältigen. Genau wie bei den Teamprozessen ist hier das Ziel, sowohl die kognitive Energie als auch das Hin und Her der notwendigen Kommunikation zu minimieren. Nur in diesem Fall haben Sie vollständige Kontrolle über jeden einzelnen Schritt.

Als ich noch Ratgeber für Studenten schrieb, schlug ich beispielsweise vor, die Leser sollten einen individuellen automatischen Prozess für jede Form von regelmäßigen Aufgaben aufsetzen: Übungsblätter, Lektüreaufgaben, Versuchsprotokolle – alles, von dem sie schon im Voraus wussten, dass sie im Laufe des Semesters diese Aufgaben immer wieder zu erledigen hatten. Das Herzstück dieses Prozesses war Timing. Ich empfahl, bestimmte Zeitabschnitte in einen Kalender für jede der Tätigkeiten zu reservieren. Zum Beispiel: Jeden Dienstag schreiben Sie von 16 bis 18 Uhr Ihren Laborbericht für die Einführung in die Biologie. Die Statistikübungen erledigen Sie in den Freistunden am Montagnachmittag und am Dienstag zwischen 10.30 und 11.30 Uhr. Darüber hinaus gab ich Empfehlungen, wie man diese Arbeiten in der geblockten Zeit angeht, sowohl den Arbeitsort als auch die regelmäßig genutzten Methoden oder Hilfsmittel. Entscheidend war dabei, die kognitive Energie für Entscheidungen oder die Planung zu reduzieren, um sich einfach auf die Aufgabenausführung konzentrieren zu können.

Diese Ratschläge erwiesen sich häufig für die Studenten als hilfreich. Während sie zuvor durch ihre Woche mäandert waren – immer mit dem schlechten Gewissen, etwas unerledigt gelassen zu haben – und vor drohenden Abgabeterminen zu Nachtschichten gezwungen, konnten sie nun selbstbewusst ihrem automatisierten Stundenplan folgen. Sie konnten sich darauf verlassen, dass das, was sie zu erledigen hatten, auch erledigt wurde – Woche für Woche. Mehraufwand und kognitive Kosten wurden so reduziert, sodass dasselbe Arbeitspensum anscheinend plötzlich viel weniger Energie kostete.

Warum sollte dieser Ansatz nicht auch für außeruniversitäre Wissensarbeit funktionieren? Wenn Sie regelmäßig für ein bestimmtes zu erzielendes Ergebnis allein verantwortlich sind, verlieren Sie vermutlich nichts bei dem Versuch, einen stärker strukturierten Prozess zu entwickeln. Er bestimmt dann, wann und wie Sie bestimmte Aufgaben erledigen. Wie bei meinem Beispiel mit den Hinweisen für Studierende: Beginnen Sie mit dem Timing. Reservieren Sie bestimmte Zeiten in Ihrem Kalender, mit denen Sie verfahren können wie mit verbindlichen Meetings mit nur einem Teilnehmer: Ihnen. Dabei geht es um die einzelnen zu erledigenden Schritte. Nach welchen Regeln müssen diese Schritte bearbeitet werden? Wie können sie optimiert werden oder welche Tricks helfen dabei, den Aufwand für jeden einzelnen Schritt zu verringern?

Ziel dieser Übung ist es, die Kommunikation, die für Ihre Prozesse nötig ist, zu minimieren. Nehmen wir an, eine Beraterin muss für ihren Kunden wöchentliche Berichte über die entstandenen Arbeitsstunden erstellen. Nehmen wir weiter an, dazu ist sie auf ihre Kollegen angewiesen, die ihr ihre jeweiligen Stunden angeben. Darüber hinaus muss ihr Chef die Gelegenheit bekommen, sich diese Berichte anzuschauen, bevor sie an den Kunden rausgehen.

Sobald unsere Beraterin sich eine bestimmte Zeit pro Woche für diese Arbeit reserviert hat, kann sie die Kommunikation optimieren, die für die Erledigung nötig ist. Vielleicht erstellt sie eine allen zugängliche Excel-Tabelle, in die die Kollegen ihre Stunden eintragen. Zwei Tage, bevor der Bericht fertig sein muss, erinnert sie die Mitarbeiter an ihre Einträge, dafür muss sie ihnen nicht einmal eine E-Mail schicken, sondern kann eine automatische Rundmail versenden (viele Mailprogramme, wie Gmail, bieten diese Funktion an).

Da die Beraterin weiß, wann sie jede Woche an diesem Bericht arbeiten wird, kann sie eine Übereinkunft mit ihrem Chef treffen, wann er den Bericht zur Einsichtnahme vorliegen hat. Beispielsweise: »Sie haben den Bericht jeden Dienstag um 11 Uhr in unserem gemeinsamen Google-Docs-Verzeichnis. Ihre Kommentare können Sie im Laufe des Tages einpflegen. Vor 16 Uhr kontrolliere ich den Bericht noch einmal, bevor ich die offizielle Version an den Kunden vor Büroschluss hinausschicke.«

Eine wöchentliche Aufgabe kann zahlreiche dringende Mailwechsel hervorrufen, aber nun hat unsere Beraterin keine einzige zusätzliche E-Mail in ihrem Posteingang. Ebenso bedarf es viel weniger kognitiver Energie. Die Beraterin führt die in ihrem Kalender feststehenden Solo-Meetings durch und unternimmt jede Woche dieselben Schritte: keine Dringlichkeit, keine panischen E-Mails, kein nächtliches Wachliegen mit der Frage, ob sie nicht etwas Wichtiges vergessen habe.

Das ist das Ergebnis, wenn Sie automatische Prozesse in Ihre persönlichen Arbeitsabläufe integrieren. Ob Sie nun eine komplexe Automatisierung ein- oder ein paar auf Ihre Bedürfnisse angepasste Handgriffe ausführen – dank dieser Prozesse sind Sie weniger abhängig von der Arbeitsweise des hyperaktiven Schwarmdenkens. Die Belohnung dafür besteht darin, dass Sie mehr kognitive Energie zu Verfügung haben und sich einer größeren Gemütsruhe erfreuen können. Automatisieren Sie alles, was Sie sinnvollerweise automatisieren können. Und erst danach kümmern Sie sich um die übrigen Aspekte.

6

Das Protokollprinzip

DIE ERFINDUNG VON INFORMATION

Claude Shannon ist einer der wichtigsten Wissenschaftler des 20. Jahrhunderts. Dennoch kennen die wenigsten Menschen, die sich nicht gerade mit dem Thema beschäftigten, zu dessen Erfindung er beigetragen hat, seinen Namen. Vielleicht war sein größter intellektueller Wurf seine Magisterarbeit, die er 1937 am Michigan Institute of Technologie geschrieben hat. Damals war er 21 Jahre alt und legte – neben anderen Errungenschaften – die Basis für die Digitalelektronik.[1] Aber mir geht es im Weiteren um eine andere seiner berühmten Arbeiten. Sie ist nützlich für unser Bestreben, den Workflow des hyperaktiven Schwarmdenkens hinter uns zu lassen: Shannons Erfindung von Information.

Präziser ausgedrückt, war Shannon nicht der Erste, der äußerst reflektiert über Information sprach oder versuchte, sie zu quantifizieren. Aber seine Arbeit *A Mathematical Theory of Communication* von 1948 bildete den Rahmen der sogenannten *Informationstheorie.* Sie beseitigte die Mängel früherer Versuche, sich dem Thema akademisch anzunähern, und bot die Tools, die schließlich die moderne digitale

Kommunikation ermöglichten. Diesem Rahmen liegt eine einfache, aber maßgebliche Idee zugrunde: Indem wir die Regeln komplexer machen, die wir zur Strukturierung unserer Kommunikation anwenden, kann die tatsächliche Informationsmenge, die für diese Interaktionen benötigt wird, reduziert werden. In diesem Kapitel wende ich dieses Prinzip auf die Kommunikation am Arbeitsplatz an. Mein Argument lautet, dass wenn wir mehr Zeit darauf verwenden, verbesserte Regeln zur Arbeitskoordination umzusetzen (ich nenne sie *Protokolle*), können wir den Aufwand für diese Arbeit reduzieren – was dazu führt, sie wesentlich effizienter zu erledigen. Bevor ich jedoch diese Behauptung genauer darlege, müssen wir zunächst einen kurzen Exkurs zum Verständnis von Shannons revolutionärer Einsicht machen.[2]

■ ■ ■

Als er seine wegweisenden Ideen über Kommunikation in den 1940er-Jahren entwickelte, arbeitete Shannon als Wissenschaftler in den Laboren der Telefongesellschaft Bell. Basierend auf den Erkenntnissen seines Kollegen Ralph Hartley bei Bell Labs, fing Shannon an, die Vorstellung von »Bedeutung« in der Kommunikation infrage zu stellen. In seinem Rahmenkonzept ist diese Frage abstrakter: Ein Sender möchte eine von vielen möglichen Nachrichten über einen Kanal an einen Empfänger übermitteln, indem er Symbole eines festgelegten Alphabets sendet. Der Empfänger hingegen versucht zu ermitteln, welche der Nachrichten von der ursprünglichen Auswahl gemeint war. (Darüber hinaus erwog Shannon auch die Möglichkeit, dass das Rauschen auf diesem Kanal diese Symbol verändern könnte, aber das lassen wir jetzt einmal beiseite.) Um den Inhalt möglichst klar zu gestalten, reduzierte er das Symbolalphabet auf nur zwei Möglichkeiten: eine Null und eine Eins. Dies zusammengenommen reduziert Kommunikation seinem Ansatz folgend auf das folgende Spiel: Ein Sender wählt aus einer bekannten Reihe von möglichen Mitteilungen eine aus und übermittelt eine Abfolge von Nullen und Einsen über einen Kanal, der von dem Empfänger kontrolliert wird und im nächsten Schritt versucht, die Botschaft zu verstehen.

Vor Shannon hatte Ralph Hartley bereits etwas Vergleichbares wie dieses Konstrukt erkannt, das als Gedankengerüst für die Nachrichtenübermittlung diente. Doch Shannon fügte ihm noch einen Twist hinzu: In vielen Fällen ist es wahrscheinlich, dass der Sender bestimmte Nachrichten anderen vorzieht, was dazu führen könnte, dass der Sender im Durchschnitt weniger Symbole nutzen müsste.

Stellen wir uns beispielsweise vor, dass ein Sender Buchstaben des englischen Alphabets im Rahmen einer längeren Botschaft übermittelt. Lauten die ersten Buchstaben »t« und »h«, ist die Auswahl der Buchstaben, die nun folgen werden, deutlich eingeschränkt. Die Wahrscheinlichkeit etwa, dass er als Nächstes ein »x«, »q« oder »z« sendet, ist gleich null, aber die Wahrscheinlichkeit, dass es sich um ein »e« handelt, dafür recht hoch. (Wie sein bekannterer britischer Kollege Alan Turing hatte sich Shannon im Zweiten Weltkrieg mit Dechiffrierung beschäftigt. Daher war ihm die Idee sicherlich geläufig, dass einige Buchstaben häufiger verwendet würden als andere.)

Shannon war der Überzeugung, dass Sender und Empfänger im Vorfeld ein *Protokoll*[β] entwickeln, wenn sie sich darüber einigen, wie sie Symbole in Buchstaben verwandeln wollen. Die unterschiedlichen Möglichkeiten sollte dieses berücksichtigen, denn so könnten beide durchschnittlich wesentlich weniger Symbole für die Kommunikation benutzen.

Um diese Idee zu konkretisieren, stellen wir uns das folgende Szenario vor: Sie sollen eine Anzeige überwachen, die ein wichtiges Gerät kontrolliert. Diese Anzeige hat eine Drehscheibe mit 256 Werten, die von -127 bis 128 reichen. Die leitende Ingenieurin möchte alle zehn Minuten den aktuellen Wert der Anzeige wissen. Da sie aber in einem anderen Gebäude sitzt, installieren Sie einen Telegrafendraht, um diese Information mittels eines binären Codes aus Punkten und Strichen übermitteln zu können. So müssen Sie die Dame nicht immer persönlich aufsuchen, um ihr die Daten zu nennen.

Damit dieses Konzept funktioniert, müssen Sie sich mit der Ingenieurin zunächst auf ein Protokoll einigen, wie Sie die Werte des Messgeräts kodieren. Das Einfachste wäre es, die 256 möglichen Werte einzeln mit einer individuellen Abfolge von Punkten und Strichen zu kombinieren. Beispielsweise würde dann der Wert -127 folgendermaßen lauten: Punkt-Punkt-Punkt-Punkt-Punkt-Punkt-Punkt-Punkt, während der Wert 16 als Strich-Punkt-Strich-Punkt-Punkt-Strich-Strich-Punkt etc. Mit einer einfachen Rechnung ($2^8 = 265$) kommen wir auf exakt 256 unterschiedliche Sequenzen aus Punkten und Strichen. Für jeden einzelnen Wert auf der Drehscheibe existiert also ein spezifisches Muster.

Mit diesem Protokoll wären acht telegrafische Symbole für die Übermittlung eines einzelnen Werts nötig. Nehmen wir aber an, wir bemühen uns um eine geringere Anzahl Symbole, denn die Taste am Telegrafendraht ist schwergängig und Sie bekommen sonst bald eine Sehnenscheidenentzündung. An diesem Punkt sollten Sie Shannon zufolge die Wahrscheinlichkeit berücksichtigen, mit der unterschiedliche Werte auftreten. In unserem Szenario nehmen wir an, dass die Anzeige fast immer die Null angibt, weil dies der Standardeinstellung des zu messenden Geräts entspricht. Lautet der Messwert anders, zeigt dies ein Problem an, und Probleme treten relativ selten auf. Präziser: Nehmen wir an, dass Sie davon ausgehen können, dass die Anzeige zu 99 Prozent der Zeit eine Null angibt.

Gemeinsam mit der Ingenieurin einigen Sie sich auf folgendes Protokoll: Ein einzelner Punkt ist gleichbedeutend mit Null, und ein Strich bedeutet, dass der Wert nicht gleich Null ist. In diesem Fall senden Sie nach dem Strich eine achtstellige Botschaft, die die spezielle Abweichung von Null angibt. Doch denken Sie daran, dass Sie schlimmstenfalls diesem neuen Protokoll nach eine neunstellige

Nachricht schicken müssen (ein Strich, dem eine achtstellige Angabe folgt), während das ursprüngliche Protokoll nur achtstellige Nachrichten vorsieht. Doch im besten Falle bedarf es nur eines einzigen Symbols im Vergleich zu acht Symbolen bei der ersten Alternative. Wie lassen sich nun die Kosten dieser beiden Situationen vergleichen? Shannon schlägt vor, spezifische Wahrscheinlichkeiten für die Berechnung der Durchschnittskosten vorauszusetzen. Wir kalkulieren die durchschnittliche Anzahl der Symbole pro Botschaft in unserem neuen Protokoll folgendermaßen: $0{,}99 \times 1 + 0{,}01 \times 9 = 1{,}08$. Mit anderen Worten, wenn man aus der Anzahl der Symbole, die pro Angabe gesendet werden, über einen längeren Zeitraum den Mittelwert bildet, ist das Ergebnis, dass man kaum mehr als ein Symbol pro Botschaft sendet. Damit ist das neue Protokoll wesentlich effizienter als das ursprüngliche.[4]

Um diese Idee drehte sich Shannons Konzept der Informationstheorie: Intelligente Protokolle, die die Struktur der zu vermittelnden Information berücksichtigen können, bringen viel bessere Leistungen hervor als schlichte Ansätze. (Doch das war nicht die einzige Errungenschaft der Informationstheorie. Shannons Arbeit zeigte auf, wie sich die optimale Leistung einer bestimmten Informationsquelle errechnen ließ. Außerdem revolutionierte er die Ansätze von Ingenieuren, Störungen vom Rauschen zu differenzieren. Damit legte er den Grundstein sowohl für elektronische Kommunikation in Hochgeschwindigkeit als auch für die verdichtete Speicherung von Daten.[5]) Ohne diese Erkenntnisse würde das Herunterladen eines Films von iTunes einige Tage statt weniger Minuten dauern, oder die Fotos, die Sie auf Instagram posten, bräuchten Stunden, um gepostet zu werden, anstatt wie gewohnt wenige Sekunden.

Aber auch über die digitale Kommunikation hinaus finden diese Ideen Anwendung. Schon bald, nachdem Shannons zukunftsträchtiger Aufsatz 1948 die Runde gemacht hatte, erkannten Ingenieure und Wissenschaftler unterschiedlicher Gebiete, wie nützlich dieses Konzept war. In unterschiedlichen Kontexten, weit über die Welt der digitalen Daten und Computernetzwerke hinaus, wurde die Informationstheorie populär: von der Linguistik über die Erforschung des menschlichen Auges bis zum Verständnis des Lebens selbst. (Biologen waren darauf gekommen, dass die DNS einem effizienten Informationsprotokoll à la Shannon ähnelte.) Kommen wir nun zu einem weiteren Bereich, für den Shannons Konzept Erkenntnisse bereithält: der Büroorganisation.

■ ■ ■

Am Arbeitsplatz müssen verschiedene Parteien normalerweise miteinander über unterschiedliche Punkte kommunizieren – sei es, dass ein Termin für ein Meeting oder der nächste Schritt für ein gemeinsames Projekt festgelegt, Feedback gegeben oder eine Kundenanfrage beantwortet werden muss. Diese Koordinationstätigkeiten werden durch Regeln strukturiert. Häufig sind diese Regeln implizit, das heißt, dass sie Normen umfassen, die nicht schriftlich niedergelegt sind. Manchmal hingegen sind sie auch formalisiert.

Nehmen wir beispielsweise an, eine kleine Beratungsfirma erhält regelmäßig Anfragen von potenziellen Klienten. Jede muss evaluiert werden, ob es sich lohnt, sie zu verfolgen, weil dahinter möglicherweise ein neuer Auftrag steckt. Herrscht in dieser Firma der Workflow des hyperaktive Schwarmdenkens, dann besagt die implizite Regel für die Entscheidung, wie auf solche Anfragen zu reagieren sei, dass eine E-Mail-Konversation in Gang gesetzt wird. Die Entscheider im Team besprechen sich – in der Hoffnung, irgendwann zu einem Beschluss zu kommen. Eine formalere Regel würde hingegen besagen, dass es jeden Freitagmorgen eine Teambesprechung gibt, um die Anfragen, die im Laufe der Woche eingegangen sind, durchzusprechen und dann direkt an Ort und Stelle zu entscheiden, auf welche man reagieren wolle und wer das übernehmen würde. Viele Büroabläufe sind auf die ein oder andere Weise durch Regeln bestimmt, seien sie implizit oder explizit. Shannon zu Ehren nenne ich diese Regelsammlungen *Koordinierungsprotokolle.*

Shannons Konzept der Informationstheorie zufolge ist für eine bestimmte Aufgabe das Protokoll entscheidend, weil sich die Kosten danach richten. In der klassischen Informationstheorie sind die *Kosten* eines bestimmten Protokolls die durchschnittliche Anzahl der Bits, die für die Übermittlung der zu erledigenden Aufgabe nötig sind. Bezogen auf unser Beispiel mit den Messwerten auf der Anzeige ist dasjenige Protokoll besser geeignet, das durchschnittlich weniger Bits benötigt. Geht es jedoch um die Koordination von Protokollen am Arbeitsplatz, müssen wir den Begriff *Kosten* differenzieren.

Möglicherweise geht es beispielsweise bei Kosten um *kognitive Zyklen.* Sie beschreiben den Grad, in dem ein Protokoll Ihre Aufmerksamkeit fragmentiert. Präziser: Wir können den Gedanken der Forscher bei RescueTime folgen, die ich in Teil 1 beschrieben habe und die den Arbeitstag in Fünf-Minuten-Abschnitte gliedern. Um die Kosten des kognitiven Zyklus eines bestimmten Koordinationsprotokolls zu erheben, zählen wir die Abschnittsanzahl, in der jeweils zumindest ein wenig Mühe auf die Aufgabekoordination verwendet wurde. Bleiben wir bei unserem Beispiel der Unternehmensberatung: Das Protokoll der hyperaktiven Schwarmintelligenz für die Einschätzung potenzieller Kunden beinhaltet wahrscheinlich Dutzende von E-Mails, wobei jede einzelne einige Fünf-Minuten-Abschnitte in Anspruch nimmt, wodurch die Gesamtkosten für den kognitiven Zyklus in die Höhe schnellen. Im Gegensatz dazu ist bei dem Besprechungsprotokoll nur eine Sitzung in der Woche nötig. Vorausgesetzt, dass diese Meetings knapp 30 Minuten dauern, dann benötigt dieses Protokoll wöchentlich nur etwa sechs der Fünf-Minuten-Abschnitte. Insofern ist dieser Ansatz wesentlich kostengünstiger.

Unannehmlichkeiten sind bei der Aufgabenkoordination ein anderer relevanter Kostenpunkt. Sorgt ein Protokoll dafür, dass jemand lange auf eine wichtige Information warten muss, sich entweder der Sender oder Empfänger besonders anstrengen muss oder dass Gelegenheiten ungenutzt verstreichen, dann entstehen Unannehmlichkeiten. Dem Experiment zuliebe nehmen wir an, dass sich der Grad einer Unannehmlichkeit in Zahlen ausdrücken lässt (echte Zahlen spielen hier keine Rolle). Bei der Unternehmensberatung schneidet diesbezüglich das Protokoll des Schwarmdenkens besser ab, weil bei die Wartezeit bei wöchentlichen Besprechungen recht lang ist, bevor eine Kundenanfrage beantwortet werden kann. Schlimmstenfalls führt dies dazu, dass die Firma den Auftrag nicht bekommt.

Shannon macht uns darauf aufmerksam, dass wir uns diese Kosten genau anschauen und bereit sein müssen, im Sinne einer Optimierung an unseren Protokollen herumzubasteln. Bei unserem Beispiel verbieten sich die hohen Kosten der kognitiven Zyklen des Schwarmdenkens bei der Beantwortung von Kundenanfragen anscheinend, selbst wenn die Unannehmlichkeiten geringer sind. Stattdessen entscheiden wir uns für das Protokoll mit den Wochenbesprechungen, das sich durch geringe Kosten des kognitiven Zyklus auszeichnet, und versuchen, die Unannehmlichkeiten zu minimieren. Möglicherweise führen wir folgendes Standardverfahren ein: Sobald eine neue Anfrage eintrifft, schickt derjenige, der mit der Beantwortung von E-Mails betraut ist, dem potenziellen Kunden umgehend eine Nachricht. Darin dankt er ihm für das Interesse und kündigt eine Antwort binnen einer Woche an. Damit senkt er die Wahrscheinlichkeit, dass der Kunde von der Verzögerung genervt ist. Natürlich ist es immer noch möglich, dass der Anfragende aufgrund dieser Antwort von einem Auftrag absieht, aber aufgrund der umgehenden Reaktion der Firma und ihrem Erwartungsmanagement wird dieses Worst-Case-Szenario eher selten eintreten. Dieser Ansatz erhöht die Kosten des kognitiven Zyklus geringfügig, weil nun ein Mitarbeiter zügig auf jede neue Anfrage reagieren muss. Aber im Vergleich zu dem Aufwand, den das Protokoll des Schwarmdenkens macht, weil für jeden neuen potenziellen Kunden eine Welle von E-Mails intern herumgeschickt wird, sind die Kosten gering. Im Durchschnitt ist dieses Hybridprotokoll wohl weniger kostenintensiv als die beiden anderen Alternativen und vermutlich die richtige Wahl für das Beratungsunternehmen.

Im Bereich der Geistesdienstleistungen verbeißen wir uns instinktiv gern in Faktoren wie Worst-Case-Szenarien. *Wie können wir negative Konsequenzen vermeiden?* Oder wir entscheiden uns für bequeme, also einfache (aber kostenintensive) Protokolle anstatt für heikle (aber optimierte) Alternativen. Folgen wir der Informationstheorie, sollten wir unserem Instinkt nicht vertrauen. Wir sollten uns die Zeit für die Entwicklung eines Protokolls nehmen, das die geringsten Durchschnittskosten verursacht, selbst wenn dies im Moment nicht wie die naheliegendste Alternative wirkt, so kann doch dadurch auf lange Sicht die Leistungssteigerung beträchtlich sein.

■ ■ ■

Nun können wir die verschiedenen Puzzleteile zu einem zentralen Prinzip zusammensetzen, mit dem wir uns in diesem Kapitel beschäftigen werden. Ein wichtiges Element eines Workflows ist das Medium, mit alle ihre Arbeit koordinieren, was wieder der Kommunikation bedarf, und dafür müssen – ob Sie auf diese Terminologie zurückgreifen oder nicht – sich die Beteiligten wiederum vorab auf eine Reihe von Regeln einigen, wie und wann die Kommunikation stattfindet: auf ein Koordinationsprotokoll.

Die Mehrheit der Unternehmen greift für die meisten zu koordinierenden Aktivitäten standardmäßig auf ein Protokoll zurück, das auf dem hyperaktiven Schwarmdenken basiert. Es ist leicht zu implementieren und überzeugt die Mitarbeiter schnell. Es ist flexibel, daher ermöglicht es den Unternehmen häufig, Worst-Case-Szenarien zu umschiffen. Jedoch lernen wir von Shannon, dass sich häufig die langfristigen Kosten dramatisch reduzieren lassen, wenn man zuvor Arbeit investiert, um sinnvollere Protokolle für diese Aufgaben zu entwickeln. Die Zeit und Energie, die Sie vorab in diese Optimierung stecken, werden sich aufgrund der geringeren Aufwendungen bei der Anwendung des Protokolls um ein Vielfaches amortisieren. In aller Deutlichkeit:

Das Protokollprinzip

Im Moment mag es lästig erscheinen, am Arbeitsplatz Regeln aufzustellen, die den Zeitpunkt und die Weise bestimmen, wie Aufgaben koordiniert werden. Doch langfristig können diese die Produktivität des Arbeitsablaufs signifikant steigern.

Im weiteren Verlauf dieses Kapitels werden wir anhand von Fallbeispielen die Anwendung des Protokollprinzips in der Praxis kennenlernen. Sie werden vom Nutzen offizieller Bürozeiten erfahren und wie reglementierte Zeiten, in denen die Kunden Zugriff auf Sie haben, Sie zufriedener machen. Darüber hinaus erfahren Sie, was passiert, wenn eine Gruppe Wissenschaftler tägliche Status-Meetings, wie sie bei Programmierern üblich sind, einberuft, oder warum Sie niemals versuchen sollten, einen Termin über E-Mail auszumachen. All diese Protokolle sind komplexer, als nach Lust und Laune Ihren E-Mail-Eingang zu bearbeiten oder via Slack Teamarbeit zu organisieren. Bei einigen Protokollen ist nicht ganz ausgeschlossen, dass hin und wieder etwas schiefläuft. Aber unter Berücksichtigung von Shannons grundlegenden Einsichten setzen sie die Idee um, dass ein bisschen mehr Komplexität der Schlüssel zu viel mehr Leistung sein kann.

PROTOKOLLE ZUR TERMINABSPRACHE

Im Jahr 2016 war ich Podiumsteilnehmer auf einer Veranstaltung. Mit mir nahm Dennis Mortensen, ein New Yorker Entrepreneur in der Technologiebranche, an der Diskussion teil. Wie ich hinterher im Gespräch von ihm erfuhr, war er der CEO eines Start-ups, das gerade die erste Entwicklungsphase eines Produkts abgeschlossen hatte und nun die Beta-Version testete. Das Firma hieß x.ai und bot eine Software an, die mittels hoch innovativer künstlicher Intelligenz eine profane Aufgabe lösen sollte: Besprechungen zu planen.

In einer der ursprünglichen Versionen nutzte x.ai einen digitalen Agenten namens Amy. Wenn Sie einen Termin für ein Meeting brauchten, den Sie mit den oder der anderen Person(en) via E-Mail abklärten, setzten Sie »Amy« mit einer speziellen E-Mail-Adresse in cc und baten den Agenten um Unterstützung, die Sitzung einzuberufen. Das lautete in etwa so: »Amy, kannst du mit Robert für nächsten Mittwoch einen Termin vereinbaren?« Danach – und hier geschieht das Wunder – setzte sich Amy mit Robert per E-Mail in Verbindung, um mit ihm einen Termin am Mittwoch zu finden, der sowohl in seinen als auch in Ihren Kalender passt. Schließlich fügte Amy diesen Termin automatisch in Ihren Wochenkalender ein. Was sich wie eine kleine Optimierung für den Büroalltag anhört, zog große Investoren an. Als ich Mortensen 2016 kennenlernte, hatte x.ai bereits mehr als 26 Millionen US-Dollar Investitionskapital in die Entwicklung von Amys Sprach-Interface ausgegeben. Im Jahr 2018 waren es insgesamt 40 Millionen US-Dollar an Kapital.[6]

Es gibt einen Grund, warum Unternehmen wie x.ai, die mit automatisierter Terminplanung arbeiten, bei Investoren so viel Aufmerksamkeit erregen: Selbst eingefleischte Vertreter des hyperaktiven Schwarmdenkens können nicht darüber hinwegsehen, dass so, wie die meisten Wissensarbeiter diese alltägliche Aufgabe bis heute erledigen, unglaublich viel Zeit verschwendet wird. Das Standardvorgehen der Terminplanung nenne ich *Energie-fressendes E-Mail-Ping-Pong.* Irgendwann wird im Verlauf einer E-Mail-Konversation klar, dass man einen Termin zur Detailabklärung braucht. Weil das sowohl nervig als auch nicht dringend ist, spielen daraufhin alle ein Spiel, dessen stille Regel besagt, dass derjenige gewinnt, der die Verantwortung am schnellsten los wird. Das sieht dann so aus:

»Lass uns einfach treffen. Gib mir Bescheid, wann es bei dir passt.«

»Sollen wir es nächste Woche versuchen?«

»Klingt gut. Dienstag und Donnerstag sind bei mir immer gut.«

»Dann hab ich meist Land unter. Freitag?«

»Okay, wann?«

»Vormittags?«

»Ich könnte 11 Uhr schaffen, wenn dir das nicht zu spät ist?«

»Gegen 11 Uhr muss ich zu einem Außentermin. Wie sieht es bei dir in der Woche darauf aus?«

Und so weiter und so fort ...

Die kognitiven Kosten dieses Vorgehens sind immens, weil das Lesen und Schreiben jeder dieser E-Mails Zeit kostet, die Sie in Ihrem Posteingang verbringen. Noch schlimmer macht es die Tatsache, dass Sie nach Start dieser Konversation ständig in Ihren Posteingang schauen müssen, während Sie auf die nächste Antwort Ihres Gegenübers warten. Denn es wäre unhöflich, dieses quasi synchrone Hin und Her mehrere Stunden lang zu unterbrechen.

Das Ganze wäre schlimm genug, wenn Sie nur eine einzige Terminabsprache gleichzeitig treffen müssten, aber in der Praxis sehen sich die meisten Wissensarbeiter mehreren Termin-Absprache-Gegnern an der Tischtennisplatte gegenüber.

»Stop the Meeting Madness« lautete 2017 die Überschrift eines Artikels in der *Harvard Business Review*, demzufolge die durchschnittliche Führungskraft mittlerweile dreiundzwanzig Wochenstunden in Meetings verbringt.[7] Der Umfang der Absprachen, um all diese Besprechungen zu terminieren, ist zum wichtigen Grund geworden, ständig hektisch den Posteingang nach entsprechenden E-Mails zu durchsuchen, was dementsprechend hohe kognitive Kosten produziert. Wenn man kontinuierlich einen Blick in den Posteingang werfen muss, um die verschiedenen Terminabsprachen voranzutreiben, sinkt die Fähigkeit zu qualitativ hochwertiger kognitiver Leistung signifikant. Aus diesem Grund sind Investoren willens, 40 Millionen US-Dollars zu investieren – in der Hoffnung, dass künstliche Intelligenz diese Kosten drastisch senken könnte. Verglichen mit dem Ausmaß an damit freigesetzter Produktivität ist dieser Preis niedrig. Vorausgesetzt, die Wissensbranche würde das Energie-fressende E-Mail-Ping-Pong ein für alle Mal hinter sich lassen.

■ ■ ■

Auf der Suche nach besseren Vorgehensweisen bei der Terminplanung gibt es verschiedene Lösungen, deren Kosten wesentlich geringer sind als die eines spontanen Mailings. Die erste, und extremste Möglichkeit, ist, jemanden einzustellen, der oder die Zugang zu Ihrem Kalender hat und für Sie Besprechungen ansetzt. Es gab einmal eine Zeit, da war diese kostspielige Alternative nur den obersten Führungskräften vorbehalten, aber die ist mittlerweile vorbei. Sie müssen nicht mehr die Vollzeitstelle eines fleißigen Angestellten bezahlen, denn freiberufliche Servicekräfte bieten diese Dienstleistung online an. Sie arbeiten ortsunabhängig täglich zeitlich begrenzt an spezifischen Aufgaben wie die Terminierung von Meetings. Als ich zum ersten Mal eine virtuelle Teilzeitassistentin beauftragte, war ich überrascht, dass sie meine Terminkoordination binnen zwei oder drei Wochenstunden erledigte. Die wahren Kosten bei der Terminabsprache basieren auf den ständigen Unterbrechungen, in denen Sie Ihren Posteingang prüfen, um die Abstimmung am Laufen zu halten. Doch all diese kostspieligen Unterbrechungen erreichen kaum die Rechnungssumme, die Sie am Monatsende von Ihrem virtuellen Assistenten bekommen.[8]

Obgleich der Stundensatz für diese Dienstleistung abhängig ist von der Erfahrung des betreffenden Assistenten, sollten die monatlichen Kosten angesichts des tatsächlichen Zeitaufwandes für die Planung Ihrer Meetings (würden Sie in Amerika sitzen) durchschnittlich ca. 160 US-Doller betragen. Das ist natürlich nicht *nichts*. Meiner Erfahrung nach sind diejenigen Wissensarbeiter, die willens sind, diese Summe auszugeben, Gründer, denn sie sind es gewohnt, Geld in sich und ihr Geschäft zu investieren, um es voranzutreiben. Für Angestellte, etwa in großen Unternehmen, ist die Idee ungewöhnlich, das selbst verdiente Geld jemand anderem in die Hand zu drücken, um selbst produktiver sein zu können. In dieser Hinsicht werden Ihre Kollegen es zumindest mit Argwohn, wenn nicht sogar mit Animositäten, betrachten, dass jemand Externes mit ihnen die Termine ausmacht. Aus diesem Grund leiste ich mir eine Assistenz weniger in meiner Position als Hochschuldozent, sondern für meine freiberufliche Autorentätigkeit, um dem Ansturm an Lesungs- und Interviewanfragen Herr zu werden.

Um mit einer externen Kraft erfolgreich Termine festlegen zu können, bedarf es zwei Sachen: eine Übersicht über Ihre freien Termine sowie die Möglichkeit, neue Termine in Ihren Kalender einzutragen. Verschiedene Online-Tools ermöglichen dies. Ich persönlich nutze eine Online-Terminverwaltung namens Acuity, die auch auf Deutsch verfügbar ist. Zu Beginn der Phase, in der ich jemanden für meine Unterstützung beauftrage – meist am Semesteranfang – trage ich alle Termine in das System ein, an denen ich in den folgenden Monaten zur Verfügung stehe. Damit hat mein Assistent die Möglichkeit, in Acuity neue Termine zu ergänzen. Das Tool synchronisiert diese Eintragungen mit meinem Google-Kalender, blockiert mein Assistent also einen Termin in Acuity, erscheint dieser automatisch in meinem Kalender. Ebenso wichtig ist es, dass Acuity automatisch die Zeit als beschäftigt anzeigt und blockiert, wenn ich einen Eintrag in meinem Google-Kalender vornehme.

Natürlich stellt sich hier die Frage, warum ich nicht selbst meine Termine in Acuity verwalte: Wenn jemand einen Termin mit mir vereinbaren will, könnte ich die Person nicht direkt an meinen Assistenten verweisen, sondern auffordern, in Acuity quasi eine Buchung vorzunehmen. Ich gehe nicht diesen einfacheren und günstigeren Weg, weil ich es mit sehr unterschiedlichen Besprechungen zu tun habe, die verschiedene Ansprüche an die Planung stellen. Geht es beispielsweise um ein Gespräch, das ich in meinem Büro in Georgetown führen kann, ist es mir wichtig, dass es nur dann stattfindet, wenn ich mich sowieso an der Universität aufhalte. Werde ich gebeten, ein Podcast-Interview zu führen, ist es genau das Gegenteil: Das mache ich lieber von zu Hause aus, denn dort bin ich ungestört und habe ein kleines Studio zur Verfügung. Einige Termine sind dringlich, dann ist es wichtig, zeitnah eine Lücke im Kalender zu finden; andere sind es nicht, dann ziehe ich es vor, dieses Meeting in einer ruhigeren Zeit in den kommenden Wochen durchzuführen. Auf alle Terminanfragen damit zu reagieren, *alle* möglichen freien Zeitfenster anzugeben, funktioniert für mich also nicht, stattdessen bitte ich meinen Assistenten, diese verschiedenen Unwägbarkeiten zu berücksichtigen.

Für die meisten Aufgaben in einem Wissensberuf sind diese Differenzierungen allerdings irrelevant. Im Normalfall besteht die Arbeitswoche aus Phasen, die Sie für konzentriertes Arbeiten blocken, und anderen, in denen Sie für Meetings und Besprechungen zur Verfügung stehen. In diesem Fall brauchen Sie vermutlich keine Unterstützung in Form eines Assistenten aus Fleisch und Blut. Tools wie Acuity, ScheduleOnce, Calendly und natürlich x.ai erleichtern es Interessenten, Terminanfragen mit Ihren freien Zeiten zu koordinieren. Bittet Sie jemand um einen Termin, schicken Sie ihm einfach einen Link zu dem entsprechenden Tool und schon kann er sich den freien Termin aussuchen, der ihm am besten passt. Die Zeiten, in denen man in endlosem E-Mail-Ping-Pong seine Energie verschwendete, sind vorbei – mit einer Nachricht und einem Klick auf einer Termin-Webseite ist das Problem gelöst.

SPRECHZEITENPROTOKOLLE

»Ein bescheidener Vorschlag: Schaffen Sie alle E-Mails ab« lautete die bewusst provokante Überschrift meines Artikels, der Anfang 2016 in der *Harvard Business Review* erschien. Nachdem ich einige Artikel über diese Technologie und die ihr inhärenten Qualen in meinem Blog veröffentlicht hatte, war dies jedoch mein erster Essay, der sich an die breitere Öffentlichkeit wendete. Diese Ideen flossen auch in das Buch ein, das Sie gerade in den Händen halten. In der ersten Hälfte des Artikels betrachtete ich die Probleme, die durch die Arbeitsabläufe hyperaktiven Schwarmdenkens entstehen, und kam zu meiner wichtigen Schlussfolgerung: »Die Unternehmen, die sich trauen, die unstrukturierte Arbeitsweise auf ihren Platz zu verweisen und sie mit einer ganz neuen Herangehensweise zu ersetzen, die explizit darauf abzielt, sowohl den Produktionswert als auch die Zufriedenheit der Mitarbeiter zu maximieren, werden einen riesigen Vorsprung haben.«[9]

In meinem Erstentwurf beließ ich es dabei, doch der zuständige Redakteur war anderer Meinung. Zu recht wies er mich darauf hin, dass die Idee der E-Mailverbannung so neu war, dass man zumindest einige Vorschläge machen musste, wie ein Unternehmen ohne sie funktionieren könne. Darauf hatte ich keine Antwort parat, denn zu diesem Zeitpunkt hatte ich die Einzelheiten meiner Theorie der Aufmerksamkeitsökonomie noch nicht gänzlich differenziert. Auf der Suche nach einem Beispiel kam ich auf einen Umstand, der in meiner akademischen Welt weit verbreitet war: Bürozeiten. Wie ich dann weiter ausführte:

> Das Konzept ist einfach. Mitarbeiter haben keine personalisierten E-Mail-Adressen mehr. Stattdessen geben alle bekannt, wann sie im Tagesablauf für Anfragen zur Verfügung stehen – persönlich, telefonisch oder via Messenger-Tools wie Slack. Während dieser *Sprechzeiten* sind die Betreffenden garantiert zu erreichen, außerhalb dieser Zeiten verfügen sie selbst darüber, wohin sie ihre Aufmerksamkeit lenken. Wenn man sie dann braucht, muss das Anliegen bis zur nächsten Sprechzeit warten.

Zu meiner großen Enttäuschung führte dieser Artikel aus dem Jahr 2016 nicht umgehend zu einer Revolution hin zur Ächtung von E-Mails. Eine Leserzuschrift wies zu Recht darauf hin, dass Büro- oder Sprechzeiten keine Lösung für Unternehmen waren, deren Mitarbeiter in verschiedenen Zeitzonen tätig seien. Jemand schrieb auch, dass man lieber mehr E-Mails bearbeiten, als in noch mehr Meetings sitzen würde. »Jetzt zu versuchen, die E-Mails zu verbieten, ist wohl zu spät, das Kind ist schon in den Brunnen gefallen«, stellte ein anderer Leser fest. »Das wird nie funktionieren«, lautete ein weiterer Kommentar. Im Laufe meiner Forschung zum Thema E-Mail widmete ich mich anderen Schwerpunkten und das Konzept der Sprechzeiten geriet in den Hintergrund. Wie ich aber später begriff, hätte ich vielleicht diese Lösung nicht so voreilig verwerfen sollen.

■ ■ ■

Schauen wir nun in das Jahr 2018, in dem Jason Fried und David Heinemeier Hansson, die unorthodoxen Gründer der Softwarefirma Basecamp, das Buch *Schluss mit dem Wahnsinn im Büro* veröffentlichten.[10] Hier beschreiben die Autoren die Möglichkeiten, eine effektive Arbeitskultur zu etablieren, die sie »die ruhige Firma« nennen. Unter anderem geht es um eine uns bekannte Strategie: die Büro- oder Sprechzeiten. Wie Fried und Hansson anmerken, arbeiten viele Fachexperten in ihrem Unternehmen: »Menschen, die Fragen zu Statistiken beantworten können, die mit JavaScript umgehen können, Umkehrpunkte in Datenbanken erkennen.« Entsprechend »pingen« die Kollegen einander an, wenn sie eine Frage zu einem dieser Themen haben. Doch Fried und Hansson haben diesbezüglich gemischte Gefühle: »[Es] ist wunderbar. Und schrecklich.«[11]

Der positive Aspekt ist, dass die Experten ihren Kollegen dabei helfen, mit ihren jeweiligen Aufgaben fortfahren zu können oder effektivere Lösungen für anstehende Probleme zu finden; der negative besteht darin, dass diese Experten auf der anderen Seite in die Dynamik des hyperaktiven Schwarmdenkens hineingezogen werden. Im Laufe des Tages beschäftigen sie sich immer mehr – wenn auch nur kurz – mit diesen spontanen Anfragen. Zu meiner Freude führte Basecamp also Sprechzeiten ein. Jede Woche definieren diese Experten nun bestimmte Zeiten, in denen sie für Fragen zur Verfügung stehen. Bei einigen handelt es sich vielleicht nur um eine Stunde pro Woche, bei anderen eine Stunde pro Tag. Die beiden Geschäftsführer vertrauen darauf, dass ihre Fachleute selbst einschätzen können, wie viel Zeit sie für Anfragen aufbringen müssen. Und nur in diesen zuvor festgelegten Bürozeiten werden sie beantwortet.

»Aber was ist, wenn sich die Frage am Montag stellt, der Kollege aber erst am Donnerstag ansprechbar ist?« Auf diese Frage reagieren Fried und Hansson mit der folgenden unverblümten Antwort: »Sie warten einfach.« Sie fügen hinzu, dass diese Einschränkungen zunächst arg bürokratisch gewirkt hätten, schließlich aber in der Firma zu einem »Hit« wurden. »Wie sich herausstellte, ist das Warten die meiste Zeit kein Thema«, führen sie aus, »dafür sind die wiedergewonnene Zeit und Kontrolle ein Riesenthema für unsere Experten.«[12]

Weitere Erkundungen zeigen, dass Basecamp nicht das einzige Wirtschaftsunternehmen ist, das eingeschränkte Sprechzeiten eingeführt hat. Scott Krisner ist Kolumnist bei *The Boston Globe* und beschäftigt sich mit Innovationswirtschaft. Ihm zufolge sind feste Sprechzeiten schon seit Langem bei Risikokapitalgebern beliebt. In seiner Kolumne »I'm Joining the Open Office Hours Movement« erklärt er, dass viele Investorengruppen in Boston und Umland, wie Flybridge, Spark Capital sowie Polaris Partners, dazu übergegangen sind, in der Woche feste Sprechzeiten einzurichten. In diesen Stunden kann jeder, der sich für Technologie-Start-ups interessiert, unverbindlich hereinschauen, um Rat bitten, Ideen pitchen oder einfach sein Netzwerk erweitern.[13]

»Es ist so einfach, sich ins Büro zu setzen und den ganzen Tag mit E-Mails zu verbringen«, warnt Mike Jackson. Ihn interviewte ich für mein 2012 erschienenes Buch *Die Traumjoblüge. Warum Leidenschaft die Karriere killt.*[14] Dem Risikokapitalgeber aus dem Silicon Valley zufolge hängt in dieser Branche der Erfolg davon ab, ob man für andere und deren Ideen offen ist. Aber wenn diese Inspirationen durch E-Mails hereinflattern, gerät man unversehens in einen gefährlichen Strudel. Festgelegte Sprechzeiten seien eine gute Möglichkeit für Investoren, die widersprüchlichen Interessen im Gleichgewicht zu halten.

Claude Shannons Konzept erklärt, warum diese Beispiele so erfolgreich sind. Die meisten Koordinierungsaufgaben lassen sich leicht in zuvor festgelegten Sprechzeiten erledigen. Das reduziert die Kosten deutlich, die für den kognitiven Kreislauf anfallen, verglichen mit denen, die bei dem ständigen Hin und Her von spontanen E-Mails entstehen. Allerdings können dabei Unannehmlichkeitskosten entstehen. Ein Sprechzeitenprotokoll bietet sich daher für die Anfragen an, die einige Tage warten können bzw. von einem Aufschub nicht beeinträchtigt werden. Aus diesem Grund befürworten Basecamps Experten und die Bostoner Risikokapitalgeber solche Sprechzeiten: Sie reduzieren die kognitive Energie, die für ablenkende Nachrichten verbraucht wird, während die Verzögerungen den täglichen Arbeitsablauf nicht wesentlich beeinträchtigten. Deswegen fuhr mein Vorschlag von 2016, *alle* Kommunikation auf Sprechzeiten zu reduzieren, gegen die Wand: Viele der Anliegen, die Koordinierung nötig machen und die zurzeit mittels E-Mails erledigt werden, sind zeitsensibel und *würden* die Kosten in die Höhe treiben. Die Schlussfolgerung lautet daher also, dass ein Sprechzeitenprotokoll die Kosten deutlich immer dann verringern kann, wenn Sie es mit einer Koordinierungsaufgabe zu tun haben, die sowohl häufig auftritt als auch nicht dringlich ist.

KUNDENPROTOKOLLE

In den späten 1990er-Jahren nahm ich als Teenager die aufregende Zeit des ersten Dot.com-Booms mit. Zusammen mit meinem Kumpel Michael Simmons gründete ich eine Technologiefirma. Wir lebten in der Nähe von Princeton, New Jersey, was ich für eine repräsentative Adresse hielt, daher nannten wir unsere Firma Princeton Web Solutions.[15] Wir beschäftigten uns mit Webdesign und begannen, für kleine lokale Unternehmen Internetauftritte manuell zu programmieren. Irgendwann knüpfte Michael Kontakte zu einer Truppe selbstständiger Programmierer in Indien. Schnell stellten wir zwei Sachen fest: Erstens war dieses Team viel besser im Programmieren als wir, und zweitens waren ihre Tarife verglichen mit denen in den USA zu jener Zeit auch viel besser. Wir vereinbarten mit ihnen einen Deal, dass wir die Kunden akquirieren und die Projekte managen würden, während sich das indische Team um das Grafikdesign und die HTML-Programmierung kümmerte. Wenn ich mich recht erinnere, lagen die ersten Verträge bei um die 1.000 US-Dollar. Mit dem neuen Team an Bord konnten wir nun Verträge von einem Volumen von ca. 15.000 bis 40.000 US-Dollar abschließen. Allerdings bestand dabei das Problem, dass wir ja noch Teenager waren und zur Schule gehen mussten – und es gab in den 1990er-Jahren noch keine Handys. Das bedeutete, dass wir großen Kunden verpflichtet waren, die praktisch keine Möglichkeit hatten, mit uns in Kontakt zu treten.

Unsere Lösung für dieses Problem war die Programmierung eines ausgeklügelten Kundenportals. Jeder Kunde bekam seinen individuellen Zugang mit Usernamen und Passwort. Sobald man sich einloggte, gab das Portal detaillierten Einblick in das Projekt. Beispieldesigns und Vorabversionen der Webseiten wurden ebenso präsentiert wie ein Kalender mit den nächsten Meilensteinen. Ein »Arbeitsprotokoll« gab täglich Auskunft über die erledigten Aufgaben. Der Großteil des eigentlichen Austausches lief in kurzen Meetings ab, die im Einzelnen an unseren Projektverlauf geknüpft waren. Nach jeder dieser Besprechungen wurde eine Gesprächsnotiz darüber angefertigt, was besprochen und beschlossen worden war. Wir baten die Kunden, diese Memos abzuzeichnen, um sicherzugehen, dass sie den dokumentierten Entscheidungen zustimmten. (Wie wir feststellten, minimierte dieses Vorgehen die Wahrscheinlichkeit, dass der Kunde im Verlauf des Projektes seine Meinung änderte.) Scans der unterzeichneten Protokolle konnte man sich von dem Portal herunterladen.

Unseren Kunden haben wir nie erklärt, dass wir dieses Portal eingerichtet hatten, weil wir von morgens bis nachmittags in der Schule saßen – aber vielleicht waren sie auch von selbst darauf gekommen. Wir haben einfach dafür gesorgt, dass diese Tatsache nie eine Rolle spielte. Heutzutage beklagen sich Programmierer darüber, dass sie so viel Zeit damit verbringen, E-Mails zu lesen und zu beantworten. Zu jener Zeit haben wir mehr oder weniger dieselbe Arbeit geleistet ohne praktisch eine einzige E-Mail zu beantworten. Natürlich waren wir damals nicht die Einzigen, die sich schworen, ihre Kundenkontakte zu optimieren. In Kapitel 1 stellte ich Sean vor, der die Arbeitsabläufe in seinem kleinen Technologie-Start-up verbessern wollte. Bei ihm war es vor allem die unüberschaubare Masse an Kundenmails, die ihn ins Straucheln brachte. Alles geriet dort außer Kontrolle, als ein besonders anstrengender Kunde Zugang zu Seans internem Slack-Programm haben wollte. Jede Nachricht in Slack sorgte dafür, dass noch weitere stressige E-Mails mit Anforderungen des Kunden hereintrudelten, sodass das Piepen des Nachrichteneingangs gar nicht mehr aufhörte. Daher war es nicht überraschend, als Sean beschloss, das hyperaktive Schwarmdenken seiner Firma durch ein besser funktionierendes System zu ersetzen und dass der Kundenkontakt dabei ganz oben auf der Liste stand.

Bei jeder Leistungsbeschreibung gab es nun einen neuen Absatz zum Thema »Kommunikation«: »Wir wollen, dass der Kunde über all das informiert ist, bevor wir mit einem Projekt anfangen«, berichtete Sean. In dem zusätzlichen Abschnitt waren die Kommunikationsregeln zwischen Kunde und Unternehmen aufgeführt, besonders, so betonte Sean, was bei dringlichen Themen zu tun sei. Im Normalfall wurde eine wöchentliche Telefonkonferenz mit dem Kunden einberufen, von der er nachfolgend eine schriftliche Zusammenfassung erhielt. Seans Geschäftspartner, der sich um die Kunden kümmerte, stand dieser Veränderung skeptisch gegenüber. »Er hatte Befürchtungen, dass die Kunden damit nicht zufrieden wären, weil wir doch ein Unternehmen waren, das mit User Experience sein Geld verdient. Also musste unsere User Experience spitze sein«, erklärte Sean. »Aber sie *sind* viel zufriedener. Alles eine Frage des Erwartungsmanagements.«

■ ■ ■

Obwohl wir die Punkte anders genannt hätten, nutzten sowohl Sean als auch meine Firma zu meiner Highschool-Zeit verbesserte Kundenprotokolle, um die Interaktion zwischen den Unternehmen und den Kunden zu organisieren. Damit senkten wir die Durchschnittskosten dieser Koordination deutlich. Als ich weitere Beispiele dieser an Kunden ausgerichteten Protokolle analysierte, fand ich einige Hinweise darauf, wie dieses Ziel erfolgreich erreicht werden konnte.

Um die Kosten zu senken, berücksichtigen Sie erstens die Kosten, die für den Kunden entstehen, zusätzlich zu Ihren eigenen. Die Minderung der Kosten durch den kognitiven Zyklus oder durch die Unannehmlichkeiten, die auch für den Kunden anfallen, ist ein wichtiger Faktor. Er sorgt dafür, dass das Kundenprotokoll funktioniert. Sonst denkt der Kunde, Sie wollen ihn zu diesem Verhalten zwingen, weil er nicht weiß, wie er Sie anders erreichen oder sicherstellen kann, dass das Projekt vorangeht. Mit Princeton Web Solutions habe ich die Erfahrung gemacht, dass die Struktur unseres Portals bei den Kunden nicht für Frustration sorgte, sondern ihnen im Gegenteil Sorgen abnahm. Denn sie mussen keine kognitive Energie über unsere Vereinbarung verschwenden. Wenn Sie im Gegensatz dazu eine Kommunikationsstruktur etablieren, die Ihnen Arbeit erspart, den Kunden aber mehr kostet, dann ist Ihr Produkt wesentlich schwerer zu verkaufen – aus gutem Grund. Ein extremes Beispiel hierfür wäre, den Kunden jedes Mal, wenn er etwas braucht, dazu zu bringen, Ihnen ein ausführliches Formblatt auszufüllen und zu faxen.

Zweitens ist das Bedürfnis nach Klarheit ein wichtiger Aspekt. In Seans Leistungsbeschreibung fand sich eine detaillierte Darstellung des Kundenprotokolls, die der Kunde unterschreiben musste. Das war clever. Wenn Seans Firma stattdessen nur mündlich den Wunsch nach einer wöchentlichen Telefonkonferenz geäußert hätte, wären die Kunden wahrscheinlich recht schnell beim ersten kleinen Problem zurück in das hyperaktive Schwarmdenken verfallen. Wird das Vorgehen allerdings in Juristendeutsch im Auftrag dokumentiert, tendiert der

Kunde viel eher dazu, sich mit den kleinen Problemen erst einmal zu arrangieren und mit der Zeit zu erkennen, wie sehr die durchschnittlichen Kosten von einem restriktiveren Kommunikationssystem gesenkt werden.

Drittens wird es immer Kunden geben, für die diese Protokolle nicht funktionieren, egal, wie sehr Sie sich anstrengen. Darüber sprach ich mit einer Kommunikationsberaterin in einer Firma in Washington D.C. Sie und ihre elf Kollegen unterstützen ihre Auftraggeber unter anderem in Krisenkommunikation. Für viele der Kunden nutzten sie Seans Schema: feste Termine für Telefonkonferenzen sowie danach ein schriftliches Protokoll per E-Mail. Doch bei Krisen funktioniert das nicht. Bestimmte Kunden brauchen *sofortige* Unterstützung, wenn der Umgang mit der öffentlichen Aufmerksamkeit schwierig wird. Für Sie galt das »Rufen Sie uns sofort an, wenn etwas passiert«-Protokoll. Wie diese Protokolle aussehen, hängt also von der spezifischen Art der Aufgabe ab.

Ebenso gibt es Menschen, bei denen dieser Ansatz weniger wegen ihrer Tätigkeit, sondern wegen ihrer Persönlichkeit nicht funktioniert. Ich spreche hier über die – um den Fachbegriff zu benutzen – Arschlöcher, denen es Spaß macht, andere zu quälen, weil sie sich wichtig machen wollen. In seinem Beststeller *Die 4-Stunden-Woche* stellt Tim Ferris genau so eine Situation dar. Er beschreibt, wie er die Arbeitsabläufe in seiner Firma für Nahrungsergänzungsmittel BrainQuicken optimiert. In diesem Prozess »feuert« er schließlich einen streitlustigen Kunden, der ständig Stress verbreitete. Der Gedanke, man könne toxische Kunden entlassen, fand Anklang. »Dieser Absatz sprang mir beim Lesen direkt ins Auge«, berichtete Tobi Lütke, CEO der Softwarefirma Shopify. Er sprach von einem Porträt über Ferris, das in *Inc.* erschienen war. »Wenn Sie BWL studieren und vorschlagen, einem Kunden einfach zu kündigen, werden Sie aus dem Hörsaal geschmissen. Aber nach meiner Erfahrung ist das genau richtig. Nur so können Sie herausfinden, mit welchen Kunden Sie wirklich arbeiten wollen.«[16] Mithilfe von Claude Shannons Konzept lässt sich die Logik dieser Ich-feuere-meine-Kunden-Strategie untermauern. Natürlich stimmt es, dass man damit kurzfristig Geld verliert, auf längere Sicht jedoch erheblich bei den kognitiven Kosten spart. Sobald man Letzterem größere Bedeutung beimisst, fällt es einem leichter, Kunden hinter sich zu lassen, bei denen die nervliche Belastung einfach zu groß ist, als dass sie einen unmittelbaren Gewinn rechtfertigten.

Diese Aspekte zusammen betrachtet, wird deutlich, dass bei Kundenkontakt ein optimiertes Kundenprotokoll entscheidend ist – vorausgesetzt natürlich, Sie wollen das hyperaktive Schwarmdenken in Ihrem Workflow überwinden.

ENTPERSONALISIERTE E-MAIL-PROTOKOLLE

Einige Aspekte unseres Alltags sind wir so gewöhnt, dass wir uns gar nicht vorstellen können, dass es dazu Alternativen geben könnte. Das Format von E-Mail-Adressen wie name@unternehmen ist ein Beispiel dafür. Allerdings ist diese Struktur von einer gewissen Eleganz: Sobald Sie die E-Mail absenden, leitet ein E-Mail-Protokoll die Nachricht an das genannte Unternehmen oder die Firma weiter, dort sorgt dann der interne Server dafür, dass sie bei dem Empfänger, dessen Name auf der linken Seite des @-Zeichens steht, ankommt. Genau dieses Element der E-Mail-Adresse, den Namen, nehmen wir als gegeben hin. Aber wenn wir einen Schritt zurücktreten und versuchen, diesen Sachverhalt mit ganz anderen Augen zu sehen, kommt einem eine faszinierende Frage in den Sinn: Warum sind es eigentlich immer *Personen*, die an der Empfängerposition stehen, nicht etwa Abteilungen, Projekte oder Aufgaben?

Die allererste Antwort auf diese Frage geht auf eines der ersten Proto-E-Mail-Systeme zurück. In den frühen 1960er-Jahren waren Computer immer noch massiv und teuer. Die Hauptrechner nahmen ganze Räume ein und wurden von speziellem Personal gewartet. Wollte man eine dieser Maschinen nutzen, musste man sich anmelden und warten, bis man an der Reihe war, dann hatte man für eine begrenzte Zeit unbegrenzte Kontrolle über das digitale Ungeheuer, in der Hoffnung, es würde die Rechenarbeit für einen erledigen. Wahrscheinlich musste man es damals mit Lochkarten füttern, während die Uhr lief. Von diesem Vorgehen frustrierte Ingenieure am MIT waren der Meinung, es müsse doch einen Weg geben, wie man den Rechnerzugang besser aufteilen könne. Sie nannten ihre Lösung, die 1961 im MIT Computation Center in Betrieb genommen wurde, CTSS (*Compatible Time-Sharing System*, also kompatibles Mehrnutzersystem). Damit wurde in die Welt der Computer etwas Revolutionäres eingeführt: Nun konnten mehrere Nutzer mittels mit dem Hauptrechner fest verbundenen Eingabeterminals ihn gleichzeitig nutzen. Natürlich kontrollierten die verschiedenen Nutzer nicht den Hauptrechner im engeren Sinne, denn das Mehrnutzersystem schaltet schnell zwischen ihnen hin und her. Bevor es zum nächsten User wechselte, führte es Rechnungen für einen anderen durch und so weiter. Aber aus Nutzerperspektive wirkte es tatsächlich so, als hätten sie den Hauptrechner für sich allein.

Der Schritt von CTSS zur E-Mail war ein logischer. Mit dem Mehrnutzersystem wurde die Idee eingeführt, dass jedes Nutzerkonto über ein eigenes Dateiverzeichnis verfügte, in dem Ordner abgelegt wurden – einige von ihnen privat, andere innerhalb des Systems für andere zugänglich. Die schlaueren unter den frühen Nutzern des CTSS fanden heraus, dass sie einander Nachrichten in den Dateiverzeichnissen hinterlassen konnten. Im Jahr 1965 wurde dieses Vorgehen mit dem Befehl MAIL standardisiert und von den Programmierern Tom Van Vleck und Noel Morris eingeführt. Es sorgte dafür, dass in dem Dateiverzeichnis eines jeden Nutzers ein Ordner »MAIL BOX« eingerichtet war. Wurde eine Nachricht mit dem MAIL-Befehl einem bestimmten Nutzer zugestellt, wurde sie an den Ordner MAIL

BOX angehängt und so konnte man die Nachrichten im MAIL BOX-Ordner lesen und löschen.

Die allerersten E-Mail-Accounts waren also einzelnen Personen zugeordnet, weil die ursprünglichen Nutzerkonten auf diese Weise für den Gebrauch des Hauptrechners in einem CTSS angelegt worden waren – sobald diese Struktur einmal stand, blieb es auch dabei. Ray Tomlinson, der Programmierer, der wahrscheinlich am meisten zu dem später etablierten Adressformat name@unternehmen beitrug, hatte zuvor an einer fortschrittlicheren Version von Nachrichtenprogrammen wie MAIL gearbeitet.[17]

■ ■ ■

Diese willkürlich und anscheinend unschuldige Entscheidung, E-Mails mit einzelnen Personen zu verknüpfen, spielte am Ende eine wichtige Rolle bei dem Vormarsch der Arbeitsabläufe, die auf dem hyperaktiven Schwarmdenken basieren. Wie ich bereits in Teil I aufzeigte, ist die Arbeit im Schwarmdenken nur eine erweiterte Version dessen, wie sich der Mensch schon immer in kleinen Gruppen organisiert hat: unstrukturiert, spontan, hin und her. Weil E-Mail-Adressen an Personen geknüpft sind, bot sich dieses Tool für diese Art der Kommunikation an. Und damit befanden wir uns schon in der heiklen Lage, die schließlich zu einer unkontrollierbaren E-Mail-Flut führen sollte. In einem anderen Universum, in dem E-Mail-Adressen an Projekte oder Teams gebunden sind, hätte sich die Arbeitsweise des Schwarmdenkens vielleicht nicht ganz so natürlich ergeben und diese Art der digitalen Kommunikation hätte nicht so schnell an Boden gewonnen.

Ihnen diese Geschichte der E-Mails so genau zu beschreiben, hat den Zweck, Sie zu ermutigen, diese herkömmlichen Konventionen bezüglich E-Mail-Adressen zu hinterfragen. Insbesondere dann, wenn es darum geht, effektivere Kommunikationswege zu entdecken. Indem Sie einen individuellen Adressaten von einer E-Mail trennen, sprengen Sie mit einem Handstreich alle Erwartungen, wie digitale Kommunikation funktionieren *sollte*. Damit ist es viel leichter, neue Erwartungen zu etablieren: mit einem viel sinnvolleren Protokoll.

Nehmen wir beispielsweise die Protokolle für Kundenkommunikation, wie wir sie gerade besprochen haben. Ist der Kunde daran gewöhnt, sich mit einer Frage oder wegen eines Problems an einen bestimmten Kundenberater zu wenden, wird er eine schnelle Antwort auf seine E-Mail erwarten. Er betrachtet eine E-Mail-Konversation als eine persönliche Angelegenheit. Kommt dann also nicht umgehend eine Antwort, nimmt er das persönlich und fragt sich, »Warum ignorieren die mich?« Stellen Sie sich nun vor, jeder Kunde bekommt von Ihnen eine individualisierte E-Mail-Adresse, etwa so: kundeX@unternehmen. Nun liegt es für den Kunden nicht mehr auf der Hand, dass ein bestimmter Mitarbeiter seine E-Mail im Eingang sieht und ihm umgehend antwortet! Indem man Kommunikation entpersonalisiert, eröffnen sich mehr Optionen für eine Verbesserung.

Für meine Kommunikation als Autor habe ich verschiedene Protokolle implementiert, die auf diesem Prinzip basieren. Gab ich eine einzige E-Mail-Adresse an, unter der mich meine Leser erreichen konnten, waren die Nachrichten nicht zu bewältigen – weder in der Menge noch in ihrer Komplexität. Wenn man an eine bestimmte Person schreiben kann, dann ist die Annahme nur natürlich, dass diese Person auch bereit sei, die eigene lange Kurzgeschichte zu lesen und detailliert auf sie einzugehen. Dasselbe gilt für ein erhofftes Telefongespräch über eine sensationelle Geschäftsidee oder über die einmalige Gelegenheit, wichtige Menschen aus dem Netzwerk des anderen kennenzulernen. Ich habe solche E-Mails früher gerne beantwortet, aber irgendwann war meine Leserschaft schlicht zu groß geworden.

Um meine Kommunikationsprotokolle in diesem Sinne zu verbessern, führte ich entpersonalisierte E-Mail-Adressen ein. Eine heißt beispielsweise interesting@calnewport.com. An sie können meine Leser interessante Links oder Hinweise schicken. Unter der Adressangabe steht folgender Hinweis: »Ich freue mich sehr über diese Tipps, aber aufgrund von Zeitknappheit bin ich nur selten in der Lage, darauf zu antworten.« Schreiben Sie solche Disclaimer neben eine personalisierte Adresse wie cal@calnewport.com, wird das meiner Erfahrung nach gern ignoriert, weil wir einfach erwarten, von einer Person eine Antwort zu bekommen. Doch bei der oben genannten entpersonalisierten Adresse bekomme ich weniger Beschwerden. Existieren keine Erwartungen, können Sie diese von vornherein lenken.

Es gibt unterschiedliche Arten, kostengünstige Protokolle in Ihrem Berufsleben bzw. in Ihrem Unternehmen einzusetzen, aber meist kommen Sie am besten voran, wenn Sie die E-Mail-Adressen von individuellen Ansprechpartnern trennen.

SMS-PROTOKOLLE

Für *The Wall Street Journal* schrieb C. L. Max Nikias, ein renommierter Wissenschaftler und der damalige Präsident der University of Southern California, 2017 eine besondere Kolumne. Darin sprach er nicht über seine Forschungserfolge, die ihm eine Mitgliedschaft in der National Academy of Engineering und der American Academy of Arts and Sciences eingebracht haben. Er thematisierte auch nicht seine Bemühungen, sechs Milliarden US-Dollar eingeworben oder jüngst einen neuen Campus eingeweiht zu haben. Ebenso wenig schrieb er über die einhundert Stiftungsprofessuren, die er in seiner bisherigen Amtszeit als Universitätspräsident eingerichtet hatte.[18] Sein Thema war viel allgemeiner und profaner: E-Mails.

Nikias zufolge erhielt er in seiner Position täglich über dreihundert E-Mails – und das war ein Problem. »Der eigentliche Zweck einer Führungsperson ist es, eine Organisation in eine sinnvolle Richtung zu lenken«, führt er aus, »doch können E-Mails den gegenteiligen Effekt bewirken. Sie hindern diese Führungsperson daran, proaktiv oder langfristig etwas zu erreichen.« Um zu verhindern, dass er seine Zeit »an einem Monitor festgeklebt und endlos Antworten schreibend« verbrachte, ersann Nikias eine einfache Lösung: »Ich sorge dafür, dass meine E-Mails knapp sind – nicht länger als eine durchschnittliche Textmessage.« Und wenn aus den E-Mails klar wird, dass mehr Handlungsbedarf besteht? Dann ruft Nikias die betreffende Person an und bittet sie um einen Termin: »Denn die wirklich wichtigen Nuancen der menschlichen Kommunikation lassen sich im Cyberspace nicht vermitteln.«

Nikias ist nicht der Einzige, der mit kürzeren E-Mails experimentiert. Im Jahr 2007 erschien in dem privaten Blog von Webdesigner Mike Davidson folgender Essay: »Eine winzige Lösung für ein gewaltiges Problem«.[19] In seinem Beitrag beschreibt Davidson seinen Frust darüber, dass E-Mail-Kommunikation asymmetrisch ist: »Häufig formuliert der Absender zwei oder drei offene Fragen, die mehrere Absätze lange Antworten erfordern. In solchen Fällen investiert der Fragende eine Minute, fordert dem Empfänger aber eine Stunde Arbeit ab.« Davidsons Lösung ist dieselbe wie Nikias': Er hält *alle* seine E-Mails kurz. Ebenso hält er die Obergrenze einer SMS von 160 Zeichen für realistisch, was allerdings ein spezielles Software-Plug-In zur Zeichenzählung nötig machen würde. Also greift Davidson stattdessen auf eine Annäherung zurück: Er beschränkt jede E-Mail auf maximal fünf Sätze.

Um den Menschen, die ihn anschrieben, diese Regel auf »höfliche Art und Weise« zu erklären, startete er eine einfache Webseite: five.sentenc.es stellt diesen Grundsatz auf einer minimalistischen Landingpage dar. Außerdem fügte er die folgende Signatur ans Ende aller seiner E-Mails:

Frage: Warum hat diese E-Mail fünf oder weniger Sätze?

Antwort: http://five.sentenc.es

Davidson schließt seinen Beitrag folgendermaßen: »Indem ich sicherstelle, dass alle E-Mails, die ich versende, dieselbe Zeit (nämlich ›nicht viel‹) in Anspruch nehmen, schaffe ich für alle E-Mails die gleichen Bedingungen und kann am Ende viel mehr beantworten.«

■ ■ ■

Die Idee, die Länge von E-Mails strikt zu begrenzen, ist mehr als nur ein lustiger Einfall. Es ist ein Schritt, den nur wenige im digitalen Zeitalter wagen: klar einzugrenzen, wofür eine E-Mail nützlich sein soll oder nicht. Im hyperaktiven Schwarmdenken entsprechenden Arbeitsablauf sind E-Mails neutrale Inhaltsträger, die flexible, unstrukturierte, permanent laufende Konversationen jeglicher Art unterstützen. Der Ansatz, nur noch kurze E-Mails zu versenden, widerspricht dem. Ihm zufolge dienen E-Mails dazu, kurze Fragen, kurze Antworten oder kurze Updates zu liefern. Das heißt auch, dass alles, was komplizierter als das Genannte ist, auf andere Weise kommuniziert werden muss. Kurzfristig kann das eine lästige Pflicht sein, aber vor dem Hintergrund von Claude Shannons Konzept führt diese Art von Protokoll auf lange Sicht zu geringeren Durchschnittskosten.

In seinem Beitrag im *Wall Street Journal* beschreibt Nikias beispielsweise, wie sehr ihn der Ausbau des Campus – der größte, den die Universität jemals gebaut hat – beschäftigte. Regelmäßig erhielt er E-Mails von den Bauleitern, die ihn mit dem neuesten Arbeitsstand oder kleinen, aber eiligen Veränderungswünschen auf Trapp hielten (»alles – von der Auswahl der Ziegelsteine bis zu den Buntglasfenstern«). Hier handelte es sich um eine absolut sinnvolle Verwendung von E-Mails. Hätten die Bauleiter Nikias jedes Mal angerufen oder um einen Besprechungstermin gebeten, wenn sie von ihm eine Genehmigung brauchten, wäre er mit nichts anderem mehr beschäftigt gewesen. Auf der anderen Seite griff er, so Nikias, sofort zum Hörer, wenn ein Konstruktionsproblem eine »eingehende« Auseinandersetzung mit der Frage nötig machte, und entfernte so die E-Mail aus seinem Posteingang.

Wird diese Methode, E-Mails so kurz wie SMS-Nachrichten zu halten, richtig eingesetzt, kommen effiziente Protokolle zum Zuge, die E-Mail für die Zwecke einsetzen, für die sie am besten geeignet sind: Informationen schnell asynchron zu übermitteln. Alles andere muss dann über andere Kanäle laufen. Die Regel, E-Mails immer möglichst kurz zu halten, ist denkbar einfach, aber ihre Auswirkungen können sich sehen lassen. Sobald Sie eine E-Mail nicht mehr als Universalwerkzeug für jedes beliebige Thema zu jeder beliebigen Zeit betrachten, wird ihr Würgegriff um Ihre Aufmerksamkeit nachlassen.

PROTOKOLLE FÜR STATUSBESPRECHUNGEN

Michael Hicks und Jeffrey Foster traten 2002 ihren Dienst als frisch gebackene Dozenten an der University of Maryland an. Am Fachbereich Informatik stellten sie gemeinsam eine Forschungsgruppe zusammen. Angesichts der Tatsache, dass sie ihre studentischen Hilfskräfte effektiv betreuen mussten, griffen Hicks und Foster wie fast alle anderen Informatiklehrkräfteauf eine bewährte Strategie zurück: wöchentliche Besprechungen mit jedem einzelnen Studenten, um zu erfassen, wie es voranging und wie die Zusammenarbeit bei Forschungsfragen klappte.

Eine Zeit lang ging alles gut. Wie viele Juniorprofessoren hatten Hicks und Foster nur zwei oder drei Studenten, um die sie sich kümmern mussten. Über ihre Forschungs- und Lehrtätigkeit hinaus hatten sie auch überschaubare Aufgaben. In einem Gutachten über ihre Forschungsergebnisse berichteten sie 2010 allerdings, dass im Verlauf ihrer Karriere diese verbreitete Strategie der Studentenbetreuung langsam »an ihre Grenzen stieß«[20] – denn nun waren es sechs oder sieben Studenten. Nicht nur stieg diese Belastung an, sondern auch die Anfragen nach Gutachten und Stipendienausschreibungen reduzierten ihre Freizeit deutlich. Ihre wöchentlichen Treffen mit jedem einzelnen Studenten waren nun »äußerst ineffizient«, weil sie immer auf dieselbe Zeitspanne angesetzt waren, nämlich zwischen einer halben und einer ganzen Stunde. Doch diese Spanne stimmte so gut wie nie: Manchmal brauchten sie für den Stand eines Projektes nur zehn Minuten, manchmal benötigten sie bei schwierigen Problemen mehrere Stunden.

Brauchten auch andere Studenten einen Termin in ihren Sprechzeiten, wurde es schwierig, denn es gab ja bereits die wöchentlichen Termine sowie andere Aufgaben. In der Folge fielen diese hinten über. Wenn sich jemand mit einem Problem schwer tat, konnte es eine Woche dauern, bis er mit seinem Professor über eine Lösung sprechen konnte. Darüber hinaus stellten Hicks und Foster fest, dass die Einzelbesprechungen einen Gruppenzusammenhalt in ihrem Forschungsteam verhinderten. »Anstatt eine kollaborative Forschungsgruppe zu betreuen, hatten wir eine Reihe toller Studenten«, so Hicks und Foster. Sie kamen daher zu dem einfachen Schluss: »Es muss sich etwas ändern.«

Der Anlass, etwas zu verändern, war ein Kolloquium, an dem Hicks 2006 teilnahm. Dort traf er einen alten Bürokollegen aus Doktorandenzeiten wieder, der Software-Programmierer geworden war. Jener berichtet Hicks begeistert von einer Methode des agilen Arbeitens, Scrum, das sein Arbeitgeber zur Organisation von Softwareentwicklung nutzte. Irgendetwas an dieser Idee sprach Hicks an und sobald er zurück in Maryland war, schlug er Foster vor, diese exotischen Organisationstechniken aus der Welt der Softwareentwicklung könnten genau das Richtige sein, um ihre Forschungsgruppe effektiver zu führen.

In Kapitel 5 habe ich Scrum sowie agile Methoden im Allgemeinen bereits vorgestellt, als es um Task Boards ging. Eines der zahlreichen Elemente von Scrum, die täglichen Scrum-Meetings, interessierte Hicks und Foster besonders. Vielleicht erinnern Sie sich: In einem Scrum differenzieren Softwareentwickler ihre Arbeitsschritte in »Sprints«, kleinere Abschnitte. Diese Phasen dauern zwischen zwei und vier Wochen, und dienen allein zur Entwicklung spezieller Funktionen. Während dieser Sprints trifft sich das Team jeden Morgen für fünfzehn Minuten. Diese Treffen heißen Scrum (engl. für Gedränge oder Geschiebe) und jedes Mitglied des Teams beantwortet die folgenden drei Fragen:

1. Was hast du seit dem letzten Scrum-Meeting getan?
2. Gab es dabei Schwierigkeiten?
3. Womit beschäftigst du dich bis zum nächsten Scrum-Meeting?

Den Rest des Tages bringen alle Beteiligten damit zu, tatsächlich an ihren Aufgaben zu arbeiten. In der Softwareentwicklung hat sich dieses Vorgehen als weitaus effizienter erwiesen, als über den Tag verteilt E-Mails oder Nachrichten zu schreiben. Die Beschränkung auf fünfzehn Minuten sorgt dafür, dass die Besprechung sich nicht in die Länge zieht. Außerdem werden Scrum-Meetings traditionell im Stehen durchgeführt.

Dieses Konzept wendeten Hick und Foster bei ihrem Forschungsteam an. Statt täglicher Scrum-Meetings führten sie montags, mittwochs und freitags Besprechungen durch und tauften sie in »Statusbesprechungen« um. Den Rest behielten sie bei: Die Termine dauerten fünfzehn Minuten und jeder aus dem Team beantwortete die üblichen drei Fragen. Sogar übernahmen sie versuchsweise das Format, sich im Stehen auszutauschen und stellten fest, dass dies »überraschenderweise« dazu beitrug, sich kurz zu halten. Auch Hicks und Foster nahmen aktiv an den Statusbesprechungen teil, um ihrerseits von ihren täglichen Fortschritten zu berichten.

Diese modifizierte Art der Besprechung nannten Hicks und Foster SCORE, die sich deutlich von eingehenderen Diskussionen unterschied, in denen es um Details ging. Wurde während einer Statusbesprechung klar, dass einer der Studenten weiteren Gesprächsbedarf hatte, wurde direkt an Ort und Stelle ein »Fachgespräch« vereinbart. Im Gegensatz zu den regelmäßigen wöchentlichen Statusmeetings wurden solche Gespräch nur im Bedarfsfall anberaumt. Da sie zu einem bestimmten Zweck vereinbart wurden, tendierten sie auch dazu, sehr effizient zu sein. Allen Gesprächsteilnehmern war das Ziel dieser Sitzung von Anfang an bekannt. Ohne die regelmäßigen Treffen mit jedem einzelnen Studenten hatten Hicks und Forster nun für solche Besprechungen auch genügend Zeit in ihrem Terminplan.

Um zu erfahren, ob auch ihre Studenten von diesem Vorgehen ebenso begeistert waren wie sie selbst, führten die beiden eine formale Umfrage bei ihnen durch. Sie befragten die Teammitglieder nach sieben Aspekten ihrer Erfahrung als Graduierte bei ihnen in der Forschung. Dazu gehörte die »Interaktionsqualität mit dem Betreuer«, »Produktivität« und »Freude am Forschen«. Die Studenten, die schon länger dabei waren, bevor SCORE eingeführt wurde, wurden außerdem gebeten, ihre Erfahrungen mit der alten Variante zu bewerten. »Die Antworten waren alle positiv«, fassen es Hicks und Foster zusammen. »SCORE verbesserte die Erfahrung der Studenten in jeder befragten Hinsicht.«

■ ■ ■

Die regelmäßigen Statusbesprechungen, die Hicks und Foster auf Basis der Scrum-Methode entwickelten, sind als Kommunikationsprotokoll sowohl wirkmächtig als auch breit anwendbar. In vielen verschiedenen Bereichen der Wissensarbeit lassen sich diese kurzen Meetings drei- bis fünfmal wöchentlich anwenden und reduzieren dabei die Anzahl sofortiger E-Mail-Antworten oder Kurznachrichten. Dieser tägliche Austausch wird dadurch minimiert, weil alle gemeinsam bei der regelmäßigen Besprechung auf den aktuellen Stand gebracht werden.

Den wenigen kognitiven Zyklen, die für eine Statusbesprechung nötig sind, stehen viel mehr Kreisläufe gegenüber, wie sie für die Koordination mit sporadischem Hin- und Hermailen anfällt. Hicks und Foster zufolge generiert der regelmäßige Rhythmus der Statusbesprechungen auch eine gewisse Dynamik. Die Beteiligten erleben nicht nur eine größere Befriedigung bei ihrer Arbeit, sondern sind auch produktiver. Darüber hinaus wird der Gruppenzusammenhalt gestärkt, weil jeder weiß, was der andere gerade macht.

Allerdings bringt dieses Protokoll auch einige Unannehmlichkeitskosten mit sich, denn es kann insbesondere lästig sein, auf die nächste Statusbesprechung warten zu müssen, wenn man schnell eine Antwort braucht oder ein Problem lösen muss. In den Gruppen, die ich untersucht habe, und die einen vergleichbaren Ansatz für diese Gruppenbesprechungen verfolgen, traten diese negativen Situationen aber wesentlich seltener als befürchtet auf. Natürlich können Notfallpläne diese Befürchtungen auffangen (»Wenn vor dem nächsten Treffen etwas Dringendes passiert, klopf einfach bei mir an«).

Ein größeres Problem mit dieser Art Kommunikationsprotokoll entsteht allerdings, wenn man die zeitliche Begrenzung der Meetings schleifen lässt und der Fokus verschwindet. Dann lässt auch die Effektivität schnell nach. Hicks und Forster beschreiben ihre Erfahrungen folgendermaßen:

> Im Herbst 2007 dauerten die Besprechungen eher 30 Minuten, weil die Studenten länger mit ihren Betreuern sprachen und spezielle technische Fragestellungen thematisierten. Während diese längeren Treffen stärker dem Austausch technischer Informationen dienten, ließ das Interesse der Gruppe als Ganzes nach, ebenso deren Beiträge. Ganz im Gegenteil: Die längeren Meetings waren langweilig und zäh, und so mussten wir uns selbst disziplinieren, um die Treffen wieder kürzer zu halten.

Viele der von ihnen befragten Studenten betonten, wie wichtig die Kürze der Besprechungen sei. Für Scrum-Nutzer ist diese Nachricht nichts Neues, denn kurze und strukturierte Meetings, um die Teammitglieder auf dem Laufenden zu halten, können die Beteiligten motivieren. Aber sobald man zulässt, dass diese Zusammenkünfte zu lockereren Standardbesprechungen der alten Schule verkommen, werden sie zu einer lästigen Pflicht.

Diese Unterscheidung ist wichtig. Im Hochschulkontext etwa gehören Gruppenarbeiten in Projekten, wie ein Forschungspapier von verschiedenen Professoren oder eine institutsinterne Arbeitsgruppe, zum Alltagsgeschäft. Um das jeweilige Projekt »voranzutreiben«, werden häufig regelmäßige Sitzungen anberaumt, die meistens wöchentlich für eine Stunde abgehalten werden. Die Motivation dafür liegt darin, einen Termin im Kalender – eine Konvention, an die sich die meisten halten – dafür zu nutzen, die Produktivität anzufachen. Der Gedanke dahinter ist der: Wenn man gezwungen ist, jede Woche an einer Projektbesprechung teilzunehmen, dann sollte das dazu führen, dass man seine Aufgaben ebenso regelmäßig erledigt. Solche Sitzungen sind *absolut nicht* dasselbe wie Statusbesprechungen nach Scrum. Bei Ersterem geht es vielmehr darum, die Verantwortung abzugeben. Es ist das Eingeständnis, dass die einzelnen Teammitglieder sich nicht genügend selbst disziplinieren und ihre Arbeit organisieren können. Daher werden diese Besprechungen angesetzt, um allen das Gefühl zu geben, dass etwas passiert. Im zweiten Ansatz bekommt jeder die Verantwortung, allein sogar noch mehr zu schaffen. Ein wöchentliches Meeting ist zu selten und zu unspezifisch, denn sie fressen zu viel Zeit und bestimmte Menschen nutzen diese Besprechungen häufig, um sich mit Doppelzüngigkeit und verbalen Ablenkungsmanövern aus der Verantwortung zu stehlen. Im Gegenzug finden Statusbesprechungen in einer engeren Taktung statt und werden durch die anstehenden Fragen strukturiert: Was hast du bisher gemacht? Was wirst du tun? Was hindert dich daran? Diese beiden Arten von Besprechungen sollten man keinesfalls verwechseln.

Arbeiten Sie gemeinsam mit anderen an bestimmten Zielen und haben Sie den Eindruck, dass diese Aufgaben zu viele Ablenkungen, E-Mails oder ziellose Meetings mit sich bringen, kann ein gut durchgeführtes Protokoll für Statusbesprechungen Ihre Produktivität deutlich erhöhen. Wie Hicks und Foster zu ihrer Überraschung feststellen mussten, kann zeitraubende kleinteilige Interaktion gut in knappen, regelmäßig stattfindenden Meetings komprimiert werden.

7

Das Spezialisierungsprinzip

DAS PRODUKTIVITÄTSRÄTSEL

In seinem umfassenden Buch *Die Tücken der Technik: Wenn Fortschritt sich rächt* aus dem Jahr 1996 beschäftigt sich der Technologiehistoriker Edward Tenner mit einer Frage, die sich als sowohl wichtig als auch weitgehend unterschätzt erwiesen hat: »das Rätsel der Produktivität«. Warum hat die Einführung des Computers am Arbeitsplatz uns nicht so produktiv werden lassen, wie vorausgesagt worden war? Laut Tenner verliehen »die riesigen Investitionen in die Datenverarbeitung in den 1980er- und frühen 1990er-Jahren« den Büromitarbeitern das Gefühl »das Heft in der Hand zu haben, autonom, einflussreicher und absolut produktiver« zu sein. Diese Phase wurde mit einer zweiten Industriellen Revolution verglichen, sie würde die Arbeit in tief greifender Weise positiv transformieren. »Aber gegen Ende der 1980er-Jahre machte sich ein Gefühl breit, dass etwas nicht stimmte« und in den frühen 1990er-Jahren beobachteten Mitglieder »der technokratischen Kultur« – Ökonomen, Wirtschaftsprofessoren, Berater – immer mehr, dass die Vorzüge der Computer sich nicht in dem prophezeiten Maße materialisierten.[1]

Grund für diesen Skeptizismus waren teilweise entmutigende Daten. Tenner zitierte eine Studie des Wirtschaftswissenschaftlers Stephen Roach. Ihm zufolge wuchsen im Dienstleistungssektor zwischen 1980 und 1989 die Investitionen in hochentwickelte Technologie um über 116 Prozent pro Arbeitskraft. Hingegen stieg die Produktion dieser Angestellten in derselben Zeit um weniger als 2,2 Prozent an. Ebenso führt Tenner eine Studie von Ökonomen der Brookings Institution und der US-amerikanischen Zentralbank an. Sie berechneten den »Beitrag von Computern und Peripheriegeräten als nicht mehr als 0,2 Prozent zum realen Wachstum von Wirtschaftsleistungen zwischen 1987 und 1993«.[2]

Selbst ohne diese Zahlen kamen viele zu der ähnlichen Schlussfolgerung, dass die anscheinend über Nacht allgegenwärtig gewordenen Computer ihr Versprechen nicht halten konnten. Dieses Manko wurde insbesondere in denjenigen Berufen offensichtlich, die es sowohl vor als auch nach der Computerrevolution gab. Mein Großvater war auch Hochschulprofessor gewesen. Die meiste Zeit des Tages verbringe ich mit einem leistungsstarken tragbaren Computer, der kabellos einen Hochgeschwindigkeitszugang zum Internet aufbauen kann. Im Gegensatz dazu kaufte er seinen ersten PC erst nach Beginn seines Ruhestands. Ich half ihm, ihn einzurichten, aber es wirkte nie, als würde er ihn jemals nutzen. Seine Bücher schrieb er per Hand auf Briefblöcken, die er später seiner Sekretärin zum Abtippen gab. Für seine Recherchen brauchte er kein Internet, denn in seinem Büro befand sich eine umfassende Privatbibliothek mit Werken über die Themen, mit denen er sich beschäftigte. Ich kann viele kleinteilige Aufgaben aufzählen, die durch meinen Computer vereinfacht worden sind. Aber angesichts der Kennzahlen insgesamt, die für Gelehrte so wichtig sind – Rechercheergebnisse und akademischer Einfluss –, kann ich nicht behaupten, ich sei produktiver als er. Insbesondere nicht vor dem Hintergrund der Tatsache, dass mein Großvater zahlreiche Bücher geschrieben hat und am Ende einen Stiftungslehrstuhl für Religionswissenschaften an der Rice University innehielt, bevor er seine Karriere als Verwaltungsdirektor des theologischen Seminars beendete.

Für dieses Rätsel bietet Tenner verschiedene Erklärungen an. Eines seiner Hauptargumente jedoch lautet, dass Computer für mehr Arbeit gesorgt haben, anstatt sie zu reduzieren. Ein Teil dieser zusätzlichen Arbeit entsteht dadurch, dass Computersysteme kompliziert sind und sich alle paar Jahre verändern, weil die existierende Technologie veraltet. Außerdem gibt es häufiger technische Schwierigkeiten mit den Geräten oder sie gehen kaputt. Das heißt, dass das Lernen eines neues Systems und die Versuche, die man damit zubringt, das Gerät zum Laufen zu bringen, viel Zeit in Anspruch nehmen.

Während ich dieses Kapitel schrieb, kam mein Agent bei mir im Büro vorbei. Wir sprachen über die Schwierigkeiten, am Schreibtisch effizient zu arbeiten, woraufhin er mir davon erzählte, welchen Kummer seine Agentur gerade damit hatte, ein Customer-Relationship-Management-System namens Salesforce vernünftig zum Laufen zu bringen. Nachdem das Unternehmen viele Stunden damit zugebracht hatte, an dem System herumzubasteln, musste es schließlich einen freiberuflichen Experten beauftragen, der sich ausschließlich mit diesem System beschäftigte. Mein Agent zweifelte, ob sie nun wirklich wesentlich produktiver arbeiten würden als zu der Zeit, als auf jedem Schreibtisch noch eine Rollkartei mit eingeklebten Visitenkarten stand.

Noch heimtückischer ist der indirekte Arbeitszuwachs, der mit Personal Computern einherging, denn Tenner zufolge besteht ein großes Problem mit ihnen darin, dass sie einzelne Aufgaben erschweren, die jedoch auch mit technischer Unterstützung *noch immer einfach genug* bleiben. Diese These stützt er durch einen bemerkenswerten Artikel in der Zeitschrift *National Productivity Review* von 1992. Hier veröffentlichte der Ökonom Peter G. Sassone vom Georgia Institute of Technology eine Studie, die in zwanzig Abteilungen in fünf großen

US-Unternehmen zwischen 1985 und 1991 durchgeführt wurde. Dabei untersuchte er insbesondere den Einfluss neuer Bürotechnik, wie eben dem Computer.[3]

Wie Sassone dokumentiert, verbrachten Fachkräfte, die für äußerst spezialisierte Aufgaben eingestellt worden waren, immer mehr Zeit mit administrativen Aufgaben: »Intellektuelle Nicht-Spezialisierung erwies sich als die dominierende Eigenschaft der meisten Organisationen in dieser Studie.« Sassone zufolge gründeten sich die unmittelbaren Ursachen für dieses Ungleichgewicht darauf, dass die Mitarbeiterstruktur mit zahlreichen Führungskräften, das Verhältnis von Fachkräften und unterstützenden Mitarbeitern umdrehte. Um dieses Phänomen zu erklären, weist er auf die »Automatisierung des Büros« hin. Er merkt an, dass viele Firmen kostspielige Computersysteme anschafften, um daraufhin administrative Angestellte einzusparen, die zuvor die Aufgaben erledigt hatten, die die Computer nun »vereinfachen« sollten.

Laut Sassone kann sich dieser Tausch als ungleichgewichtig erweisen. Wenn man das Personal im Backoffice reduziert, tendieren Fachkräfte dazu, weniger spezialisierte Arbeiten zu verrichten: Statt sich auf ihre intellektuellen Tätigkeit zu beschränken, sind sie nun mit einer Vielzahl von administrativen Aufgaben beschäftigt, die durch den Einsatz von Computern gerade einfach genug geworden sind, damit sie sie selbst bewältigen können.

Im Ergebnis sind nun *mehr* Fachkräfte nötig, um denselben werthaltigen Output hervorzubringen, denn sie haben weniger geistige Kapazitäten für ihre spezifischen Kompetenzen frei. Da Fachkräfte viel besser bezahlt werden als Verwaltungsangestellte, kann es teuer werden, Letztere durch Erstere zu ersetzen. Nach Sassones Berechnungen konnten die von ihm untersuchten Unternehmen ihre Lohnkosten umgehend um 15 Prozent senken, sobald sie mehr unterstützendes Personal eingestellt hatten, wodurch die Fachkräfte produktiver arbeiten konnten, was eine überzeugende Erklärung für die stagnierende Produktivität in den frühen Jahren des Computerzeitalters sei: »Und tatsächlich haben Firmen häufig die Technologie dazu genutzt, intellektuelle Spezialisierung zu mindern, statt sie zu steigern.«

In der Zwischenzeit haben sich die Probleme der Nicht-Spezialisierung, von denen Sassone spricht, über die Jahrzehnte hinweg noch verschlimmert. Hoch qualifizierte Wissensarbeiter mit der Fähigkeit, mittels ihrer Gehirne hochwertige Arbeitsergebnisse zu erbringen, verbringen ihre Zeit häufig damit, sich mit Computersystemen abzuplagen, Meetings anzusetzen, Formulare auszufüllen, mit ihrem Textverarbeitungsprogramm zu kämpfen, mit PowerPoint zu hantieren und natürlich vor allem digitale Nachrichten zu empfangen und zu verschicken. E-Mails von allen. An alle. Über alles. Ständig.

Wir glauben, wir wären im Berufsleben einen Schritt weiter gekommen, weil Sekretärinnen und Schreibzimmer der Vergangenheit angehören. Dabei vergessen wir aber, wie viel Arbeit wir eigentlich leisten, die am Ende gewinnorientiert ist. Ich war dermaßen frustriert davon, wie in meiner eigenen akademischen Welt an der Universität die Spezialisierung immer mehr verschwand, dass ich 2019 einen Artikel für die Zeitschrift *The Chronicle of Higher Education* verfasste. Darin beschrieb ich die zahllosen Arten, wie der potenzielle intellektuelle Output von Hochschullehrern massiv verringert worden ist, seitdem der technische Fortschritt es ermöglicht hat, stets steigenden Ansprüchen gerecht zu werden. Die Redakteurin titelte provokant: »Macht E-Mail Professoren dumm?«[4] In jenem Jahr gehörte der Artikel zu den meistgelesenen der Zeitschrift.

Tenner stellte fest, dass die Wirtschaftslehrbücher die Idee effizienter Arbeitsmärkte früher so darstellten, dass der beste Anwalt der Stadt auch zufällig gleichzeitig die beste Schreibkraft war. Die offensichtliche Schlussfolgerung dieser Lehrbuchgeschichte ist, dass der Anwalt dumm wäre, keine Schreibkraft einzustellen. Berechnet der Anwalt einen Stundensatz von 500 Dollar, während ihn eine Schreibkraft jedoch nur 50 Dollar pro Stunde kostet, dann steht er deutlich besser da, wenn er die Schreibarbeit abgibt und sich selbst mehr mit juristischen Fragen beschäftigt. Die Einführung von Computern am Arbeitsplatz scheint diesen einst offensichtlichen Sachverhalt zu verschleiern. Wir alle sind zu Juristen geworden, die stundenlang Tipparbeiten an der Schreibmaschine erledigen.

■ ■ ■

In dieser Version der Geschichte der Arbeit – die noch nicht allzu lang zurückliegt – verringerte die Einführung der Computertechnologie die Spezialisierung von Wissensarbeit. Wie die angeführten Daten bestätigen, zogen die technologischen Entwicklungen wahrscheinlich größere ökonomische Auswirkungen für den Wissenssektor nach sich. An dieser Stelle beschäftigen wir uns damit, weil sie auch einen wesentlichen Einfluss darauf haben, wie wir uns von den Arbeitsabläufen des hyperaktiven Schwarmdenkens wegbewegen können. Allein die Menge und Diversität der Aufgaben in einer nicht-spezialisierten Arbeitsumgebung führen dazu, dass die Arbeitsweise des Schwarmdenkens *unvermeidlich* ist. Wenn man von der hereinbrechenden Flut an Einzelaufgaben überwältigt wird, kann man sich keinen vernünftigeren Arbeitsablauf überlegen. Es kommt einfach viel zu viel auf einen zu, als dass man jede einzelne Aufgabe oder Anfrage mit einem entsprechend optimierten Prozess bearbeiten könnte. Ist man mit anderen Worten von einem Tsunami aus unvorhersehbaren Verpflichtungen in die Defensive gedrängt, besteht die einzig vernünftige Reaktion darin, spontan einzelne, unstrukturierte Nachrichten zu formulieren und abzuschicken, um ein Ertrinken zu verhindern.

Diese Umstände führen zu einem bösen, energiezehrenden Zirkelschluss: Ist man von seinen Aufgaben überlastet, fällt man gezwungenermaßen auf die flexible Arbeitsweise des Schwarmdenkens zurück. Diese führt jedoch noch mehr dazu, dass die Aufmerksamkeit fragmentiert wird, was wiederum in einer verringerten Effizienz mündet.

Das Ergebnis: Die Überlastung wird noch größer! Während sich die Spirale weiter hochschraubt, erreichen Sie irgendwann einen Zustand der Überforderung, Ineffizienz und Verzweiflung, in dem Sie nicht in der Lage sind, Ihre Arbeitsabläufe irgendwie klüger zu gestalten.

Um das hyperaktive Schwarmdenken zu bändigen, müssen wir daher zunächst den Trend zügeln, nicht-spezialisierte Aufgaben zu übernehmen. Indem Sie die Anzahl der von Ihnen zu erfüllenden unterschiedlichen Verpflichtungen reduzieren, bekommen Sie Luft zum Atmen. Die brauchen Sie, um die Abläufe zu optimieren und um den Rest der Aufgaben zu bewältigen. Mit diesem Doppelschlag verbessern Sie Ihre Produktivität und Ihre Effektivität beziehungsweise die Ihres Unternehmens. Das folgende Prinzip ist entscheidend, um mit einem großen Schritt das Schwarmdenken zu überwinden.

Das Spezialisierungsprinzip

Die Quantität der eigenen Aufgaben zugunsten der Qualität und Steuerbarkeit jeder einzelnen zu reduzieren, kann im Wissenssektor die Basis für einen signifikanten Produktionsanstieg bedeuten.

Weniger ist mehr – diese Erkenntnis ist vielleicht zu Beginn ein wenig ungewohnt, insbesondere an einem von Konkurrenz geprägten Arbeitsplatz. Einige von Ihnen fürchten möglicherweise, als teamunfähig zu gelten oder im schlimmsten Fall Ihren Job zu verlieren, wenn Sie Aufgaben (die nicht in Ihr Spezialgebiet fallen) ab und an ablehnen. Jedoch dürfte wohl eher das Gegenteil eintreten, wie Greg McKeown in seinem Beststeller *Essentialismus: Die konsequente Suche nach Weniger* aus dem Jahr 2014 darstellt. Er erzählt die Geschichte des

Managers Sam, der in seiner Firma im Silicon Valley alles richtig machen will, indem er zu allem Ja sagt. Dadurch erkrankt er an schwerer Überarbeitung, bis ihm die Firma den frühen Ruhestand anbietet. Sam überlegt, ob er das Angebot annehmen und dann seine eigene Beratungsfirma gründen soll. Doch sein Mentor rät ihm, zu versuchen, in dem Unternehmen zu bleiben. Unter der Bedingung, dass er nicht zu allem Ja und Amen sagt, sondern stattdessen nur diejenigen Arbeitsaufträge annimmt, die er für essenziell hält. Sam denkt sich, er habe nichts zu verlieren: Wenn er seinen Arbeitgeber enttäuschen sollte, hätte er ja immer noch die Option, das Geld zu nehmen und eine eigene Firma zu gründen.

McKeown beschreibt, wie Sam sich nicht mehr freiwillig für Präsentationen in letzter Minute meldet und seine alte Gewohnheit ablegt, jeder E-Mail-Konversation zu folgen. Er nimmt nicht mehr an für ihn irrelevanten Telefonkonferenzen teil und begreift, dass er noch lange nicht an dieser Besprechung teilnehmen muss, nur weil ihm jemand eine Meeting-Einladung geschickt hat. Sam sagt häufiger Nein. Wenn er den Eindruck hat, dass er für einen neue Aufgabe weder die Zeit hat, sie gut zu erledigen, noch sie auf der Prioritätenliste oben stand, lehnt er auf Basis dieser Gründe die Aufgabe ab. Sam macht sich Sorgen, er sei ein wenig selbstsüchtig – völlig unbegründet. Niemand ist wütend auf ihn. Stattdessen bewundern seine Kollegen seine Klarheit. Die Qualität seiner Arbeit steigt derart, dass er von seinen Chefs den größten Bonus seiner Karriere erhält.[5]

Sams Geschichte betont eine einfach zu vergessene Gewissheit: Wenig ist in einem Unternehmen so wertvoll wie ein Mitarbeiter, der beständig hochwertige Leistung bringt. Und nur wenige Herangehensweisen an Arbeit sind so befriedigend wie die konzentrierte Arbeit an etwas, das wirklich wichtig ist. Die in diesem Kapitel aufgezeigten Strategien helfen sowohl einzelnen Mitarbeitern als auch ganzen Unternehmen, den Spezialisierungsgrad zu erreichen, den Sam am Ende glücklich machte: Es ist ein Zustand, in dem man an weniger Sachen arbeitet, aber diese dafür viel besser erledigt. Das ermöglicht, das hyperaktive Schwarmdenken hinter sich zu lassen und stattdessen zu einer langsameren und effektiveren Art der Arbeitsorganisation zu kommen.

PRAXISBEISPIEL: IN EXTREMEN ARBEITEN

Im Frühjahr 2019 nahm ich eine Folge für *The Rich Roll Podcast* auf. Ich sprach über einige Ideen, die nun in diesem Buch vorkommen. Ich erwähnte auch, dass die agilen Methoden häufig bei Softwareentwicklern sehr beliebt seien und dass es sich um ein interessantes Beispiel handele, wie man mit durchdachteren Alternativen die Arbeitsweise des hyperaktiven Schwarmdenkens ersetzen kann. Einige Monate später bekam ich einen altmodischen, ausgedruckten Brief in mein Büro an der Uni geschickt. Der Verfasser war ein langjähriger Programmierer und Abteilungsleiter aus dem Silicon Valley. Dieser Greg Woodward erwähnte, er habe mein Interview mit Richard Roll gehört und ihn habe besonders das Thema der agilen Methoden interessiert. Wie er mir erklärte, musste ich mehr über das kleine Software-Start-up erfahren, bei dem er gerade Chief Technical Officer sei, wenn ich das Potenzial optimierter Arbeitsabläufe wirklich verstehen wolle, dort werde eine Methodik eingesetzt, die »all die agilen Anwendungen einsetzt und sie noch mal hochdreht«. Passenderweise nannte er diese Methode *extremes Programmieren* – und sie haute mich um.

Mitte der 1990er-Jahre begann Woodward, im Silicon Valley zu programmieren und Teams zu führen. Zuvor hatte er seinen Doktortitel in Stanford in Maschinenbau erworben. In seiner Dissertation beschrieb er die Anwendung eines effizienten Algorithmus für physikalische Simulationen, wie sie bei dem Space-Shuttle-Programm der NASA angewendet werden. Er erinnerte sich an die ersten zehn Jahre in der Softwareentwicklung. In jener Zeit wurden schwerfällige Kaskadenpläne umgesetzt und die Spezifikationen für einzelne Funktionen hatten Romanumfang – »frustrierend«, so Woodward. Auf der Suche nach einer besseren Methode zur Entwicklung von Codes bewarb er sich bei Pivotal Labs, denn diese Firma hatte im Silicon Valley den Ruf, eine exzentrische, aber ungemein produktive Herangehensweise zu haben. Sie nannten ihren Ansatz *extremes Programmieren*, kurz XP. Wie mir Woodward erklärte, wird diese Methodik unermüdlich immer weiter optimiert: »XP hat all die Best Practices der Softwareentwicklung integriert, sie intensiv verfeinert und den Rest, der nicht funktionierte, rausgeschmissen.« Er wurde zum Jünger dieser Methodik. Nachdem er einige Jahre bei Pivotal gearbeitet hatte, führte er die XP-Methode in jeder Firma ein, die er seitdem gemanagt hat.

Im Folgenden stelle ich einige (wenn auch nicht alle) wichtigen Gedanken hinter XP vor: Die Programmierer, die an einem großen Projekt arbeiten, werden in kleinere Entwicklungsteams von maximal zehn Mitarbeitern aufgeteilt. Im Zeitalter des zunehmend kontaktfreien Arbeitens sitzen XP-Entwicklungsteams gemeinsam in einem Raum. Direkter Kontakt ist wichtiger als digitale Alternativen. »Wir schauen kaum in unsere E-Mails«, berichtete mir Woodward von seinem momentanen Team. »Manchmal gucken meine Entwickler wirklich tagelang nicht in ihre E-Mails.« Braucht man eine Information oder Ähnliches von jemandem aus dem Team, wartet man, bis sie den Eindruck erwecken, dass sie gerade von allein ihre Arbeit unterbrechen, und dann geht man zu ihnen hinüber und fragt sie. Woodward beschreibt diese Konversationen als »100-mal effizienter als E-Mail«.

Eine oft geäußerte Klage von Softwareentwicklern ist, dass sie häufig via E-Mail von Menschen außerhalb ihres Teams gestört werden, also beispielsweise jemandem aus dem Marketing oder dem Kunden selbst. Diese permanenten Störungen lenken sie von ihrer hauptsächlichen Aufgabe ab: der Entwicklung toller Software. Ich fragte Woodward, wie XP mit solchen Störungen umgehe: »Der Projektmanager übernimmt die Aufgabe des Ansprechpartners für den Rest des Unternehmens und der Kunden. [Diese Externen, C. N.] sind daran gewöhnt, ihre Fragen bezüglich einer Funktion, Fehlerberichte und so weiter nur an den Projektmanager zu richten … Das Projektteam ist vor Anfragen geschützt.« Der Projektleiter ermittelt die Aufgaben, die durch diese Gespräche oder Mails entstehen und priorisiert sie. Das Team arbeitet dann alles peu á peu ab und entscheidet gegebenenfalls selbst, welche Aufgabe als nächste dran kommt.

Ein recht extremes Element von XP ist der Einsatz des *Pair Programming*: XP-Entwickler teilen sich zu zweit einen Computer. »Unaufgeklärte Manager würden annehmen, dass am Ende 50 Prozent Produktivität herauskommt, wenn zwei Entwickler zur selben Zeit an derselben Sache an einem Computer arbeiten«, erklärt Woodward. »Aber die Produktivität *steigt* um das Vier- oder Fünffache. Wie bereits erläutert, geht es beim Programmieren nicht darum, Befehle in eine Tastatur zu tippen, sondern eine tief greifende Lösung zu entwickeln, die schließlich in Code übersetzt wird. In der Zusammenarbeit mit einer anderer Person kann man auf ihren Ideen aufbauen, mögliche Mängel entdecken und die Sache aus verschiedenen Perspektiven betrachten, was am Ende vielleicht besser funktioniert.«

Um dieses Konzept zu illustrieren, berichtete mir Woodward von einer Geschichte, die einige Wochen zuvor in seiner Firma geschehen war. Er hatte eine Idee für eine Programmfunktion, die die »Leistung enorm steigern würde«. Auf dem Weg zu seinem Büro in San Francisco wälzte er die Möglichkeiten in seinem Kopf: »Als ich endlich im Büro ankam, dachte ich, ich hätte die Strategie, wie man diese Funktion umsetzen konnte, ziemlich zu Ende gedacht.« Er setzte sich mit seinem Programmierpartner hin und erläuterte diesem seinen Ansatz. Sie diskutierten eine gute Dreiviertelstunde lang. Dabei legte sein Kollege »den Finger in die Wunde« und fand einige »Grenzfälle«, bei denen die Strategie nicht so aufgehen würde, wie Woodward hoffte. Dann hatte sein Partner eine entscheidende Idee, wie sie ein Problem in Bezug auf Nachrichten aus dem System eliminieren konnten, was wiederum die schlimmsten dieser Fälle umgehen konnte. Bis mittags hatten sie das neue verbesserte System ausgetüftelt und aufgesetzt. »Wenn ich allein mit dem Design beschäftigt gewesen wäre, das mir auf der Autofahrt eingefallen war, dann hätte mich die Umsetzung sicherlich Tage gekostet – also eine vier- bis fünffache Produktivitätssteigerung«, erläutert Woodward. Beim Gedanken daran, wie viel produktiver Programmierer sind, die zu zweit arbeiten, fällt er auf Superlative zurück: »Das ist einfach das Stärkste.«

Eine weitere Quelle, aus der die XP-Methode ihre Produktivität schöpft, ist Intensität. Wenn man zu zweit arbeitet, dann klebt man an der vor einem liegenden Tätigkeit. Es wäre unhöflich, die Konzentration zu unterbrechen, um schnell E-Mails zu checken oder aus Langeweile im Netz zu surfen. Derweil säße der Teamkollege genervt neben einem und wartete darauf, dass man seine Aufmerksamkeit wieder dem Thema zuwendete.[6] Ist darüber hinaus die Arbeitskultur so angelegt, dass von einem volle Konzentration auf ein Problem erwartetet wird, und es einen Projektmanager gibt, der allen die Ablenkungen vom Hals hält, verbringt man den ganzen Tag damit, wirklich die Aufgaben zu Ende zu bringen. Keine andere konzentrierte Arbeitsumgebung ist bisher derart erfolgreich umgesetzt worden wie XP – zumindest ist mir noch keine untergekommen.

Über diese Intensität hinaus ist ein weiteres Dogma von XP »kontinuierliches Tempo«. Die meisten, die sich danach richten, halten an der herkömmlichen 40-Stunden-Woche fest, im Gegensatz zu der im Silicon Valley weit verbreiteten 70-bis-80-Stunden-Woche: »Wir setzen XP ein, weil wir uns wünschen, dass Sie morgens reinkommen, acht Stunden lang richtig hart arbeiten, und dann nach Hause gehen und über andere Sachen nachdenken«, so Woodward. Dies ist kein Akt der Großzügigkeit, sondern erkennt einfach die Leistungsgrenzen eines menschlichen Gehirns an. »Ein durchschnittlicher Mitarbeiter einer Firma, die nicht XP einsetzt, arbeitet letztlich nur zwei oder drei Stunden am Tag. Den Rest verbringt er damit, im Netz zu surfen und E-Mails zu checken.« Wenn man wirklich *arbeitet* – keine Nachrichten im Zusammenhang mit der Arbeit verschickt, nicht in Meetings sitzt, die die eigentliche Arbeit zum Thema haben – können acht Stunden am Tag recht fordernd sein. Wenn ein neuer Mitarbeiter bei einem XP-Team einsteigt, fühlt er sich meist »gerädert« und von den acht Stunden der intensiven Arbeit häufig überfordert. Daher gehen viele von ihnen in der ersten Woche nach Feierabend direkt ins Bett. Einige gewöhnen sich nie an diese Kultur, in der Konzentration und Fokus eine große Rolle spielen, beziehungsweise noch akuter, an die extreme Verbindlichkeit, die sie hervorbringt. In einem XP-Unternehmen kann man sich nicht mehr hängen lassen oder sich hinter Unwissenheit verstecken. Schnell flüchten sie in ein traditionelles Softwareunternehmen, wo sie ihre Unzulänglichkeiten hinter Herumschwadronieren und ungemeinem Beschäftigtsein verstecken, anstatt sich wirklich einer anstrengenden, aber befriedigenden und wertvollen Arbeit zu widmen, die aus ihrem Hirn heraus entstanden ist.

■ ■ ■

Das Spezialisierungsprinzip dreht sich um die Idee, dass weniger mehr ist. Um mehr Gesamtwert zu generieren, müssen die Arbeitsabläufe verändert werden. Wissensarbeiter müssen die Möglichkeit haben, sich den Großteil ihrer Zeit ohne Ablenkung auf Tätigkeiten konzentrieren zu können, die sie gelernt haben bzw. für die sie angestellt wurden. Zwingt man diese Mitarbeiter stattdessen dazu, ihre Aufmerksamkeit auf viele verschiedene Aktivitäten zu verteilen, bleibt der Gewinn aus. Häufig ist dieser letzte Weg in dem Moment der bequemste, aber langfristig nicht der produktivste. Extremes Programmieren lässt das Hinterfragen des Status quo und die Fokussierung auf die eigene Spezialisierung zu.

Ich kann mir vorstellen, wie schwierig es innerhalb einer großen Firma sein muss, mit einem XP-Entwicklungsteam zusammenzuarbeiten. Aber diese Unannehmlichkeit fällt kaum ins Gewicht, sieht man sich diese Ehrfurcht einflößende Geschwindigkeit an, mit der solche Teams schier unglaubliche Ergebnisse erzielen. »Ein XP-Team mit acht oder zehn Leuten kann die Arbeitslast von vierzig oder fünfzig Mitarbeitern eines nicht-agilen Teams stemmen«, erzählt Woodward mir. »Das habe ich immer wieder beobachten können.« Diese Leistungssteigerungen sind in fast allen Wissensbereichen in Gefahr, die zurzeit ihre Spezialisierungen aufgeben. Im Weiteren erkunde ich Strategien, wie man sich die Vorteile des XP-Ansatzes und der Spezialisierung zunutze machen kann.

WENIGER IST MEHR

In ihrem Essay von 2010 dachte die US-amerikanische Schriftstellerin Anne Lamott über einen Ratschlag nach, den sie häufig ihren Studenten gibt und diese verwirrt.[7] Ihr zufolge sind kreative Betätigungen sehr bereichernd, aber es gibt auch schlechte Nachrichten: »Um kreativ zu arbeiten, müssen Sie Zeit haben.« Wie sie den zukünftigen Autorinnen und Autoren vermittelt, müssen diese verstehen, welchen Schaden die »manischen Formen der Konnektivität – Handy, E-Mail, SMS und Twitter« anrichten. Darüber hinaus zählt sie die ganzen anderen anscheinend wichtigen Beschäftigungen auf, die die Studenten womöglich einschränken müssen, wenn sie wirklich etwas Bedeutsames hervorbringen möchten: stundenlange Besuche im Fitnessstudio, Putzen, Nachrichten lesen oder gucken. Dieser Rat klingt recht simpel, aber Lamott musste feststellen, dass ihre Studenten damit Schwierigkeiten hatten. Sie sind vielbeschäftigt und der Gedanke, von dieser Geschäftigkeit abzurücken, wirkt auf sie wie ein Rückschritt. »Ich weiß, wie süchtig Beschäftigtsein macht«, schreibt sie, aber dieser »Wirbelsturm« ist nicht mit dem zu vergleichen, was man fühlt, wenn man etwas zustande gebracht hat: langfristigen Sinn und Stolz.

Bei anspruchsvollen Tätigkeiten wie dem Schriftstellerberuf ergibt es Sinn, dass man zugunsten wichtiger Aufgaben auf einige weniger wichtige verzichtet. Wir stellen uns Romanautoren oder Schriftsteller immer als zurückgezogene Menschen vor, die jenseits des ganzen Trubels in Hütten konzentriert an ihren Werken feilen. Allerdings können wir annehmen, dass dieser romantisierte Lebens- und Arbeitsstil sich nicht auf die alltägliche Büroumgebung übertragen lässt. Dem Spezialisierungsprinzip zufolge sollten wir aber genau das tun. Während den meisten Positionen im Wissensbereich sowohl die Autonomie als auch der klar vorgegebene Zweck fehlt, die sich im Schreiben wiederfinden, ist die Dynamik dieselbe: Autoren reduzieren ihre Verpflichtungen, also auch die kognitiven Aufgaben, wenn das Ziel ist, mittels eines umtriebigen Gehirns Wert zu schöpfen. Im Bereich Computerprogrammierung schaffte XP diesen Minimalismus, bei dem das Management strenge Regeln durchsetzt, die in der Praxis über die Jahrzehnte immer weiter verbessert wurden. Im Folgenden schauen wir uns einige Strategien für das Erreichen dieses Ziels an, und zwar in Wissensbereichen, in denen es entsprechende Strukturen noch nicht gibt.

Strategie zur Arbeitsreduktion #1: Sourcen Sie das aus, was Sie nicht gut können

Während der frühen Recherchephase für dieses Buch bekam ich von einem Entrepreneur eine E-Mail, den ich hier Scott nenne. Scott hatte vier Jahre zuvor erfolgreich eine Firma für Raumausstattung gegründet. Wie er schrieb, litt er schon bald nach dem Start seiner Unternehmung unter chronischer Überarbeitung. »Ich habe all das gemacht, was viele Leute bei Start-ups machen«, berichtete er mir später. »Ich hatte einige Mitarbeiter eingestellt, sprach für den Netzwerkaufbau und zu Marketingzwecken sehr viele Leute an, und war sehr aktiv auf Instagram.« Scott wusste, dass seine Stärke im Design von eleganten und innovativen Möbelstücken lag, stattdessen verbrachte er aber seine »Tage mit permanenter Kommunikation«.

Irgendwann, vermutlich nach einer Telefonkonferenz mit seinen Social-Media-Beratern, die dann das Fass zum Überlaufen brachte, beschloss Scott, mit den ihm aufgezwungenen Tätigkeiten einfach aufzuhören. »Ich habe gar nicht mehr das gemacht, was ich eigentlich machen wollte.« Als Reaktion darauf versuchte er, die Tätigkeiten des Alltagsgeschäfts radikal zu reduzieren. Dafür schloss er einen Exklusivvertrag mit einer einzigen Einzelhandelskette mit landesweiten Filialen ab, was nicht nur den Vertrieb deutlich vereinfachte, sondern er lagerte damit auch die unternehmerischen Fragen bezüglich Marketing, Vertrieb und Kundenservice aus. Danach suchte er einige wenige Partner für die Möbelproduktion, die über genügend Kapazitäten verfügten, um eine typische Bestellung mit Leichtigkeit abzuwickeln.

Scott sagte diesen Produktionspartnern »von vornherein klipp und klar«, was er wolle, und dann übergab er ihnen die Verantwortung, eigene Entscheidungen zu treffen, um das Geschäft zum Laufen zu bringen. »Ich möchte nicht der Dreh- und Angelpunkt sein«, erläuterte er. Um zu illustrieren, wie wichtig in diesem Prozess das Delegieren sei, erzählte er mir die Geschichte von einem Meeting, bei dem er einer von zehn Teilnehmern war. Das Ziel bestand darin, sich auf einen schwarzen Lack für eines der neuen Produkte zu einigen. »Es war zum Haareraufen. Vertrau *einer* Person, eine Entscheidung zu treffen, und hör auf, alle in den Mails in cc zu setzen. Mach dich lieber an die Arbeit!«, berichtete er mir.

Scott zufolge bekommt er täglich nur noch »eine Handvoll E-Mails«. Nun beschränkt er seine mentalen Kapazitäten nur noch auf die Bereiche, in denen er die wertvollste Arbeit leisten kann: »Neue Designprojekte, wichtige strategische Entscheidungen und innovative Lösungen für Jahrhunderte alte Designprobleme.« Da er so viel an die Partner im Vertrieb und der Herstellung outgesourct hatte, reduzierte Scott die Gewinnspanne. Würde er allerdings alles selbst vor Ort machen, könnte er mit der nötigen Aufmerksamkeit die Effizienz steigern und mehr vom Erlös einbehalten. Darüber hinaus gibt er auch ein gewisses Maß an Kontrolle ab. Das Image seiner Marke liegt nun nicht mehr allein in seinen Händen, wie es der Fall war, als er jeden einzelnen Instagram-Post selbst gestaltete. Außerdem muss er innerhalb der materiellen Grenzen arbeiten, die ihm seine Partner in der Herstellung auferlegen. Doch das ist Scott gleichgültig. Indem er fast seine ganze Energie auf diesen einen Bereich richtet – tolle Möbel zu entwerfen und die Strategie im Großen und Ganzen festzulegen –, hat seine Firma auf lange Sicht deutlich an Profitabilität gewonnen. Die Alternative bestand darin, seine kreative Tätigkeit in die kleinen Lücken zu quetschen, die ihm die endlosen Besprechungen über die Farbe einer Lasur ließen.

Scotts Geschichte zeigt eine effektive Strategie, wie man die individuelle Spezialisierung auf dem eigenen Gebiet vorantreiben kann: Versuchen Sie die zeitaufwendigen Schritte auszulagern, die Sie nicht gut erledigen können. Die wichtigste Hürde ist dabei, dass Sie auf kurze Sicht zunächst einen Preis zahlen werden müssen, bevor Sie im Weiteren die Vorteile sehen. Beispielsweise musste Scott sowohl einen Teil seiner Gewinne als auch die Kontrolle über einige Aspekte seiner Firma abgeben, um ein Unternehmen aufzustellen, das mit der Zeit wesentlich erfolgreicher sein würde.

In vielen Fällen schlägt sich der Preis, den Sie zahlen werden, direkt auf Ihrem Bankkonto nieder. Der Podcaster und Entrepreneur Pat Flynn erreichte 2016 einen Punkt, an dem der E-Mail-Fluss in seinem Posteingang nicht mehr haltbar war. Er erinnerte sich daran, wie gut er die Idee des *Inbox zero* fand: Das Ziel besteht darin, am Ende des Tages keine Mail mehr im Posteingang zu haben. Da aber die Anzahl der Anfragen und Belange seiner Partner und Podcast-Hörer anstiegen, erklärte Flynn *Inbox 100* zu seinem neuen Ziel. Eines Tages musste er allerdings feststellen, dass die Anzahl der ungelesenen Mails auf über 9.000 explodiert war – während er eigentlich versuchte, ein Unternehmen zu führen, managte er lediglich seine E-Mails.

Seine Lösung bestand darin, eine Assistentin in Vollzeit einzustellen. In seiner Podcast-Folge »9.000 ungelesene Mails und Inbox Zero« erklärt Flynn die Details, wie er und seine neue Mitarbeiterin wochenlang ein System ausarbeiteten, um seinen Posteingang in den Griff zu bekommen.[8] Sie erarbeiteten einen Leitfaden, mit dessen Hilfe sie fast alle Nachrichten allein bearbeiten konnte, mit der Ausnahme derjenigen, die Flynn nur dann für persönlichen Input zu sehen bekam. Aber noch wichtiger war die Tatsache, dass Flynn nicht mehr das Gefühl hatte, ständig seinen Posteingang checken zu müssen, um sicherzustellen, dass er nichts Wichtiges verpasste. Eine gute Assistentin oder einen effektiven Sekretär einzustellen, ist teuer. Aber wie schon Scott war auch Flynn zu der Erkenntnis gekommen: Wenn ich keine Zeit für die Sachen habe, auf deren Grundlage ich die Firma gegründet habe, warum sollte ich mein Unternehmen dann überhaupt weiter betreiben?

Wenn Sie Ihre eigene Firma haben oder Soloselbstständiger sind, werden Sie schnell darauf kommen, dass alltägliche Büroaufgaben das Wachstum hemmen. Sie werden mit der Zeit immer mehr Möglichkeiten entdecken, diese Routinetätigkeiten zu reduzieren. Folgende weitere Möglichkeiten sind mir beim Schreiben des Buches aufgefallen:

- jemand übernimmt die Buchhaltung und kümmert sich um die Rechnungsstellung,
- virtuelle Assistenten setzen Besprechungen an und buchen Reisen,
- ein Webdesigner kümmert sich darum, dass Ihre Website und deren Funktionen reibungslos laufen,
- Online-Branding wird von Social-Media-Beratern professionalisiert und
- erfahrene Kunden- und Vertriebsexperten leisten gute Dienste (ermächtigen Sie sie, Entscheidungen zu treffen, ohne Ihre Meinung einholen zu müssen).

Die Autorin Laura Vanderkam beschäftigt sich mit Produktivität und betont, dass wir im Allgemeinen stärker darauf achten sollten, welche Arbeiten wir delegieren können. »Beispielsweise ergibt es keinen Sinn, dass Lehrer mit dem Zweiten Staatsexamen [in Amerika, Anm. d. Über.] selbst die standardisierten Hausaufgaben ihrer Schüler benoten«, schreibt sie. »Dies (mittels Technologie) zu automatisieren oder Berufsanfänger machen zu lassen, die die Noten im Blick behalten, würde den Lehrern den Rücken freihalten, um besseren Unterricht zu gestalten und sich über gelungene Vorgehensweisen im Kollegium auszutauschen.«[9] Sobald man nach Gelegenheiten sucht, sich nebensächlicher Aufgaben zu entledigen, fällt einem überraschend viel auf.

All dieses Outsourcing kostet Geld und manchmal geht es dabei um Punkte, bei denen Sie sich erst daran gewöhnen müssen, dass Sie sie nun nicht mehr kontrollieren, aber allesamt haben sie das Potenzial, dass Sie sich mehr auf die für Ihren professionellen Kontext entscheidenden Aspekte und somit weniger Aufgaben konzentrieren können. Diese Strategie eignet sich nicht für jeden. Aber wenn Sie sich in der komfortablen Position befinden, autonom über Ihren Arbeitsalltag entscheiden zu können, dann machen Sie sich einmal Folgendes bewusst: Sie müssen nicht überlastet sein. Sourcen Sie alles Mögliche aus, um sich um die Tätigkeiten zu kümmern, die Sie nicht abgeben können.

Strategie zur Arbeitsreduktion #2: Autonomie statt Rechenschaftspflicht

Die oben dargestellte Strategie funktioniert für diejenigen, die ihr eigener Boss sind, aber was ist mit den unter chronischer Überarbeitung leidenden Angestellten? Für dieses Szenario stieß ich auf eine interessante Variante. Eine meine Leserinnen, Amanda, war seit 2009 in einer globalen Konstruktionsfirma beschäftigt. Als sie mich kontaktierte, beschrieb sie ihre Arbeit folgendermaßen: In den ersten sechs Jahren ihrer Tätigkeit in diesem Unternehmen versuchte sie unter dem

Radar zu bleiben und einfach die besten Ergebnisse abzuliefern, um so das Vertrauen ihrer Vorgesetzten zu gewinnen. Vor dem Hintergrund der chronischen Überlastung in ihrem Büro war das nicht leicht.

Wie sie außerdem erklärte, gab es in ihrer Firma zwei Aufgabenkategorien: Die ersten waren »reaktive, simple Routinearbeiten«. Ihr zufolge »waren das die Aufgaben, bei denen man morgens ins Büro kommt, sich die E-Mails anguckt, den ganzen Tag das macht, was in den E-Mails steht, und dann wieder nach Hause fährt.« Die Tätigkeiten der zweiten Kategorie waren hingegen »gezielt, schwierig, fokussiert, kreativ«, mit denen »verbringst du Zeit damit zu überlegen, was die nachhaltigsten, sinnvollsten Ziele für deine großen Projekte sind.« In ihrem Umfeld dominierten die einfachen Arbeiten. Man erwartete von ihr, dass sie mit ihren E-Mails auf dem Laufenden blieb (»Wir haben viele E-Mails geschrieben und bekommen«), aber wenn man bei dem Versuch nicht weiterkam, den steten Strom von E-Mails mit den verschiedenen Aufgaben und Anfragen unter Kontrolle zu bekommen, schaffte man es zeitlich nie, zu Aufgaben der zweiten Kategorie vorzudringen.

Doch trotz des Geplappers des Schwarmdenkens und der kontinuierlich zu hohen Arbeitsbelastung hatte sich Amanda eine kostbare Nische innerhalb der Firma erarbeitet. Damals unterlag die gesamte Konstruktionsbranche dem Wandel von 2-D- zu 3-D-Modellen. Amanda half bei dieser Transformation – zu ihren Aufgaben gehörte die Beantwortung von Fragen sowie individuelle Projekte. In jener Zeit las sie mein Buch *So Good They Can't Ignore You* aus dem Jahr 2012. Unter anderem schlage ich darin vor, dass man sein *Karriere-Kapital* dazu nutzen sollte, sich eine Position zu erkämpfen, die einen stärker befriedigt, nachdem man sich in seiner Organisation unentbehrlich gemacht hat. Davon inspiriert schlug Amanda etwas nervös ihrem Vorgesetzten vor, sie könne eine eher strategische Funktion übernehmen, dabei könnte sie, anstatt zufällige Fragen zu beantworten und mit einzelnen Projekten auszuhelfen, an der technologischen Strategie für verschiedene Regionen arbeiten. In dieser Position könnte sie sich dann immer ganz unabhängig einzelnen langfristigen Projekten widmen.

Amanda war davon ausgegangen, dass ihr Teamleiter ihre Anfrage ausschlagen würde und hatte sich schon nach anderen Möglichkeiten umgesehen, eine vergleichbare Leistung als freie Beraterin anzubieten. Jedoch willigte ihr Chef zu ihrer Überraschung ein und vereinbarte mit ihr eine Probezeit für dieses neue Arrangement. »Weil ich jetzt von zu Hause arbeite, funktioniert es nicht mehr, dass allein die Tatsache, im Büro ›aufgekreuzt‹ zu sein, als Wert an sich in der Firma gilt.« Amanda fuhr fort: »Es geht nur noch darum, was ich produziere. Also mache ich mein E-Mail-Programm aus, schalte mein Handy auf Flugmodus, gebe meinen Kollegen meine Kontaktdaten für den Notfall und setze mich dann konzentriert hin.« Somit ließ sie die nervtötende Routinearbeit hinter sich und fokussierte sich voll auf die zweite Kategorie der Aufgaben.

In Amandas neuer Position stecken sowohl Chancen als auch Gefahren. Die Chancen bestehen natürlich darin, dass die Kombination aus reduziertem Aufgabenspektrum und ergebnisorientierter Evaluationen ihr die Möglichkeit geben, sich von dem hyperaktiven Schwarmdenken und entsprechenden Arbeitsabläufen zu verabschieden. »Da mir niemand bei meiner Arbeit über die Schulter guckt, habe ich viele Freiheiten. Ich kann mir selbst überlegen, was der kürzeste Weg zu größtmöglicher Wertschöpfung dabei ist.« Dadurch kann Amanda ihren Wert für die Firma ungemein steigern und im Rahmen dieser positiven Dynamik kann sie sich sogar weitere Autonomie erarbeiten.

Die Gefahr besteht darin, dass Amanda nun natürlich auch produzieren *muss*. Ihre Bemerkung, dass es als Demonstration des eigenen Wertes für die Firma reiche, »einfach aufzukreuzen«, ist mehr als nur eine lässige Ablehnung der normalen Arbeitskultur. Für viele Menschen ist diese Strategie ihr Sicherheitsnetz im Beruf. Beschäftigt zu sein, ist kontrollierbar: Setzt man sich das Ziel, offensichtlich beschäftigt zu sein, dann lässt sich das sicherlich erreichen, und das wiederum gibt Sicherheit. Das Erschaffen wirklich werthaltiger, überprüfbarer Resultate, wie es Amanda jetzt machte, ist viel anspruchsvoller! Allein die Entscheidung, etwas von Wert zu produzieren, heißt noch nicht, es auch tatsächlich zu schaffen. Wenn wir uns an das Fallbeispiel von XP erinnern, verkrafteten viele der Entwickler diese extremen Arbeitsbedingungen nicht gut und verließen schon nach einigen Wochen wieder die Firma, wie Greg Woodward betonte. Was stresste sie dabei am meisten? Transparenz. Entweder schreibt man einen guten Code oder eben offensichtlich nicht. Einige Menschen können nicht gut mit einer unverblümten Einschätzung dessen, was sie tatsächlich erreichen, umgehen.

Amandas Strategie, sich verantwortlich zu verhalten und dadurch Autonomie zu gewinnen, ist ein erfolgversprechender Weg, um der chronischen Arbeitsüberlastung zu entkommen, aber er ist auch riskant. Wenn Sie zur Belegschaft eines großen Unternehmens gehören, in dem eine permanente Arbeitsüberlastung an der Tagesordnung ist, Sie sich aber eine Expertise erarbeitet haben, für die Sie die Führungsriege schätzt, dann ist dies vielleicht eine der besten Strategien, denn sie verschafft Ihnen wieder den Raum zum Atmen und erlaubt Ihnen, Ihre Arbeitsabläufe effektiver zu gestalten. Man muss nicht immer so kühn wie Amanda dabei vorgehen. Manchmal reicht es auch, sich für eine groß angelegte Initiative freiwillig zu melden, um die ein oder andere E-Mail zu übersehen oder Einladungen zu Meetings abzulehnen, ohne dass die Kollegen sauer werden. Denn jetzt haben Sie eine Erklärung, gegen die niemand etwas einwenden kann: »Ich würde ja gern, aber ich kann mich gerade nicht vor Arbeit für [die große Sache] retten.« Doch dabei darf man die zugrunde liegenden ökonomischen Kräfte nicht übersehen: Um etwas so Wertvolles wie Autonomie zu gewinnen, muss man auch etwas von Wert anbieten können. Sie müssen mit anderen Worten dafür geradestehen, was Sie produzieren, wenn Sie die Freiheit genau dafür auch bekommen wollen.

■ ■ ■

Es gibt verschiedene Wege, die Arbeitsüberlastung zu bekämpfen, die durch die Verringerung von Spezialisierung entsteht. Die hier erwähnten Strategien zielen ohne Umwege auf das Nutzenversprechen der Wissensarbeit ab. Nicht alle Bemühungen erwirtschaften gleichermaßen einen Wert für Ihr Unternehmen. Wenn Sie mehr Zeit darauf verwenden, Tätigkeiten von hohem Wert zu erledigen, was auf Kosten derer von niedrigem Wert geht, werden Sie im Endeffekt mehr Wert erwirtschaften. Auf kurze Sicht entstehen allerdings andere Kosten: Auslagen, Unannehmlichkeiten für Ihre Kollegen oder – wie in Amandas Fall – geringere Sicherheit bezogen auf den Job. Aber wie Anne Lamott gegenüber ihren Studenten in ihrem Kurs Kreatives Schreiben betonte: Es lohnt sich fast immer. Der Lohn für die deutlich gesteigerte Effektivität bei den wirklich wichtigen Tätigkeiten rechtfertigt das Überwinden der kleinen Hürden, die diese Spezialisierung generiert. Weniger *kann* mehr sein – der Trick besteht einzig darin, den Mut aufzubringen, das auch im eigenen Berufsleben zu beherzigen.

SPRINTEN STATT SCHLENDERN

Eine der Hauptideen aus dem Beispiel des extremen Programmierens war, zu zeigen, wie wichtig konzentriertes Arbeiten an einer einzigen Sache ist – ganz ohne Unterbrechungen, bis sie fertig ist. Bei Softwareprogrammierern ist es mittlerweile üblich, in sogenannten *Sprints* zu arbeiten, selbst in Teams, die sich nicht hundertprozentig an die XP-Regeln halten. Die Geschichte des Sprints lässt sich bis zur Entwicklung von Scrum zurückverfolgen. In den 1990er-Jahren war Scrum eine der ersten agilen Methoden für die Softwareentwicklung. Bei einem Scrum-Sprint arbeitet ein Team ausschließlich an einem einzelnen Lieferergebnis, beispielsweise einer zusätzlichen Produktfunktion. Dazu sind weder aufwendige Aufgabenlisten, ein Wochenplan voller Meetings noch ein bis ins Detail getakteter Tagesplan nötig.[10] Dieser

Trick für die Produktivitätssteigerung ist auf diesem Gebiet eine weit anerkannte Best Practice. Alle sind sich darin einig, dass es unpassend wäre, die Mitglieder eines Entwicklerteams inmitten eines Sprints mit Meeting-Einladungen zu bombardieren oder sie via E-Mail mit Anfragen darüber zu belästigen, ob sie nicht auch noch bei dem spannenden Projekt XY mithelfen könnten. In den meisten Softwarefirmen ist es normal, dass Entwickler während eines Sprints nicht auf Nachrichten reagieren, und es ist akzeptiert, dass nur so die Energie des Teams am sinnvollsten gebündelt wird.

Natürlich ist die Softwareentwicklung ein sehr spezifisches Unternehmen. Daher lautet die Frage, ob dieser Sprintgedanke mit einer einzelnen Zielsetzung nicht auch auf andere Bereiche anwendbar wäre – jenseits der Welt von Nerds. Erfreulicherweise haben die Verantwortlichen eines auf Technik fokussierten Investmentfonds genau diese Fragestellung in den letzten zehn Jahre untersucht.

■ ■ ■

Im Jahr 2009 setzte Google einen Risikokapitalfonds auf, um damit einen Teil seiner Erlöse in vielversprechende Start-ups zu investieren: Google Ventures. Sechs Jahre später wurde das Investitionsunternehmen, jetzt nunmehr nur GV, unabhängig, und Googles Muttergesellschaft Alphabet verblieb nur als einziger beschränkt haftender Gesellschafter (die Geldquelle). Die enge Verbindung zwischen GV und Google zeigt deutlich, wie Ideen aus der Softwarekultur des Weltkonzerns direkt in der Kultur des Investitionsunternehmens Eingang fanden. Eine dieser Ideen, die sich auch in der Finanzwelt niedergeschlagen haben, waren die Sprints.[11]

Jake Knapp, ein Partner bei GV, kannte sich mit Sprints in der Softwareentwicklung sehr gut aus. In seinem vorherigen Job bei Google hatte er Teams dabei unterstützt, diese Arbeitsmethode zur Effektivitätssteigerung umzusetzen. Als Knapp zu GV wechselte, experimentierte er mit diesem Instrument bei anderen Formen unternehmerischer Herausforderungen. Schließlich entwickelte er eine eigene Version dieser Strategie und nannte sie »Design Sprint«. Dessen Ziel besteht darin, Firmen dabei zu helfen, Antworten auf existenzielle Fragen zu finden. Dazu müssen sich die Führungskräfte fünf Tage hintereinander Zeit nehmen, um zu versuchen, mit (fast) ununterbrochener Konzentration das vorliegende Problem zu lösen. Nach der Umsetzung dieser Methode bei über hundert ihrer Portfoliounternehmen stellten Knapp und seine Kollegen die Methode einem breiteren Publikum vor. Jake Knapp, Jon Zeratsky und Braden Kowitz brachten 2016 ihr Buch *Sprint: Wie man in nur fünf Tagen neue Ideen testet und Probleme löst* heraus.[12]

Design Sprints dienen dazu, herauszuschälen, worauf Ihr Team oder Ihr Unternehmen die Energie richten sollte. In traditionellen Arbeitsumgebungen kristallisieren sich diese Entscheidungen meist im Laufe von Monaten mit Meetings und Diskussionen heraus, die zahlreiche und lange E-Mail-Konversationen nach sich ziehen. Am Ende beschließt man dann, kostspielige Investitionen zu tätigen und Strategien umzusetzen, die aber häufig das Ziel verfehlen. Ein Design Sprint versucht, diese Denkarbeit auf wenige Tage zu komprimieren. In einer sehr effizienten Arbeitswoche entstehen aus den allerersten Diskussionen Entscheidungen, zu denen es bereits Feedback aus dem Marketing gibt. Am ersten Tag wird möglichst das genaue Problem definiert. Am zweiten Tag werden alternative Lösungen skizziert. Am dritten Tag muss die schwierige Entscheidung getroffen werden, welche der Alternativen weiterverfolgt werden soll. Dazu wird eine zu testende Hypothese formuliert. Am vierten Tag wird ein grober Prototyp zur Prüfung dieser Hypothese erstellt. Schließlich wird am fünften und letzten Tag dieser Prototyp echten Kunden präsentiert, um von deren Seite Feedback zu dieser Lösung zu bekommen. Diese Design Sprints wurden in verschiedenen Zusammenhängen durchgeführt: um neue Produkte zu testen, um neue Werbestrategien auszuprobieren oder zu prüfen, ob es einen Markt für eine neue Idee gibt.

Im Design Sprint ist Spezialisierung gefragt, Praktiker müssen sich fünf Tage hintereinander auf ein einzelnes, entscheidendes Problem konzentrieren. Ich war neugierig, in welchem Maße es tatsächlich möglich ist, sich auf ein einziges Thema zu konzentrieren. Daher stellte ich Jake Knapp eine für mich schicksalsträchtige Frage: »Checken die Leute während des Design Sprints ihre E-Mails?« Er erklärte, dass die harte Regel in Design Sprints lautet: »keine Laptops, keine Telefone, keine Tablets, nichts«. Die einzige Ausnahme gebe es am vierten Tag, denn da seien Computer erlaubt, um bei Bedarf einen Prototypen zu erstellen. Wenn Knapp ein Team durch einen Design Sprint leitet, empfiehlt er den Teilnehmern, ihre automatische Abwesenheitsnotiz zu aktivieren, damit sie nicht von dem Gedanken der Unerreichbarkeit gestresst werden. (Knapp nennt diese automatischen Antworten »Überdruckventile« für die Teilnehmer, denen es schwerfällt, sich von dem ewigen Surren des hyperaktiven Schwarmdenkens fernzuhalten.)

Den Teilnehmern ist es gestattet, ihre Geräte vor und nach den Sprint-Sessions, also vor 10 Uhr und nach 17 Uhr, zu nutzen. Auch in den Pausen können sie etwa auf ihre Mobilgeräte schauen, müssen allerdings dafür den Raum verlassen, in dem der Sprint stattfindet. Knapp zufolge könnte ein noch extremerer Ansatz, bei dem es den Teilnehmern ganz und gar untersagt ist, ihre Geräte zu nutzen, »eine noch intensivere Konzentration und bessere Ergebnisse mit sich bringen«. Aber es wäre wohl schwierig, dies einer Gruppe von modernen Wissensarbeitern »zu verkaufen«, denn schließlich gehe es darum, sich zu fünf Tagen absoluter Netzabstinenz zu verpflichten. Nach kurzer Pause fügte er jedoch hinzu, dass, sobald »sie die Vorzüge [dieser Verbindungsunterbrechung] kennengelernt haben«, den Teilnehmern diese Idee vielleicht gar nicht mehr so extrem vorkomme.

■ ■ ■

Jake Knapps Design-Sprint-Prozess funktioniert ausgezeichnet für elementare Entscheidungen, die die Zukunft eines Unternehmens betreffen, aber er kann auch in vielen anderen Bereichen der Wissensarbeit effektiv sein. Beispielsweise unterhielt ich mich mit einer Kommunikationsberaterin, in deren Unternehmen der zuständige Kollege einen teils mehrtägigen internen Workshop ansetzt, wenn ein großer Auftrag zur Planung einer Veranstaltung angenommen wurde. Dies dient dazu, dass sich die Teammitglieder zurückziehen können, um den besten Schlachtplan für das Event ausarbeiten zu können. Man könnte sich entsprechend auch Sprints in Forschungsteams für die Lösung einer wichtigen Frage vorstellen. In *Konzentriert Arbeiten* zeige ich etwa, wie Adam Grant genau diese Strategie ansetzte, um als einer der jüngsten Professoren in der Geschichte der Wharton School of the University of Pennsylvania einen Lehrstuhl zu erhalten.

Die meistens Wissensarbeiter sind so in Verpflichtungen, Aufträgen und altgedienten Methoden für die Erledigung ihrer Aufgaben verstrickt, dass es häufig keinen simplen Weg gibt, um das Aufgabenvolumen auf einen Schlag zu reduzieren. Sprint-Prozesse sind dafür eine mittelbare Alternative. Übernimmt man die Kultur, regelmäßig Design-Sprint-Sessions durchzuführen, löst man auf kurze Sicht nicht die anderen Aufgaben, doch reduziert deren Auswirkungen. So bekommt man die Möglichkeit, zwischen der eigenen Spezialisierung und den hyperaktiven Arbeitsabläufen hin und her zu wechseln – was schon besser ist, als sich nur im Zustand des Letzteren zu befinden.

Darüber hinaus unterstützen regelmäßig durchgeführte Sprints bezogen auf das Arbeitsaufkommen auch längerfristige Veränderungen. Sie erleichtern es den einzelnen Wissensarbeitern, für insgesamt weniger Verpflichtungen einzutreten. Herrscht in einem Büro die Arbeitskultur des hyperaktiven Schwarmdenkens vor, könnte es faul wirken, um weniger Aufgaben zu bitten (»Warum muss der weniger arbeiten?«). In einer Kultur, in der Sprints zum Alltag gehören, kann man auf deren immense Wertsteigerung und die Details verweisen, die auf eine chronische Überlastung hindeuten, aber diese Steigerung verhindern. Sobald sich der Widerspruch zwischen bequemer Geschäftigkeit und Sprints, die das Nettoergebnis verbessern, klar darlegen lässt, sollte es schwerer fallen, der Geschäftigkeit den Vorzug zu geben.

Ein Sprint-Prozess kann nur dann erfolgreich sein, wenn alle Betroffenen mit im Boot sind, denn man muss hier wirklich darauf vertrauen können, dass sich alle von dem persönlichen Posteingang und von Chat-Kanälen lossagen – ohne Murren und Frustration. Als Soloselbstständiger müssen Sie Ihren Kunden deutlich erklären, dass es in Ihrer Arbeit zwei Modi gibt: erreichbar und während eines Sprints unerreichbar. Sind Sie Mitarbeiter in einem größeren Unternehmen, muss die Begeisterung für Sprints von der Führungsspitze ausgehen. Aber sobald diese Art von Spezialisierung angekommen ist, werden sich die Vorzüge schnell zeigen. Wie mir Jake Knapp erläuterte, ist einer der besten Aspekte, wenn er Teams bei Sprints begleitet, die Begeisterung der Teilnehmer. Chronische Überarbeitung macht unglücklich. Bekommen wir aber die Gelegenheit, dieser frustrierenden Schraubzwinge zu entkommen und stattdessen das machen zu können, was wir gelernt haben, nämlich unsere Fertigkeiten und Fähigkeiten dazu zu nutzen, bestmögliche Ergebnisse zu produzieren, wird Arbeit zu etwas, was uns wirklich zufrieden stellen kann.

STICHWORT BUDGET

Wie bereits erwähnt, veröffentlichte ich 2019 einen Artikel in *The Chronicle Review* unter der Überschrift »Macht E-Mail Professoren dumm?« Aber es ging hier um mehr als nur E-Mails. Ich untersuchte die unterschiedlichen Arten und Weisen, wie die zufällig zustande kommenden Arbeitsabläufe, die im Unibetrieb an der Tagesordnung sind, den Hochschuldozenten die Möglichkeit zur Produktivität nimmt. Einer der von mir genannten Schwerpunkte waren zusätzliche

Leistungen. In den meisten Universitäten tragen die Professoren dazu bei, dass die Hochschulen überhaupt funktionieren, indem sie sich Bewerbungen anschauen, in Ausschüssen Aufgaben übernehmen oder in der Selbstverwaltung tätig sind. Das alles kostet Zeit, ist aber für den Unibetrieb unverzichtbar. Jedoch besteht das Problem darin, dass die Verteilung dieser Aufgaben völlig unkontrolliert abläuft. »Ein typischer Ansatz für diese Verpflichtungen ist es, einfach ›ja‹ zu sagen, wenn einen eine Welle von Anfragen trifft, bis man sich in so vielen zusätzlichen Pflichten verstrickt hat, dass man sich verzweifelt zurückzieht, um die anderen Arbeiten aufzuholen«, schrieb ich.

Der Philosophieprofessor Bruce Janz reagierte auf meinen *Chronicle*-Artikel mit einem Essay. Darin beschrieb er das Problem, dass das Aufkommen von Dienstverpflichtungen in tertiären Bildungsinstitutionen erdrückend ist:

> Das rührt von der Haltung vieler Verwaltungsverantwortlichen her, die glauben, ihre neue verschlankte Vorgehensweise sei das Tollste überhaupt und dazu braucht es nur ein kleines Formular, ein bisschen Input der Lehrbeauftragen oder noch ein bisschen ganz etwas anderes. Das wird durch … andere Komitees hervorgerufen, die [einberufen werden], um zur Seite zu stehen oder zu helfen oder eine Strategie zu entwickeln oder zu unterstützen oder zu fördern oder zu brainstormen oder eine beliebige Anzahl anderer Aspekte, die von denselben Menschen immer nur ein klein wenig mehr verlangen. Von diesen administrativen Komitees kommt nicht der geringste Anreiz, etwas zu kombinieren oder zu rationalisieren, deshalb wird dieselbe Arbeit immer wiederholt.[13]

Wie Janz' Analyse zeigt, basiert die überwältigende Menge der Dienstverpflichtungen im Unibetrieb aus der Asymmetrie, die naturgemäß entsteht, wenn eine Person eine andere um Hilfe bittet. Wenn Sie in der Universitätsverwaltung tätig sind oder einen Ausschuss besetzen sollen, dann ist es aus Ihrer Perspektive völlig verständlich, dass Sie Bruce Janz oder mich bitten, an einigen Sitzungen oder an einer Umfrage teilzunehmen oder einige Dokumente zu sichten. Ihrer Bitte nachzukommen, umfasst nicht so furchtbar viel Zeit, und unser kleiner Beitrag kann Sie auf dem Weg zu Ihrem Ziel wirklich weiterbringen, daher wäre es unhöflich – wenn nicht sogar unsozial – von uns, Ihre Bitte auszuschlagen.

Offensichtlich besteht das Problem also darin, dass sich diese Anfragen häufen. Wenn zwanzig andere Verwaltungseinheiten oder Komitees dieselbe nachvollziehbare Bitte formulieren, sind wir Professoren plötzlich bis zur Verzweiflung von den vielen Anfragen überfordert, die wenig mit dem zu tun haben, wofür wir eigentlich bezahlt werden. Unsere Ziele sind Forschung und Lehre – und das bisherige Rezept führt nicht nur zu Ineffizienz, sondern geradewegs zu Frustration.

Allerdings trifft diese Dynamik nicht nur den Universitätsbetrieb. Wissensarbeiter werden im Allgemeinen durch vergleichbare Asymmetrien Opfer chronischer Überlastung. Für die Marketingabteilung ist es so leicht, Ihnen noch kurz eine Einladung zu schicken, um Ihre Meinung zu einer neuen Produktkampagne einzuholen. Ebenso leicht fällt es Ihrem Chef, Sie per E-Mail zu bitten, eine Seminarreihe für die Mittagspause Ihres Teams zu organisieren. Auch nur eine dieser Anfragen abzulehnen, würde so wirken, als seien Sie faul oder unwirsch. Aber diese so »schlichten« Kleinigkeiten führen in Summe dazu, dass Sie permanent von allen noch anstehenden Aufgaben überwältigt werden.

In dem Fallbeispiel des extremen Programmierens lautet die Lösung zu diesem Problem, den Mitarbeitern im Prinzip zu verbieten, die Programmierer direkt zu kontaktieren oder sie um einen Gefallen zu bitten. Deren Fokus sollte allein darauf gerichtet sein, das anstehende Problem mit der obersten Priorität umzusetzen. Wenn man etwas von ihnen wollte, musste man zunächst mit dem Projektmanager sprechen, der dann entschied, mit welchen Belangen man die Programmierer stören dürfe. Immer lautet das oberste Ziel, dass das Programmieren der Codes geschützt werden muss.

Leider lässt sich dieses Modell für Arbeitsabläufe nicht auf alle Formen der Wissensarbeit übertragen. Wenn Dozenten aufhörten, auf all die kleinen Anfragen einzugehen, dann würde der Universitätsbetrieb stillstehen. Während die Programmierer in einer XP-Firma sehr gut isoliert arbeiten können, trifft das nicht für die Wissensarbeiter zu, die Fragen und Anliegen auffangen müssen, die eine Grundlage der Zusammenarbeit darstellen. Was hier gebraucht wird, ist ein Vorgehen, das diese Anliegen wohl zulässt, aber verhindert, dass eine einzelne Person zu viele dieser Gefallen erfüllen muss. In meinem Artikel habe ich dazu einen Vorschlag gemacht.

»Eine Lösung wäre, das Nullsummenspiel, das durch Dienstverpflichtungen entsteht, direkt anzusprechen«, schlug ich vor. »Professoren verfügen über eine begrenzte Zeit ..., anstatt diese Tatsache zu ignorieren, sollten wir den Zielkonflikt benennen, indem wir eine exakte Angabe darüber machen, wie viele Stunden pro Jahr das Hochschulpersonal seiner Dienstverpflichtung nachkommen sollte.« Wie ich bereits damals erklärte, würden diesem Plan zufolge die Professoren ein bestimmtes Zeitkontingent mit ihrem Fachbereichsvorsitzenden abstimmen. Ist dieser überschritten, dürften sie keine weiteren Dienstverpflichtungen in dem betreffenden Semester annehmen.

Diese Anregungen hatte ich eher als Gedankenexperiment statt als konkreten Plan gemeint, aber es wirft das Licht auf einen ausschlaggebenden Aspekt von Arbeitsüberlastung: Er ist weit verbreitet, aber, und das ist teilweise das Problem, seine Größenordnung wird unterschätzt. Professoren sind immer irgendwie ständig sehr beschäftigt. In dieser undifferenzierten Gemengelage von Aktivität ist es nur allzu leicht, jemandem *nur noch diese eine kleine Sache* auf den Schreibtisch zu schieben. Stellen wir uns nun aber des Arguments willen vor, dass diese neue Regel schon in Kraft getreten ist. Dienstverpflichtungen müssen zeitlich erfasst werden und dürfen ein bestimmtes Stundenkontingent pro Semester nicht übersteigen, sonst muss der betreffende Professor seinen Dekan explizit um Erlaubnis bitten. In diesem Szenario wäre es schon schwieriger, von Dienstverpflichtungen extrem überlaufen zu werden. Sind Sie zum Beispiel der Dekan und haben viel Mühe darin investiert, eine herausragende Wissenschaftlerin in Ihren Fachbereich zu holen, und bekommen dann von ihr eine Anfrage, ihr wöchentlich 30 Stunden für Dienstverpflichtungen zuzugestehen, dann würden Sie diesen Antrag wohl kaum unterschreiben! Angesichts harter Fakten wird es schon schwieriger, eine Überlastung zu rechtfertigen. Warum sollten Sie eine Spitzenwissenschaftlerin einstellen, wenn diese die meiste Zeit mit administrativen Tätigkeiten verbringt? Werden diese Zahlen jedoch nicht offengelegt, lässt sich viel einfacher mit den Schultern zucken – denn sehr beschäftigt sind wir schließlich alle.

Eine Annäherung im Sinne einer Beschränkung für Dienstverpflichtungen könnte für Wissensarbeiter im Allgemeinen eine gute Strategie gegen Arbeitsüberlastung sein. Dafür müssen drei Voraussetzungen gegeben sein: Erstens müssen Sie davon ausgehen, dass Ihre Zeit und Ihre Aufmerksamkeit begrenzt sind. Zweitens müssen Sie das Verhältnis quantifizieren, in dem Ihre Zeit und Ihre Aufmerksamkeit auf jede Arbeitskategorie aufgeteilt sind. Und drittens muss die Person, die über Ihre Arbeit entscheidet, Klarheit über Ihre derzeitigen Verpflichtungen haben, wenn sie von Ihnen verlangt, noch mehr Ihrer Zeit zu investieren. Selbst wenn diese verantwortliche Person Sie selbst sind.[14]

Ein Bereich in der universitären Arbeit ist bereits soweit, eine ähnliche Strategie anzuwenden: Anfragen für Peer-Reviews. Akademische Veröffentlichungen hängen von der Begutachtung von Fachkollegen des entsprechenden Forschungsfeldes ab. Daher bekommen die meisten Professoren viele solcher Anfragen. Eine verbreitete Strategie, solche Bitten in einem gewissen Umfang zu halten, sind *Quoten oder*

Kontingente, wie viele man pro Semester schreibt. Sobald dieses Kontingent ausgeschöpft ist, muss man leider weitere Anfragen höflich ablehnen, weil man sein persönliches Limit schon erreicht hat. Diese Herangehensweise funktioniert sehr gut, denn sie liefert einen Grund, warum man nicht doch noch diese eine Review von einer Kollegin annehmen kann. Im Umkehrschluss hieße das, dass die Person, die Sie um dieses Gutachten bittet, Ihnen beweisen muss, dass Ihre Begründung unzureichend ist, sollte sie Ihr Nein nicht akzeptieren.

Würden Sie mich nun bitten, Ihren wissenschaftlichen Artikel zu begutachten, und ich würde einfach antworten: »Ich weiß nicht – ich habe gerade sehr viel zu tun.« Dann könnten Sie nachhaken: »Ich weiß schon, aber das ist sehr wichtig für mich, könnten Sie es nicht doch noch dazwischenschieben?« Wenn ich hingegen entgegne: »Das würde ich sehr gern tun, aber leider habe ich mein Kontingent von zehn Peer-Reviews pro Semester schon ausgeschöpft«, dann müssten Sie dagegen schon folgendermaßen argumentieren: »Sie sollten eigentlich auch mehr als zehn Publikationen pro Semester rezensieren.« Und das ist wiederum kein sonderlich starkes Argument, denn zehn sind eine ganze Menge und daher eine recht nachvollziehbare Quote.

Auch außerhalb der akademischen Welt gibt es eine weitere Budgetierungsstrategie, die meines Wissens häufig erfolgreich umgesetzt wird: Das Verhältnis von konzentrierter und oberflächlicher Arbeit stelle ich in meinem Buch *Konzentriert Arbeiten* vor. Die Idee dahinter ist, schon im Voraus mit dem Vorgesetzten zu klären, wie viele Wochenstunden Sie mit der Arbeit verbringen sollen, für die Sie ausgebildet und eingestellt wurden, und wie viele Stunden mit seichter Arbeit, etwa Kundenbetreuung oder administrativen Aufgaben. Hier besteht das Ziel darin, Ihren Wert für das Unternehmen zu maximieren, indem eine sinnvolle Gewichtung dieser beiden Arbeitsbereiche erreicht wird. Danach kategorisieren Sie Ihre Aufgaben, halten die Zeit für jede Kategorie fest und schauen, wie nahe Sie dem optimalen Verhältnis in diesem Zeitraum kamen.

Nach der Veröffentlichung von *Konzentriert Arbeiten* berichteten mir viele Leser von ihrem Erfolg mit dieser Strategie. Es ist für deren effektiven Einsatz entscheidend, dass Ihr Vorgesetzter Ihre Arbeitsbelastung genau beziffern kann. Nehmen wir an, dass Sie eine Tätigkeit gut beherrschen, die wertvoll für Ihr Unternehmen ist. Daher wird Ihr Vorgesetzter nicht darauf bestehen, dass Sie Ihre meiste Zeit mit oberflächlicher Arbeit verbringen, denn das wäre eindeutig absurd. Wenn Sie ihm aber anhand Ihrer Zeiterhebung darlegen, dass genau das aktuell der Fall ist, dann wird es viel leichter sein, Veränderungsmaßnahmen zur Verbesserung der Situation zu implementieren und Ihre Arbeitsbelastung wird umgehend abnehmen. Denn die Alternative würde von Ihrem Vorgesetzten verlangen, dass er zugibt, dass die derzeitige Gewichtung optimal für die Firma sei (was sie höchstwahrscheinlich nicht ist).

Darüber hinaus ist der Einsatz von Zeitkontingenten für Sitzungen sinnvoll. Die Idee dahinter besteht darin, im eigenen Kalender Zeiten für mögliche Meetings zu blocken. Dieses Kontingent sollte eine wöchentliche Obergrenze haben, die Sie für sinnvoll halten. Bekommen Sie also Anfragen für Meetings, legen Sie diese *ausschließlich* in diese reservierten Zeiten, um eine Überbelastung auszuschließen. Nutzen Sie mit Ihren Kollegen einen gemeinsamen digitalen Kalender oder ein Online-Tool für Zeitmanagement, müssen Sie noch nicht einmal Nein sagen. Die Person mit der Anfrage sieht gegebenenfalls auf den ersten Blick, dass all Ihre Termine bereits vergeben sind.

Diese Strategie ist besonders bei Gründern dank ihrer hohen Autonomität beliebt. Ein Entrepreneur, den ich kenne, hat eine einfache Regel für seine Mitarbeiter und Kunden: keine Meetings vor 12 Uhr. Somit hat er die Möglichkeit, jeden Tag die wichtigsten Punkte ohne Unterbrechung zuerst zu erledigen. Aber es geht noch extremer: Der Terminplan eines anderen Gründers sieht nur den Donnerstagnachmittag für Außentermine vor. Daher müssen Terminwünsche häufig einige Wochen warten, bis der Geschäftsführer wieder frei ist. Dafür rechtfertigt er sich nicht im Geringsten: Er muss schließlich ein Unternehmen aufbauen.

Die Task Boards, die in Kapitel 5: Das Prozessprinzip dargestellt werden, sind ein sinnvolles Instrument, um solche Zeitbudgets umzusetzen. In diesem Zusammenhang bieten die Boards zwei Vorteile: Anhand der Karten lässt sich leicht feststellen, wie ausgelastet jeder Mitarbeiter gerade ist, und das Board bietet eine Struktur, um die Arbeitsaufträge auf den neuesten Stand zu bringen. Dies geschieht normalerweise in den Statusbesprechungen, an denen alle teilnehmen. Nehmen wir an, Sie arbeiten in einem Team, das Task Boards einsetzt. Wenn Sie bereits sehr viel zu tun haben, wird sich das auf der Übersicht zeigen – damit wird es Ihrem Vorgesetzten schwerer fallen, Ihnen noch mehr Arbeit aufzubürden, insbesondere, wenn der andere Kollege nicht so viel zu tun hat. In Situationen, in denen sich eine Arbeitshäufung nicht vermeiden lässt, ist das Volumen der geleisteten Mehrarbeit ebenso offensichtlich und eindeutig. Das bedeutet, dass Sie entsprechend Anerkennung erhalten. An einem Arbeitsplatz, der nach dem Schema des hyperaktiven Schwarmdenkens funktioniert, würden diese Aufgaben spontan via E-Mail verteilt. Damit laufen Sie nicht nur Gefahr, mehr Arbeit zugeteilt zu bekommen, sondern auch weniger Anerkennung dafür zu erhalten, dass Sie Ihre Zeit opfern.

Dieser letzte Punkt ist wichtig, denn er führt zu häufig übersehenen Ungerechtigkeiten. Wie ich zu Beginn von Kapitel 5 gezeigt habe, entwickelt die Arbeitskultur, die aufs Geratewohl funktioniert, leicht eine Dynamik, wie sie Hobbes beschrieb: Diejenigen, die am dreistesten und in der Gruppe am unangenehmsten sind, kommen mit weniger Arbeit davon, während die verständigeren Kollegen die Mehrarbeit leisten. Zum Thema Arbeit wurde einst Richard Feynman, der Nobelpreisträger für Physik, interviewt und eine seiner Antworten wurde berühmt: Seine Strategie zur Minimierung seiner Ausschussarbeit belief sich darauf, die aufgetragenen Aufgaben so schlecht zu erledigen, dass ihn irgendwann keiner mehr um Hilfe bat. Doch nur wenige Menschen fühlen sich mit dieser schamlosen Misanthropie wohl. Wollen wir also wirklich diejenigen belohnen, die es tun?

Linda Babcock von der Carnegie Mellon University untersuchte dieses Thema mit ihrem Team, insbesondere die Tatsache, dass Frauen unter dieser Dynamik überdurchschnittlich stark leiden.[15] Sowohl in Felduntersuchungen als auch in Experimenten stellte Babcock fest, dass Frauen sich mehr als Männer für »nicht beförderungsfördernde« Tätigkeiten meldeten. Frauen würden auch häufiger gebeten, diese Aufgaben zu übernehmen, als Männer, und stimmten häufiger zu. »Das kann für Frauen ernste Konsequenzen haben«, stellten die Forscherinnen fest. »Wenn sie unverhältnismäßig mehr Arbeit leisten, die wenig Sichtbarkeit oder Wirkung hat, brauchen sie viel länger, um ihre Karriere voranzutreiben.«

Die Augen vor der Arbeitsverteilung zu verschließen, mag für den Moment bequem sein. Versuche ich, ein Projekt zu vergeben, schaue ich mir lieber nicht so genau an, wie viel jeder im Team schon leistet – schließlich soll es fertig werden! Aber die Kurzsichtigkeit, die diese Haltung mit sich bringt, hat durchaus ihre Kosten. Sie vereitelt Spezialisierung, die die Produktivität steigern könnte, und bestraft überproportional einige wenige Mitarbeiter, während andere in Ruhe gelassen werden. Ist man jedoch zu einem genauen Blick auf die Zahlen, wie viel jeder tatsächlich arbeitet, gezwungen, nur um dann jemandem extrem viel Arbeit aufzubürden, ist dann wiederum an sich ein extremes Vorgehen. Mit anderen Worten kann Verantwortlichkeit viel dazu beitragen, Aufgaben angemessen zu verteilen. Wie viele Verpflichtungen können wir Wissensarbeitern zumuten?

TURBO-RÜCKENDECKUNG

Eine wichtige Frage im Spezialisierungsprozess bezieht sich auf die Arbeit, die liegen bleibt, wenn alle weniger übernehmen. Aber viele dieser Aufgabenstellungen werden sich einfach von selbst erledigen, denn mit der Zeit wird deutlich, dass sie für die Wertschöpfung unwichtig sind. Softwareentwickler, die mit extremem Programmieren arbeiten, verbringen beispielsweise viel weniger Zeit in Sitzungen und mit der Beantwortung von E-Mails als ihre Kollegen – aber ihren Firmen scheint es auch ohne diesen Zeitvertreib ganz gut zu gehen. Eine Verschiebung zugunsten der Spezialisierung wird jedoch unweigerlich dazu führen, dass auch einige administrative Aufgaben unbearbeitet bleiben, die sich nicht abschaffen lassen. Eine Lösung dafür ist, den Trend der intellektuellen Spezialisierung umzukehren, wie es Edward Tenner und Peter Sassone beobachteten, und *mehr* Mitarbeiter für die Verwaltung einzustellen.

In vielen Unternehmen, die ihren Wert aus Wissensarbeit schöpfen, werden die Mitarbeiter als Allzweck-Computer benutzt, die eine wilde Mischung aus wertschöpfender Arbeit und Verwaltungstätigkeit beackern. Häufig ist diese Arbeit ungleich verteilt und nicht alle Aufgaben sind auf ein großes Gesamtziel ausgerichtet. Im Gegensatz dazu wird in einem spezialisierten Unternehmen die Belegschaft nach Aufgaben aufgeteilt: Eine Gruppe konzentriert sich auf die Erbringung qualitativ hochwertiger Leistung – wie die Entwickler in einem XP-Projekt –, während sich die andere Gruppe fast ausschließlich auf den ganzen notwendigen Rest beschränkt, um das ganze Unternehmen am Laufen zu halten. Wie Sassones Forschungsergebnisse zeigen, bedeutet ein Zuwachs an Verwaltungspersonal nicht unbedingt eine Minderung der Profitabilität. Erlauben Sie Spezialisten, sich mehr auf ihre Kernkompetenzen zu konzentrieren, denn dann produzieren sie mehr – dieser Wertzuwachs kann die Kosten eines engagierten Back-Office-Teams mehr als nur kompensieren. Unser Drang zur Lohnkostensenkung, indem jeder Mitarbeiter sich um verwaltungstechnische Aufgaben mithilfe von Computerschnittstellen selbst kümmern muss, war nur die Hoffnung auf eine Verschlankung der Prozesse. Dieser Bruttogewinn verschleierte das Maß, zu dem das kognitive Getriebe, das in der Wissensarbeit schließlich für Wertschöpfung sorgt, angesichts dieser neuen Anforderungen quietschend ins Stocken kam.

Um das hyperaktive Schwarmdenken zu überwinden und die Produktivität deutlich zu steigern, müssen wir zu einer Kultur zurückkehren, die es uns stärker erlaubt, zwischen spezialisierter Arbeit und betrieblicher Organisation zu differenzieren. Das soll jedoch nicht heißen, dass wir zu einem schwerfälligen Arbeitsstil á la *Mad Men* zurückkehren, wie er in Zeiten vor dem Computer in Unternehmen herrschte – vor jedem Einzelbüro saßen Sekretärinnen und tippten hingebungsvoll Unterlagen, Führungskräfte riefen zum Diktat und Boten schoben Postwagen durch die Flure und brachten den Kaffee. In den letzten Jahrzehnten hat sich die Technologie signifikant weiterentwickelt und ermöglicht damit eine viel raffinierte Vision der Unterstützung der Spezialisten. Da wir zur Spezialisierung zurückkehren, sollten wir diese Unterstützung zusätzlich fördern können, um sie im Sinne der Effizienz und Zufriedenheit der Beteiligten zu verbessern.

Im Folgenden führe ich einige Ideen auf, wie wir dieses Ziel erreichen können.

Turbo-Idee #1: Verwaltungsaufgaben strukturieren

Veronica war bisher administrative Studienbetreuerin einer Universität und zuständig dafür, Fragen zu beantworten sowie Verwaltungsaufgaben zu übernehmen. In ihrem Büro wurde alles per E-Mail erledigt. »Ich bin morgens zur Arbeit gegangen und habe dann alle meine E-Mails ›erledigt‹«, berichtete sie mir, als ich sie für dieses Buch interviewte. »Manchmal saß ich acht Stunden oder mehr auf meinem Platz und machte nichts anderes, als meinen Posteingang abzuarbeiten.« Mit anderen Worten war ihre Arbeit ein schönes Beispiel für Überlastung. Veronica war den ganzen Tag damit beschäftigt, über den ständigen Zustrom weiterer eintreffender E-Mails und den damit verbundenen Aufgaben Herr zu werden. Zu jener Zeit glaubte sie, das sei einfach »normale Arbeit«. Wie viele Verwaltungsangestellte, die hauptsächlich via E-Mail mit der Außenwelt kommunizieren, hatte sie keine Ahnung, wie ihre Arbeit sonst aussehen könnte.

Bis sie in den öffentlichen Sektor wechselte und eine Stelle beim Amtsgericht annahm. Im Prinzip waren hier ihre Aufgaben denen in der Universität ähnlich: Sie bearbeitete die Gerichtskosten und aktualisierte Fallakten. Doch aus einem bestimmten Grund fühlte sich diese Arbeit für sie anders an: In ihrem neuen Job nutzte Veronica keine elektronischen Geräte für die Kommunikation. Es gab im Gericht ein speziell eingerichtetes Managementsystem, in denen die Informationen über die Verfahren dokumentiert und aktualisiert wurden. Die Kommunikation der Verwaltungsangestellten untereinander verlief analog. Die verschiedenen Aufgaben galt es in einem spezifischen Arbeitsablauf zu erledigen, indem bestimmte Dokumente in einer bestimmten Reihenfolge von einem Mitarbeiter zum anderen gereicht wurden. In einigen Fällen mussten aus rechtlichen Gründen die Übergaben abgezeichnet werden oder man brauchte eine weitere Kopie, die zu der Anklageschrift des Verdächtigen hinzugefügt werden musste. Wenn Veronica eine Frage hatte, ging sie einfach zu den Kollegen und hakte persönlich nach.

Man könnte argumentieren, dass die einzelnen Schritte dieses altertümlichen Arbeitsablaufs durch den Einsatz digitaler Netzwerke effizienter gestaltet werden könnten. Es wirkt wie Zeitverschwendung, zu einem Kollegen ins Büro gehen zu müssen, wenn man stattdessen beispielsweise eine PDF an eine E-Mail anhängen könnte. Doch nachdem Veronica zuvor in einem Büro tätig war, in dem *alles* angeblich effizienter über E-Mail abgewickelt worden war, war sie sich dessen nicht mehr so sicher. Sie beschrieb die Arbeit im Gericht als »menschliche Transaktionen«. Wenn jemand etwas benötigte, wurde es ihm persönlich gebracht und dann beschäftigte man sich damit, bis der Auftrag erledigt war. Vielleicht dauert es tatsächlich länger, über den Flur zu laufen, um ein Formular abzugeben, als es zu mailen, aber hinsichtlich der Produktivität hatte Veronica das Gefühl, sie sei bei ihrem alten Arbeitgeber weniger effektiv gewesen. Wenn man nicht länger gezwungen ist, seine Aufmerksamkeit ständig zwischen verschiedenen Aufgaben und einer Vielzahl von asynchronen Konversationen im Posteingang aufzuteilen, nimmt jede einzelne Aufgabe insgesamt weniger Zeit in Anspruch.

Darüber hinaus berichtete Veronica von anderen und weniger konkreten Vorzügen eines Büros ohne E-Mail: »Weil wir alle im Verlauf des Tages mehr miteinander zu tun haben, ist der Kameradschaftsgeist groß.« Im Gegensatz dazu hatte sie sich an der Uni isoliert gefühlt, weil sie ihren Tag damit verbrachte, auf einen Monitor zu starren. Außerdem liegt ein nicht zu unterschätzender psychologischer Vorteil vor, wenn es keinen E-Mail-Posteingang gibt, in dem Aufgaben schneller eintrudeln, als man sie bewältigen kann. »Das Beste aber daran ist, dass wir die Arbeit nur im Büro erledigen«, fasst sie zusammen, »es geht gar nicht, Arbeit mit nach Hause zu nehmen.«

Die Lehre, die wir aus Veronicas Erfahrungen ziehen, lautet nicht, dass wir alle wieder zu papierbasierter Büroarbeit zurückkehren sollten. Es geht eher darum, dass Arbeitsabläufe bei Verwaltungstätigkeiten wichtig sind. Veronica hatte zwei Jobs, die in ihren Anforderungen recht ähnlich waren. Während sie in ihrer ersten Stelle Arbeitsabläufe hatte, die dem hyperaktiven Schwarmdenken folgten, waren sie in dem zweiten Job deutlich strukturierter. Der Unterschied war riesig: Im ersten Job war Veronica unglücklich und ineffektiv, im zweiten war sie das genaue Gegenteil.

Um ein nachhaltig spezialisiertes Unternehmen aufzubauen, brauchen administrative Aufgaben solche strukturierten Prozesse. Einfach neue Verwaltungskräfte einzustellen, sie vor einen Computer zu setzen und ihnen zu sagen, »Machen Sie sich nützlich«, führt zu unglücklichen Mitarbeitern und hoher Fluktuation. Um diese Positionen wieder einzuführen, müssen die Arbeitsabläufe systematisch strukturiert werden. Je nach der spezifischen Art der Arbeit unterscheiden sich diese Prozesse deutlich voneinander. Im Allgemeinen sollte eindeutig dargelegt werden, wie jeder Schritt auszusehen hat. Ein Verwaltungsangestellter sollte sich nicht fragen müssen, was er als Nächstes tun sollte. Unsicherheit kostet Energie und kann zu endlosen, frustrierenden, spontanen Konversationen via E-Mail führen.

Darüber hinaus darf man nicht vergessen, dass Arbeiten im direkten Kontakt mit den Kollegen normalerweise effizienter ist als paralleles Arbeiten mit wenig Kontakt. Im besten Fall gestalten Sie die Prozesse so, dass ein Mitarbeiter an immer nur einer Sache arbeitet, bis sie erledigt ist, und Probleme persönlich anzugehen (und nicht mithilfe eines E-Mail-Hin-und-Hers). Kurzfristig scheint es wesentlich zeitsparender, einfach E-Mails zu schicken, aber wenn das alle machen, sitzen wieder alle mit einem überfüllten Posteingang da und kämpfen darum, mit ihren Aufgaben irgendwie voranzukommen.

Turbo-Idee #2: Richten Sie clevere Schnittstellen zwischen Spezialisten und Verwaltung ein

Um meinen E-Mail-Posteingang an der Georgetown University im Griff zu behalten, habe ich einen Gmail-Filter so eingestellt, dass alle Ankündigungen der Verwaltung automatisch aus meinem allgemeinen Posteingang aussortiert und gekennzeichnet werden, sodass ich sie mir später ansehen kann. Der Prozess, diesen Filter einzurichten, war einfach: Jedes Mal, wenn ich von der Verwaltung eine E-Mail bekam, fügte ich den Namen des Absenders zu meinem Spam-Filter hinzu. Ziemlich schnell war ich vom Ausmaß überwältigt. Im Moment befinden sich 27 verschiedene E-Mail-Adressen von der Georgetown University in dem Filter, von den allen ich regelmäßig Ankündigungen die Administration betreffend erhalte. Irgendwann gab ich es auf, meinen Filter zu aktualisieren – es gab einfach zu viele Leute, die einen Teil meiner Aufmerksamkeit beanspruchten.

Das Problem – nicht nur an meiner Universität, sondern auch in den meisten anderen großen Wissensorganisationen – ist, dass jede verwaltungstechnische Einheit mehr oder weniger losgelöst von den anderen arbeitet. Jede versucht, sich möglichst gut auf die Erfüllung der internen Ziele zu konzentrieren. Aus der Perspektive jedes dieser mehr als 27 Adressaten ist es natürlich sinnvoll, mir diese E-Mails zu schicken. Sie haben Informationen, für deren Verbreitung sie sorgen müssen, und eine Massenmail ist eindeutig ein effizienter Weg, um dieses Ziel zu erreichen. Dasselbe gilt natürlich auch für den umgekehrten Weg und alle, die in einem großen Unternehmen arbeiten, kennen das: Um eine bestimmte Dienstleistung von einer Verwaltungseinheit zu bekommen, müssen komplexe und in sich widersprüchliche Formulare ausgefüllt werden. Noch einmal: Betrachten wir diese Einheiten einzeln, die ihr eigenes Ziel möglichst effektiv erreichen möchten, sind diese Formulare durchaus sinnvoll … Wenn die Verwaltungskräfte jeden dazu bringen könnten, die benötigten Informationen in einer Weise in das Formular so einzutragen, dass sie maximalen Nutzen bringen, dann wären sie auch in der Lage, diese schneller zu bearbeiten.

Das Problem besteht natürlich darin, dass die unterstützenden Abteilungen keine selbstständigen Einheiten sind: Sie sind Teil eines größeren Unternehmens und ihre abteilungsinterne Effizienz wirkt sich nur bedingt auf den unternehmerischen Gesamterlös aus. In den meisten Wissensbereichen sind es die Spezialisten, die die Wertschöpfung, die das Unternehmen am Leben erhält, unmittelbar generieren. Angesichts dieser Tatsache wäre ein anderes Ziel für die Verwaltungsabteilungen sinnvoll: möglichst effektiv ihre administrativen Aufgaben zu lösen – mit *möglichst wenig Einfluss* auf die entscheidenden Tätigkeiten der Spezialisten. Würde das berücksichtigt, könnte diese Maßgabe dazu führen, dass eine bestimmte Abteilung im Back Office ihre eigene Arbeit *weniger* effizient gestaltet, um der Organisation damit den größeren Dienst zu erweisen.

Der kritische Punkt für die Umsetzung dieser Idee sind die verschiedenen *Schnittstellen* zwischen Spezialisten und Verwaltungspersonal. Jede Verwaltungsabteilung gestaltet diese Schnittstellen auf eine Weise, die für sie minimalen Aufwand bedeutet, wie ich mit meinem Beispiel der Mailingliste zeigen wollte. Wenn jede Einheit diese Entscheidung unabhängig von den anderen trifft, wird jeder irgendwann mehr mit Kommunikation beschäftigt sein, als er bewältigen kann. Eine bessere Schnittstelle könnte in dem Beispielfall in einem gemeinsamen Newsletter bestehen, der alle relevanten Ankündigungen zusammenfasst und Links aufführt, unter denen weiterführende Informationen zu finden sind – für die interessierten Leser. Diese Regel würde die Abläufe der einzelnen Abteilungen ein wenig erschweren, weil sie dann nicht mehr ihre Informationen einfach hinausposaunen könnten, wie sie wollten, aber sie würden dennoch veröffentlicht und in diesem Fall geschähe das mit weniger Unterbrechungen für die Empfänger.

Um ein etwas übertriebenes Beispiel anzuführen: Stellen wir uns ein Unternehmen vor, in dem die Anfrage nach der Zeit und Aufmerksamkeit eines Spezialisten für eine organisatorische Frage an einen *Ombudsmann für Aufmerksamkeitsökonomie* ginge, wie zum Beispiel für die Erneuerung des Antrags für den Firmenparkplatz oder eine vorab erstellte Jahresübersicht der geplanten Dienstreisen. Dieser Ombudsmann würde die unnötigen Anfragen aussieben, andere bestätigen und vielleicht die Verwaltungsabteilungen dazu bringen, ihre Formulare einfacher ausfüllbar zu gestalten. Das mag absurd klingen, aber ist es das wirklich? Beispielsweise investiert Google bereits in großem Umfang in eine kostenlose Kantine und zahlt Beiträge für die Kleiderreinigung, um die hoch bezahlten und spezialisierten Entwickler dabei zu unterstützen, mehr Wert zu erwirtschaften. Vor diesem Hintergrund scheinen die Kosten einer Schiedsstelle relativ gering angesichts der möglichen zusätzlichen Wertschöpfung.

Man könnte auch den anderen Weg einschlagen und die Schnittstellen optimieren, über die die Spezialisten die Verwaltung kontaktieren. Das Ziel sollte dabei sein, die Auswirkungen auf die Zeit und

Aufmerksamkeit der Spezialisten möglichst gering zu halten. Im Bereich Kundenkontakt hat es in den letzten zehn Jahren eine Entwicklung hin zur sogenannten *unsichtbaren Benutzeroberfläche* gegeben – Interfaces, die so einfach und flexibel sind, dass der Konsument sie gar nicht als solche erkennt. Die verbreitetsten Beispiele für unsichtbare Benutzeroberflächen dürften die digitalen Assistenten wie Alexa und Google Home sein. Anstatt sich am Monitor durch Menüs klicken zu müssen, etwa um eine Information zu finden, eine Nachricht zu schicken oder Musik zu hören, sagt man einfach laut, was man tun möchte. Das Gerät weiß dann, was der Nutzer braucht. Im Kontext eines großen Unternehmens könnte sich das aber auch folgendermaßen abspielen: Anstatt sich durch ein komplexes Online-Interface zu klicken, um seinen Urlaub einzureichen oder einen Antrag auf Zuschüsse zu stellen, tippen Sie Ihren Wunsch einfach in einen Chat. Danach kommt jemand bei Ihnen im Büro vorbei oder ruft Sie für die nötigen Informationen an.[16]

Die genannten Beispiele sollen zu konkreteren Ansätzen anregen. Die Details, wie man am Ende die Benutzeroberflächen optimal gestaltet, hängt von der Art des erwünschten Ergebnisses ab. Abstrakter kann man sich diese Optimierung auch so vorstellen, dass jede Verwaltungsabteilung ein Zählwerk installiert, dass wie durch Zauberei jede Minute erhebt, die die Abteilung die Aufmerksamkeit von anderen Mitarbeitern in Anspruch nimmt – wöchentlich, etwa. Das Ziel könnte dann darin bestehen, diese Summe möglichst stark zu minimieren, während die wichtigsten Punkte immer noch erledigt werden. Natürlich gibt es solche Zählwerke nicht, aber diese Idee zeigt, wie sehr sich das Denken bezogen auf Verwaltungstätigkeiten ändern könnte.

Abschließend muss ich einräumen, dass mir solche Konzepte auch Beklemmungen verursachen. Die Spezialisierung voranzutreiben, birgt auch eine moralische Falle. Es könnte eine scharfe Trennung zwischen den Spezialisten entstehen, die Freude an ihrer Arbeit haben, und einer »Unterklasse« an Mitarbeitern in den verwaltenden und unterstützenden Abteilungen, die wahrscheinlich überlastet sein werden. Mein Vorschlag, dass die Verwaltungsabteilungen bereit sein sollten, ihre Arbeit zu intensivieren, um den Spezialisten die ihre zu erleichtern, statt nur eigennützig zu handeln, lenkt die Diskussion möglicherweise unbeabsichtigt in eine heikle Richtung. Vor diesem Hintergrund möchte ich zwei Argumente zu meiner Rechtfertigung anführen.

Erstens muss eine Neuorientierung der Verwaltungsmitarbeiter hin dazu, den Spezialisten optimale Arbeitsbedingungen zu ermöglichen, nicht heißen, dass Erstere nun leiden müssen. Meine ursprüngliche Idee zu diesem Thema drehte sich darum, im Hintergrund die Prozesse besser zu unterstützen, um eine Arbeitsüberlastung durch das hyperaktive Schwarmdenken zu vermeiden. An dieser Idee halte ich nach wie vor fest: Die Zielsetzung, die eigene Abteilung möglichst effizient zu gestalten, hinter sich zu lassen und stattdessen die unternehmerische Wertschöpfung in den Vordergrund zu rücken, bedeutet nicht, dass die damit zusammenhängende Arbeit eine geringere Qualität hat oder weniger nachhaltig ist.

Meine zweite Rechtfertigung lautet, dass dieser Vorschlag den ökonomischen Tatsachen entspricht – ob es uns nun gefällt oder nicht. Erbringt eine Wissensorganisation qualitativ hochwertige Leistung in einem von Konkurrenz geprägten Markt, dann liegt es auf der Hand, dass dieses Unternehmen erfolgreicher ist, wenn das Hauptaugenmerk – auch das der Verwaltungsabteilungen – auf diesem Output liegt, anstatt dass jede einzelne Abteilung kurzsichtig auf die eigenen Interessen schielt. Um es deutlich zu sagen: Keine Abteilung sollte respektlos oder als weniger wichtig behandelt werden, und niemand sollte ein Arbeitsumfeld ertragen müssen, das ihn unglücklich macht. Aber von diesen Grundsätzen einmal abgesehen, sind Unternehmen keine Demokratien und nicht allen Mitarbeitern werden dieselben Freiheiten eingeräumt. Schlicht: Noch nie hat eine Wissensorganisation einen Markt erobert, weil ihre Personalabteilung ihre internen Abläufe so toll im Griff hatte.

Turbo-Idee #3: Als letzte Rettung: Tun Sie so, als ob

Die beiden letzten Ideen beziehen sich auf die Rolle der Verwaltungsmitarbeiter in großen Wissensorganisationen. Um sie umsetzen zu können, müssen Sie eine einflussreiche Position bekleiden, Geschäftsführer oder Leiter eines größeren Bereichs sein. Aber auch wenn Sie ein Mitarbeiter ohne diese Einflussmöglichkeiten sind und darunter leiden, dass Sie zu wenig Unterstützung bekommen, ist noch nicht alles verloren. In dieser Situation können Sie als letzte Rettung Ihr eigenes Verwaltungspersonal *simulieren.*

Dafür lässt sich die Arbeitszeit in zwei verschiedene Kategorien einteilen: Spezialisierung und Verwaltung. Beispielsweise reservieren Sie sich die Stunden zwischen 12 und 13 Uhr sowie zwischen 15 und 17 Uhr als Verwaltungszeit. In den anderen Stunden tun Sie so, als arbeiteten Sie in einem spezialisierten Unternehmen: Konzentrieren Sie sich ausschließlich auf die unmittelbar wertschöpfende Tätigkeit. Beantworten Sie in dieser Zeit keine verwaltungstechnischen E-Mails oder nehmen Sie aus demselben Grund nicht an Besprechungen teil. Arbeiten Sie nur an dem, was Sie am besten können – als wären Sie ein XP-Entwickler. In der Verwaltungszeit schlüpfen Sie dann in die Rolle eines Vollzeit-Verwaltungsmitarbeiters, dessen Ziel es ist, dass sein Spezialisten-Alter-Ego möglichst effektiv arbeiten kann. Verlieren Sie sich in diesen Stunden nicht in E-Mails, sondern folgen Sie auch hier dem genannten Ratschlag und minimieren Sie das Überlastungsgefühl durch beispielsweise logistische Themen, indem Sie auch hier die Prozesse optimieren. (Kapitel 5: Prozessprinzip zeigt hierzu einige spezifische Strategien, die man auch als Soloselbstständiger umsetzen kann.) Sie können sogar die Schnittstellen zwischen den beiden Rollen verbessern, indem Sie für jede eine einfache Ablage einrichten.

Dort kann Ihr Spezialist die Verwaltungsbelange ablegen, die später von Ihrem inneren Verwaltungsmitarbeiter abgearbeitet werden. Dazu kann eine Textdatei, ein spezieller Ordner auf dem Schreibtisch oder ein physischer Ablagekorb dienen, wo dann die Formulare oder Erinnerungsnotizen auf Papier landen (ursprünglich David Allens Idee).

Wollen Sie noch einen Schritt weitergehen, können Sie zwei unterschiedliche E-Mail-Adressen einrichten. Diese Methode wende ich zum Teil für meine Hochschularbeit an. Ich habe eine Adresse bei der Universität georgetown.edu. Hier geht die ganze offizielle Korrespondenz ein und diese Adresse nutze ich möglichst viel für administrative Aspekte. Darüber hinaus habe ich eine Adresse auf einem Fakultätsserver. Diese nutze ich für den Kontakt zu anderen Dozenten, den Studenten und Postgraduierten sowie meinen Forschungskollegen – die erste Adresse ist meiner Rolle als Verwaltungsmensch zugeordnet, die zweite der als Spezialist.

Eine weitere Taktik für Fortgeschrittene ist das Vorgehen, ganze Tage den einzelnen Rollen zu widmen. Vielleicht kümmern Sie sich am Dienstag und Donnerstag um den Verwaltungskram, Montag, Mittwoch und Freitag geht es dann um die Inhalte der Spezialisierung. Diese deutliche Trennung von beiden Sphären ist nicht in jedem Beruf machbar, aber wenn es für Sie funktioniert, dann bietet eine solche Trennung eine wunderbare Klarheit. Ich habe Menschen kennengelernt, die sogar eine räumliche Trennung vornehmen. Sie gehen beispielsweise ins Büro für die Verwaltungsaufgaben und arbeiten zu Hause an ihren spezialisierten Vorhaben.

Vielleicht erscheint der Gedanke, zwei verschiedene Arbeitswelten in sich selbst zu vereinigen, unbeholfen, aber die deutliche Differenzierung dieser beiden Aufgabenarten bringt eine erstaunliche Effizienz mit sich. Wie ich bereits in Teil I darstellte, reduziert das Hin- und Herwechseln zwischen Verwaltungs- und spezialisierten Tätigkeiten die kognitive Kapazität, mit dem Effekt, dass es mehr Zeit kostet, weniger qualitativ hochwertige Ergebnisse zu erzielen. Eine Stunde volle

Konzentration auf ein schwieriges Projekt, gefolgt von einer Stunde fokussierter Verwaltungsarbeit wird am Ende mehr Gesamtoutput hervorbringen, als sich zwei Stunden mit geteilter Aufmerksamkeit mit dem einen oder dem anderen Thema zu beschäftigen.

■ ■ ■

Die technologischen Entwicklungen haben zu einem Schwund an Spezialisierung und zu mehr Arbeitsüberlastung geführt. Sobald Personal Computer es Spezialisten ermöglichten, auch Verwaltungstätigkeiten auszuführen, wurde es zum Alltag, darüber hinaus auch noch ein Übermaß an weiteren Aufgaben zu erledigen. Dadurch wurden die Arbeitsabläufe des hyperaktiven Schwarmdenkens zur besten Option, um Herr über unseren hektischen Arbeitsalltag zu werden.

Arbeit neu zu denken, erfordert daher eine eingehende Spezialisierung. Stattdessen sollen die Wissensarbeiter mit wertschöpfenden Fähigkeiten und Fertigkeiten sich lieber darauf konzentrieren, diese auch in die Praxis umzusetzen, während schlau zusammengestellte Teams von anpackenden Verwaltungskräften sich um den Rest kümmern. Die Richtungsänderung hin zum Weniger (aber besser) basiert auf einem Gleichgewicht von Spezialisierung und allgemeinen Tätigkeiten. Diese Balance ist entscheidend, damit sich Wissensarbeit von dem derzeitigen ineffizienten Chaos zu etwas deutlich Organisierterem entwickelt.

Fazit

Mondlandung im 21. Jahrhundert

»Fünf Punkte, die wir über den technologischen Wandel wissen müssen« lautete der Titel eines Vortrages, den der Gesellschaftskritiker Neil Postman im Jahr 1998 hielt.[1] Er eröffnete seinen Beitrag mit der Feststellung, dass er zwar nicht über die Lösungen für all die Probleme verfüge, die die moderne Technologie mit sich bringe, doch er könne einige Gedanken erläutern, die auf seiner über 30-jährigen Auseinandersetzung mit dem Thema basierten. Jeder einzelne seiner Gedanken ist tief greifend. Beispielsweise sprach er über die Zielkonflikte, die im technologischem Wandel angelegt seien: »Für jeden Vorteil, den eine neue Technologie bietet, existiert ein korrespondierender Nachteil.« Er betonte, dass diese Vor- und Nachteile innerhalb einer Gesellschaft nie »gleich verteilt sind«.

Ich möchte jedoch auf die vierte seiner fünf Thesen eingehen, denn sie hebt die prägnantesten Aspekte des intellektuellen Rahmens, den ich mit diesem Buch aufstellen wollte, hervor:

> Technologischer Wandel ist nicht additiv, er ist evolutionär … Ein neues Medium fügt nichts hinzu, es verändert alles. Als im Jahr 1500 das Drucken erfunden wurde, gab es nicht das alte Europa plus einer Druckerpresse: Es war ein anderes Europa.

Postmans Idee bringt Klarheit in die irritierende kognitive Dissonanz, unter der so viele Menschen bei den digitalen Kommunikationsmedien wie E-Mail leiden. Rational ist uns bewusst, dass E-Mails ein besserer Weg der Nachrichtenübermittlung sind als die zuvor gängigen Technologien: universell, schnell, fast kostenlos. Alle, die sich noch daran erinnern können, wie es war, einen Papierstau bei einem Faxgerät zu beseitigen oder abgegriffene Umlaufmappen aufzuklappen, zweifeln wohl kaum daran, das die E-Mail einige nervige Probleme des Büroalltags elegant gelöst hat. Doch gleichzeitig sind wir ebenso genervt von unserem Posteingang, der gleichzeitig eine Quelle für Stress und Überlastung ist wie ein Segen für unsere Produktivität. Diese zweischneidigen Reaktionen – Bewunderung und Abscheu – stören und sorgen bei so manche Wissensarbeitern für frustrierte Resignation.

Im Rückgriff auf Postmans Gedanken gewinnen wir Klarheit. Unser Problem besteht darin, dass wir E-Mails als *additiv* ansehen. Wir glauben, das Büro im Jahr 2021 ist wie das Büro aus dem Jahr 1991 – nur dass jetzt Nachrichten schneller von A nach B gelangen. Aber das stimmt nicht. E-Mail fügt nichts hinzu, denn sie ist evolutionär. Das Büro von 2021 ist nicht das von 1991 mit einigen neuen Möglichkeiten. Es ist ein vollkommen anderes Büro – in dem sich Arbeit als nicht enden wollender, spontaner und unstrukturierter Strom aus Nachrichten erweist – mit einem Arbeitsablauf, den ich hyperaktives Schwarmdenken genannt habe. So haben wir früher nicht gearbeitet, aber heute finden wir uns in den verschiedenen Ansprüchen des Schwarmdenkens verstrickt wieder. Wir gehen unter in oberflächlicher Geschäftigkeit, während wir darum kämpfen, wichtige Aufgaben zu erledigen, alldieweil wir uns zunehmend elend fühlen.

In Teil I dieses Buches habe ich versucht, diese Dynamik näher auszuführen. Ich habe den Arbeitsablauf des hyperaktiven Schwarmdenkens definiert und unterschiedliche Wege aufgezeigt, wie es dafür sorgte, dass sich unser Arbeitsalltag verschlechtert hat. Weiterhin habe ich einen genaueren Blick auf die komplexen Kräfte geworfen, die dazu geführt haben, dass dieser Workflow allgegenwärtig ist. (Wie sich herausstellt, haben sie viel mit der Autonomie des Wissensarbeiters zu tun, auf die Managementtheoretiker Peter Drucker schon früh beharrte.) Ich habe aufgezeigt, dass E-Mails erst den Arbeitsablauf des hyperaktiven Schwarmdenkens ermöglicht haben, dieser aber nicht unvermeidlich ist. Mit anderen Worten: Wir stecken nicht mit dieser Arbeitsweise fest. Der Titel dieses Buches, *Eine Welt ohne E-Mail* erweist sich als gängige Kurzform für ein präziseres Bild meiner Vision: *Eine Welt ohne die Arbeitsabläufe des hyperaktiven Schwarmdenkens.*

Auf dieser Grundlage lenkte ich in Teil II meine Aufmerksamkeit von den negativen Aspekten dieser Arbeitsabläufe zu den Möglichkeiten, die entstehen, sobald wir begreifen, dass wir sie durch Alternativen ersetzen können. Die vielleicht wichtigste Beobachtung, die ich in der zweiten Hälfte des Buches ausführte, stammt aus dem 4. Kapitel: Zwischen 1900 und 2000 stieg die Produktivität eines durchschnittlichen Arbeiters um mehr als das *50-Fache*. Diese Beobachtung ist aus dem Grund wichtig, weil Peter Drucker, von dem der Ausdruck *Wissensarbeiter* stammt, gegen Ende seines Lebens die Produktivität von Wissensarbeitern zu einem Zeitpunkt einschätzte, der aus heutiger Sicht dem der Arbeit um 1900 entsprach. Mit anderen Worten haben wir noch nicht einmal die Oberfläche dessen angekratzt, wie wir in diesem neuen ökonomischen Sektor am besten agieren können. Daraus folgt, dass die potenziellen Produktivitätssteigerungen gigantisch sein können, wenn wir uns aus dem Würgegriff der Arbeitsabläufe des hyperaktiven Schwarmdenkens befreien. Sie belaufen sich in Größenordnungen von Hunderten von Milliarden US-Dollar in gesteigertem BIP, wenn nicht sogar noch mehr. Ein berühmter milliardenschwerer CEO aus dem Silicon Valley meinte kürzlich in einem Gespräch, in dem wir uns unserer gemeinsamen Obsession mit diesem Thema hingaben: »Die Produktivität der Wissensarbeiter ist die Mondlandung des 21. Jahrhunderts.«

Um dieses außerordentlich wichtige Unterfangen besser zu strukturieren, stellte ich die *Theorie der Aufmerksamkeitsökonomie* vor. Akzeptiert man erst einmal, dass die wichtigste Kapitalressource der Wissensarbeit das menschliche Gehirn ist (oder zutreffender die Fähigkeit dieses Gehirns, sich auf Informationen zu konzentrieren und daraus neue, wertvollere Informationen zu generieren), das eingesetzt wird, dann kommt die allgemeine kapitalistische Ökonomie ins Spiel. Damit ist es offensichtlich, dass der Erfolg auf den Details basiert, wie dieses Kapital genutzt wird. Durch diese theoretische Brille ist das hyperaktive Schwarmdenken nur eine von vielen Möglichkeiten, diesen Einsatz des Gehirns zu gestalten. Diese Form der Arbeitsabläufe hat den Vorteil, dass sie leicht verständlich und flexibel ist, aber sie hat auch den Nachteil, einen geringen Erlös aus dem eingesetzten Kapital zu gewinnen. Das mag geläufig klingen, denn diese Geschichte beginnt mit einem recht einfachen Einsatz von Kapital, bevor man zu komplexeren, aber eben auch profitableren Alternativen übergeht. Wie ich aufzeigte, wurde dieser Vorgang in der Zeit frühen disruptiven Aufeinandertreffens von Technologie und Handel bereits häufiger wiederholt: während der Industriellen Revolution.

Weiterhin untersuchte ich in Teil II verschiedene Prinzipien für den Entwurf klügerer Arbeitsabläufe – Wissensarbeit also effektiver zu gestalten, als jeden an einen elektronischen Posteingang zu stöpseln und dann alle das machen zu lassen, was sie wollen. Die Ideen in diesem Abschnitt sind nicht als eine umfassende Regieanweisung gedacht, weil ich Akademiker und kein Wirtschaftsexperte bin. Dennoch hoffe ich, dass diese konkreten Ideen dazu führen können, dass neue, auf die jeweiligen Umstände maßgeschneiderte Strategien entstehen – sei es für Ihr Unternehmen oder für Ihren Berufsalltag als Soloselbstständiger.

■ ■ ■

Gegen Ende seiner Rede sagte Neil Postman: »In der Vergangenheit haben wir technologischen Wandel wie ein Schlafwandler wahrgenommen … Das ist auf gewisse Weise dumm, besonders in einem Zeitalter gewaltigen technologischen Wandels.« Er hatte absolut recht. Vor dem Hintergrund unseres historischen Maßstabs ist Wissensarbeit im digitalen Zeitalter ein jüngeres Phänomen. Es ist absurd ignorant und kurzsichtig der Geschichte gegenüber, wenn man annimmt, dass die einfachen Arbeitsabläufe, die in unmittelbarer Folge auf diese technischen Durchbrüche zusammengewürfelt wurden, die beste Variante seien, um diese neue komplizierte Art der Arbeit zu organisieren. Natürlich bekommt man so etwas nicht gleich beim ersten Versuch hin – wäre dies gelungen, wäre es sehr ungewöhnlich. Betrachtet man das Thema in diesem Kontext, sollte wohl deutlich geworden sein, dass das Ansinnen dieses Buches nichts mit einer reaktionären Ablehnung von Technologie zu tun hat. Die wahren Technikfeinde sind in diesem Moment diejenigen, die aus sentimentalen Gründen an dem hyperaktiven Schwarmdenken festhalten und behaupten, es gäbe keinen Grund dafür, sich in einer zunehmend hochtechnisierten Welt darum zu bemühen, unsere Arbeitsweise zu verbessern.

Sobald wir die Formen unserer Frustration mit Wissensarbeit deutlich sehen, erkennen wir auch, dass wir über das Potenzial verfügen, unsere Anstrengungen nicht nur viel produktiver, sondern auch viel erfüllender und nachhaltiger zu gestalten. Das ist wohl eine der aufregendsten und folgenschwersten Herausforderungen, über die eigentlich niemand spricht – noch nicht. »Wir müssen mit offenen Augen voranschreiten«, schließt Postman, »damit wir die Technologie nutzen, nicht sie uns benutzt.« Wenn Sie zu den vielen Millionen gehören, die angesichts ihres Posteingangs erschöpft sind und auf einen Weg hoffen, gute Arbeit in einer Welt zu schaffen, die gegenwärtig von konstanter Konnektivität besessen ist, dann ist es jetzt an der Zeit, die Augen zu öffnen.

Über den Autor

Der Bestsellerautor und Informatiker Cal Newport betreibt in den USA die beliebte Website Study Hacks. Er hat bereits einige sehr erfolgreiche Karrierebücher zum Thema »Deep Work« geschrieben, die sich oft mit unkonventionellen Ratschlägen an die Leser wenden. Von ihm sind im Redline Verlag bereits der Bestseller *Konzentriert arbeiten*, *Digitaler Minimalismus* und *Der Block-Dir-Zeit-Planer* erschienen.

Dank

Nachdem ich das Manuskript *Konzentriert Arbeiten* fertiggestellt hatte, begann ich sofort mit diesem Buch. Zu jener Zeit war mir klar, dass ich nur an der Oberfläche eines komplexen Themas – die Probleme, mit denen Wissensarbeit im Zeitalter digitaler Netzwerke zu kämpfen hat – gekratzt hatte. Doch wusste ich nicht recht, wie ich diese verbleibenden Gedanken in einem sinnvollen Rahmen darstellen konnte. Im Herbst 2015 stand *Konzentriert Arbeiten* kurz vor dem Druck und ich dachte darüber nach, was wohl als Nächstes kommen würde. Irgendwann stand ich in einer Buchhandlung von Barnes & Nobles in Bethesda (mittlerweile leider geschlossen) vor einem Taschenbuchregal und mir fiel Jaron Laniers Buch *Wem gehört die Zukunft?* in die Hände. Mich beeindruckte seine Kombination aus seiner Kritik an den wirtschaftlichen Auswirkungen der Internetarchitektur und den kühnen und deutlichen Alternativvorschlägen. Da stand ich also und mich überkam eine Offenbarung. Das ganze Durcheinander aus meinen Recherchen und den mich plagenden Gedanken klärte sich: Was wäre wohl, wenn die heutige Arbeit ohne E-Mail auskäme?

Die erste Person, der ich von dieser Vision erzählte, war meine Frau Julie, die mir seit meinem ersten Buchvertrag bei Random House, als ich 21 Jahre alt war, bei allen Entwürfen zur Seite steht. Mit ihr kann ich Konzeptideen diskutieren und verbessern, sie ist der wichtigste Filter, durch den ich all meine Erstideen laufen lasse. Da sie positiv reagierte, kam der Prozess in Gang. Die zweite Person, der ich diese Idee vorstellte, war meine langjährige Agentin und Mentorin Laurie Abkemeier, die auch, wie der Zufall es will, mit mir zusammenarbeitet, seit ich 21 bin. Auch sie bestärkte mich darin, das Konzept auszuarbeiten und so begann eine lange, umständliche, intellektuell anregende Recherche. Schließlich bot ich das Buch und sowohl mein Lektor bei Portfolio, Niki Papadopoulos, als auch der Imprintverleger, Adrian Zackheim, waren begeistert. Sie kauften das Manuskript zusammen mit dem von *Digitaler Minimalismus*, das dann schließlich zuerst, nämlich 2019, erschien. Niki spielte eine wichtige Rolle bei der Form dieses Buches. Außerdem polierte er es sowohl sprachlich als auch in Bezug auf die Herangehensweise auf, so nähere ich mich den Themen nun allgemeiner an – für diese Mühe bin ich ihm unendlich dankbar. Außerdem muss ich mich bei dem Marketingteam von Portfolio bedanken, bei Margot Stamas und Lillian Ball, mit denen ich bei beiden Bücher zusammengearbeitet habe. Ebenso danke ich Mary Kate Skehan für die Marketingkoordination und Kimberly Meilun für die Organisation der Veröffentlichungsdetails.

Die Zahl all der Schriftstellerkollegen, Freunde, Familienmitglieder und Nachbarn, die mir in Gesprächen über dieses Buchkonzept über die Jahre zugehört und gute Ratschläge gegeben haben, ist zu groß, um sie hier angemessen nennen zu können. Aber ihr zahlreiches Feedback spielte zweifellos eine große Rolle bei der Entwicklung meiner Gedanken. Schließlich möchte ich den Beitrag meines Redakteurs bei *The New Yorker*, Joshua Rothman, an diesem Buch hervorheben, denn er beauftragte mich einst für zwei Artikel über diese Themen, die ich auch in diesem Buch behandele. Diese Überschneidung half mir bei der schnellen Recherche der relevanten Informationen. Und sein Rat als Redakteur half mir, sowohl mein Denken als auch mein Schreiben über diese Themen zu verbessern.

Anmerkungen

Einleitung – Das hyperaktive Schwarmdenken

1 Chris Anderson, *Free: The Future of a Radical Price*. New York: Hyperion, 2009, S. 4.

2 Radicati Group, Inc., *Email Statistics Report, 2015–2019*. Palo Alto, CA, März 2015.

3 Jory MacKay, »Communication Overload: Our Research Shows Most Workers Can't Go 6 Minutes without Checking Email or IM,« *RescueTime* (blog), 11. Juli 2018, https://blog.rescuetime.com/communication-multitasking-switches/.

4 Gloria Mark et al., »Email Duration, Batching and Self-interruption: Patterns of Email Use on Productivity and Stress,« *Proceedings of the 2016 CHI Conference on Human Factors in Computing Systems*, Mai 2016, 1717–1728. Siehe Tabelle 2.

5 Adobe, »2018 Consumer Email Survey,« 17. August 2018, www.slideshare.net/adobe/2018-adobe-consumer-email-survey.

Kapitel 1: E-Mails senken die Produktivität

1 Victor M. González und Gloria Mark »Constant, Constant, Multitasking Craziness«: Managing Multiple Working Spheres. *Proceedings of the 2004 SIGCHI Conference on Human Factors in Computing Systems*, April 2004, 113–120. Ich bezeichne diese Studie als »berühmt«, weil sie über 700-mal zitiert worden sowie fast überall in Artikeln und Untersuchungen zum Thema Ablenkung und Aufmerksamkeit am modernen Arbeitsplatz zu finden ist.

2 González und Mark, »Constant, Constant.« Tabelle 1 dieser Studie zeigt eine frühe Fassung der Daten, die auf diese Veränderung hinweisen. In meinen Interviews mit Mark erläuterte und erklärte sie diese Daten und wies auf einige Besonderheiten hin. Die in diesem Text dargestellten Daten entsprechen ihrer aktuellen Erklärung aus persönlicher Korrespondenz.

3 Judy Wajcman und Emily Rose, »Constant Connectivity: Rethinking Interruptions at Work,« *Organization Studies 32*, 7 (Juli 2011): 941–961.

4 Mark et al., »Email Duration«.

5 Victoria Bellotti et al., »Quality Versus Quantity: Email-centric Task Management and Its Relation with Overload,« *Human-Computer Interaction 20* (2005): 89–138.

6 Gail Fann Thomas et al., »Reconceptualizing E-mail Overload,« *Journal of Business and Technical Communication 20*, 3 (Juli 2006): 252–287.

7 Stephen R. Barley, Debra E. Meyerson und Stine Grodal, »E-mail as a Source and Symbol of Stress,« *Organization Science 22*, 4 (Juli–August 2011): 887–906.

8 Radicati Group, Inc., *Email Statistics Report, 2015–2019*.

9 Jory MacKay, »Communication Overload«.

10 Jory MacKay, »The True Cost of Email and IM: You Only Have 1 Hour and 12 Minutes of Uninterrupted Productive Time a Day,« *RescueTime* (Blog), 10. Mai 2018, https://blog.rescuetime.com/communication-multitasking/.

11 Deirdre Boden, *The Business of Talk: Organizations in Action*. Cambridge, UK: Polity, 1994, S. 211. Es muss allerdings angemerkt werden, dass Boden dieser Entwicklung in der Wissensbranche gegenüber nicht vorbehaltlos positiv eingestellt war. Sie sagte auch voraus, dass diese »interaktiven« Arbeitsplätze »technologisch komplex« und »zwischenmenschlich anspruchsvoll« sein würden.

12 Siehe beispielsweise dieses zeitlose Paper über den Präfrontalen Cortex und Aufmerksamkeit, das seit seiner Veröffentlichung 2001 mehr als 10.000-mal zitiert wurde: Earl K. Miller und Jonathan D. Cohen, »An Integrative Theory of Prefrontal Cortex Function,« *Annual Review of Neuroscience 24* (März 2001): S. 167–202.

13 Adam Gazzaley und Larry D. Rosen, *The Distracted Mind: Ancient Brains in a High-Tech World.* Cambridge, MA: MIT Press, 2016, S. 77. Dt. Übersetzung: *Das überforderte Gehirn*, München: Redline, 2018.

14 A. T. Jersild, »Mental Set and Shift,« *Archives of Psychology 14*, 89 (1927): S. 1–21. Auf diese Studie sowie andere wichtige Untersuchungen zu exekutiven Kontrollfunktionen, auf die ich zurückgegriffen habe, wurde ich durch eine nützliche Literaturübersicht in folgendem Aufsatz aufmerksam gemacht: Joshua S. Rubinstein, David E. Meyer und Jeffrey E. Evans, »Executive Control of Cognitive Processes in Task Switching,« *Journal of Experimental Psychology 27*, 4 (2001): S. 763–797.

15 Gazzaley und Rosen betonten, wie leicht man diese Übung auch zu Hause nachmachen könne. Dafür schlugen sie die folgende Version vor: Stoppen Sie die Zeit, wie lange Sie brauchen, um das Alphabet von A bis J aufzusagen, danach die Zahlen von 1 bis 10. Danach nehmen Sie die Zeit, die Sie brauchen, beide Aufgaben abwechselnd zu lösen: A1, B2, C3 etc. Sie sollten einen Unterschied feststellen, weil das Abrufen von Buchstaben und Zahlen auf unterschiedliche Gehirnnetzwerke zurückgreift.

16 Sophie Leroy, »Why Is It So Hard to Do My Work? The Challenge of Attention Residue When Switching between Work Tasks,« *Organizational Behavior and Human Decision Processes 109*, 2 (Juli 2009): S. 168–171.

17 Paul Graham, »Maker's Schedule, Manager's Schedule,« Juli 2009, www.paulgraham.com/makers-schedule.html.

18 »Marshall Retires as Chief of Staff,« *George C. Marshall Foundation*, 17. November 2017, www.marshallfoundation.org/blog/marshall-retires-chief-staff/.

19 Weitere Informationen über die Karriere von George Marshall finden sich unter »George C. Marshall: Timeline & Chronology,« der George C. Marshall Foundation, www.marshall-foundation.org/marshall/timeline-chronology/.

20 Lt. Col. Paul G. Munch, »General George C. Marshall and the Army Staff: A Study in Effective Staff Leadership« (Forschungsarbeit, National War College, Washington, D.C., 19. März 1992), https://apps.dtic.mil/sti/citations/ADA437156.

21 Lt. Col. Munch, «General George C. Marshall and the Army Staff«.

22 Christopher C. Rosen et al.: »Boxed In by Your Inbox: Implications of Daily E-Mail-Demands for Managers' Leadership Behaviours«. *Journal of Applied Psychology 104*, 1 (2019): 19–23.

23 Für weitere Informationen zu der Geschichte der Helpdesk-Software, siehe beispielsweise: Arthur Zuckerman, »History of Help Desk Software: Evolution and Future Trends,« *CompareCamp.com*, Februar 2015, https://comparecamp.com/history-of-help-desk-software-evolution-and-future-trends/.

24 Die eigentliche Quelle dieses Zitats war ein Interview mit Angelou von 1983, das Claudia Tate führte, in: *Conversations with Maya Angelour*, Jeffrey M. Elliot (Hrsg.). Jackson, MI: University Press of Mississippi, 1989, S. 146–56. Diese Anekdote über Künstler und den kreativen Prozess fand ich, wie viele andere faszinierende Geschichten, in Mason Curreys Underground-Klassiker *Daily Rituals: How Artists Work* (New York, NY: Knopf 2013; dt. Übersetzung: *Musenküsse*, Zürich: Kein & Aber 2019).

25 Ein Nachtrag zu dieser Geschichte: Als ich mich 2019 bei Sean noch einmal meldete, drei Jahre nach unserem ersten Interview, hatte sich seine Firma aus persönlichen Gründen, die nichts mit Produktivität zu tun hatten, wie ich hinzufügen möchte, aufgelöst. Daher konnte ich nicht über die Entwicklungen nach seiner Abkehr von der Arbeitsweise des hyperaktiven Schwarmdenkens berichten. Kürzlich schrieb er mir jedoch, dass er, sollte er jemals wieder ein großes Team zu leiten haben, alternative Arbeitsweisen einführen würde. Das Geräusch von eingehenden Slack-Nachrichten führen bei ihm immer noch zu Gänsehaut.

Kapitel 2: E-Mails machen uns unglücklich – Eine Welle stillen Leids

1 Stefan Simons, »Was von der Feierabendregel übrig blieb«. 2. November 2016. *Spiegel Online.* https://www.spiegel.de/karriere/frankreich-was-wurde-aus-dem-e-mail-verbot-nach-feierabend-a-1119202.html. 21. Januar 2021.

2 Harry Cooper, »French Workers Gain ›Right to Disconnect,Ω« *Politico*, 31. Dezember 2016, www.politico.eu/article/french-workers-gain-right-to-disconnect-workers-rights-labor-law/.

3 Mark et al., «Email Duration, Batching and Self-Interruption«.

4 Fatema Akbar et al., »Email Makes You Sweat: Examining Email Interruptions and Stress Using Thermal Imaging,« *Proceedings of the 2019 CHI Conference on Human Factors in Computing Systems*, Mai 2019, S. 1–14.

5 Das sind die Schlussbemerkungen aus Mark et al., «Email Duration, Batching and Self-Interruption«.

6 Leslie A. Perlow, *Sleeping with Your Smartphone: How to Break the 24/7 Habit and Change the Way You Work.* Boston: Harvard Business Review Press, 2012, S. 5.

7 Ebd.

8 Ebd. Wir werden noch im nächsten Kapitel auf Perlows Antwort auf diese Frage näher eingehen, aber die Kurzversion lautet folgendermaßen: Niemand hat je bewusst beschlossen, dass diese Arbeitsweise eine gute Idee sei. Stattdessen, so Perlows Einschätzung, entstand dieses Verhalten aufgrund einer unkontrollierten Feedback-Schleife.

9 John Freeman, *The Tyranny of E-mail: The Four-Thousand-Year Journey to Your Inbox.* New York: Scribner, 2011, S. 12.

10 Douglas Rushkoff, *Present Shock: When Everything Happens Now.* New York: Current, 2013, S. 95; dt. Übersetzung: *Present Shock: Wenn alles jetzt passiert: Wie wir die Zukunft eingeholt und die Gegenwart verloren haben.* Freiburg: Orange Press 2014.

11 James Manyika et al., »Disruptive Technologies: Advances That Will Transform Life, Business, and the Global Economy,« McKinsey Global Institute, 1. Mai 2013, https://www.mckinsey.com/business-functions/mckinsey-digital/our-insights/disruptive-technologies.

12 Dieser Bericht von der Federal Reserve schätzt mehr als 60 Millionen »nonroutine cognitive« Jobs im Jahr 2016: »Job Polarization,« *FRED Blog*, 28. April 2016, https://fredblog.stlouisfed.org/2016/04/job-polarization/. Die US-amerikanische Arbeitsbevölkerung lag 2016 bei ungefähr 156 Millionen Menschen: Erin Duffin, »Civilian Labor Force in the United States from 1990 to 2019,« *Statista*, 30. Januar 2020, https://www.statista.com/statistics/191750/civilian-labor-force-in-the-us-since-1990/.

13 Es wäre ein Trugschluss, diese Stämme so zu porträtieren, als hätten sie sich seit dem Paleolithikum nicht weiterentwickelt, wie die Forscher, die sich mit ausgestorbenen Jäger-Sammler-Stämmen beschäftigen, nicht müde werden zu betonen. Es sind Menschen mit entwickelten Denkmustern, die regelmäßig mit der modernen Gesellschaft interagieren. Wie Yuval Noah Harari zu Beginn seines Buches *Eine kurze Geschichte der Menschheit* (München: DVA, 2019 [2015]) betont, ist einzig die Tatsache bemerkenswert, dass diese Stämme immer noch existieren. Sie müssen irgendwie besonders sein, denn im Gegensatz zu den zahllosen anderen gesellschaftlichen Gruppen haben sie ihre Lebensweise nicht geändert (z. B. leben sie möglicherweise in Regionen, in denen Landwirtschaft unmöglich ist). Vor diesem Hintergrund geben sie sehr wohl einen Einblick in die Dynamiken einer Jäger-Sammler-Kultur. Um nicht in die Falle zu tappen, eine evolutionäre Genau-so-Geschichte zu erzählen, werde ich später aus diesen Dynamiken die Kräfte ableiten, die unser modernes Gehirn beeinflussen. Dies tue ich mit aller Vorsicht, um auf weitere Beweise hinzuleiten, die diese Behauptung stützen, jedoch moderner sind.

14 Nikhil Chaudhary et al., »Competition for Cooperation: Variability, Benefits and Heritability of Relational Wealth in Hunter-Gatherers,« *Scientific Reports 6*, 29120 (Juli 2016): S. 1–7

15 Abigail E. Page et al., »Hunter-Gatherer Social Networks and Reproductive Success,« *Scientific Reports 7*, 1153 (April 2017): S. 1–10.

16 Die Definitionen dessen, was eine stabile Verbindung zwischen einer Person und ihrem sozialen Netzwerk ausmacht, sind ebenso interessant wie theoretisch. Sicherlich ist es wichtig, wie viele starke Verbindungen Sie zu den Menschen in Ihrem sozialen Netzwerk haben, doch außerdem zählen auch weitere Messgrößen wie *Zentralität, Nähe* und *Zwischensein,* die im Prinzip nichts anderes beschreiben, als wie gut Sie indirekt mit Ihrem Netzwerk über Freunde, Freundesfreunde etc. verbunden sind. Sind Sie nur wenige kurze und kräftige Hüpfer von den meisten Ihres Stammes entfernt, dann sind Sie vermutlich recht beliebt. So in etwa stellt sich die Kevin-Bacon-Zahl bei den BaYaka dar.

17 Matthew D. Lieberman, *Social: Why Our Brains Are Wired to Connect.* New York: Broadway Books, 2014, S. 9.

18 3. Buch Mose 19:16.

19 William Shakespeare, *Richard II,* Akt 3, 3. Szene. Dt. Übersetzung: *William Shakespeare König Richard der Zweite.* Übersetzt von A. W. Schlegel und L. Tieck. Herausgegeben und revidiert von Hans Matter. 9. Band. Zürich: Diogenes, 1979, S. 50–31. Hervorhebungen vom Autor.

20 Russell B. Clayton, Glenn Leshner und Anthony Almond, »The Extended iSelf: The Impact of iPhone Separation on Cognition, Emotion, and Physiology,« *Journal of Computer-Mediated Communication, 20,* 2 (März 2015): S. 119–135.

21 Arianna Huffington, »How to Keep Email from Ruining Your Vacation,« *Harvard Business Review, 23.* August 2017, https://hbr.org/2017/08/how-to-keep-email-from-ruining-your-vacation.

22 Richard W. Byrne, »How Monkeys Find Their Way: Leadership, Coordination, and Cognitive Maps of African Baboons,« in *On the Move: How and Why Animals Travel in Groups,* hrsg. v. Sue Boinski und Paul A. Garber. Chicago: University of Chicago Press, 2000, S. 501. Dieses Zitat fiel mir in einem Aufsatz auf (siehe nächste Endnote).

23 Ariana Strandburg-Peshkin et al., »Shared Decision-Making Drives Collective Movement in Wild Baboons,« *Science 348,* 6241 (Juni 2015): S. 1358–1361.

24 Schriftzeichen wurden bereits schon vor 10.000 Jahren für eine Art Buchhaltung genutzt, aber im Allgemeinen geht man davon aus, dass die Schriftzeichen, mit denen wir unser heutiges Schreiben assoziieren, nicht vor 3.000 v. Chr. in Mesopotamien entwickelt wurde. Sehr informativ ist dazu folgender Online-Artikel: Denise Schmandt-Besserat, »The Evolution of Writing,« 25. Januar 2014, https://sites.utexas.edu/dsb/tokens/the-evolution-of-writing/.

25 Das Experiment wird eingehender dargestellt in folgendem Band: Alex (Sandy) Pentland, *Honest Signals: How They Shape Our World.* Cambridge, MA: MIT Press, 2010, S. vii–viii. Einige der Detailinformationen der Soziometer stammen aus dem Porträt über Pentland: Maria Konnikova, »Meet the Godfather of Wearables,« *The Verge,* 6. Mai 2014, www.theverge.com/2014/5/6/5661318/the-wizard-alex-pentland-father-of-the-wearable-computer.

26 Pentland, *Honest Signals,* S. x.

27 Ebd.

28 Ebd., S. 5.

29 Ebd., S. viii–ix.

30 Ebd., S. 82.

31 Elizabeth Louise Newton, »Overconfidence in the Communication of Intent: Heard and Unheard Melodies« [Originaltitel: »The Rocky Road from Actions to Intentions«] (unveröffentlichte Dissertation zur Erlangung eines Doktorgrades, Stanford University, 1990). Die Details über diese unveröffentlichte Dissertation sowie Newtons Interpretation und die Angabe der 3 Prozent stammen aus einer Zusammenfassung, in Justin Kruger et al., »Egocentrism over E-mail: Can We Communicate as Well as We Think?,« *Journal of Personality and Social Psychology, 89,* 6 (Dezember 2005): S. 925–936.

32 Kruger et al., »Egocentrism over E-mail.«

33 Ebd.

34 Sherry Turkle, *Reclaiming Conversation: The Power of Talk in a Digital Age.* New York: Penguin, 2016, S. 261–262.

35 Gloria J. Mark, Stephen Voida und Armand V. Cardello, »›A Pace Not Dictated by Electrons‹: An Empirical Study of Work without Email,« Proceedings of the SIGCHI Conference on Human Factors in Computing Systems, Mai 2012, S. 555–564.

36 David Allen, *Getting Things Done: The Art of Stress-Free Productivity*, rev. ed. New York: Penguin, 2015, S. 8; dt. Übersetzung: *Wie ich die Dinge geregelt kriege: Selbstmanagement für den Alltag*. München: Piper, 2015.

37 Allen, *Getting Things Done*, S. 87–88.

38 Gonzalez und Mark, »Constant, Constant, Multi-tasking Craziness«.

39 Gloria Mark, Victor M. Gonzalez und Justin Harris, »No Task Left Behind?: Examining the Nature of Fragmented Work,« *Proceedings of the SIGCHI Conference on Human Factors in Computing Systems*, April 2005, S. 321–330.

40 Brigid Schulte, *Overwhelmed: How to Work, Love, and Play When No One Has the Time*. New York: Picador, 2015, S. 5.

41 Sheila Dodge, Don Kielfer und Nelson P. Repenning, »Breaking Logjams in Knowledge Work: How Organizations Can Improve Task Flow and Prevent Overload,« *MIT Sloan Management Review*, 6. September 2018, https://sloanreview.mit.edu/article/breaking-logjams-in-knowledge-work/.

Kapitel 3: E-Mails haben einen eigenen Kopf

1 Die Geschichte von der Rohrpost bei der CIA und der allgemeine Drang zu praktischer Asynchronität habe ich aus meinem Artikel für den *New Yorker* von 2019 über die Geschichte der E-Mail übernommen: Cal Newport, »Was E-mail a Mistake?,« *Annals of Technology, New Yorker*, 6. August 2019, www.newyorker.com/tech/annals-of-technology/was-e-mail-a-mistake.

2 Den Historikern von der CIA zufolge, die ich im Laufe meiner Recherche befragt habe, war die Netzwerktechnologie für Büros zum Teil ein wichtiger Grund dafür, dass das Röhrensystem bei der Sanierung nicht ausgeweitet wurde. In den 1980er-Jahren wurde bald klar, dass pneumatische Röhren recht altmodisch waren, da man damals schon mittels Elektronen, die durch Drähte geschickt wurden, kommunizieren konnte.

3 Erik Sandberg-Diment, »Personal Computers: Refinements for ›E-mail,‹« *New York Times*, 26. Mai 1987.

4 Anne Thompson, »The Executive Life: Forget Doing Lunch – Hollywood's on E-mail,« *New York Times*, 6. September 1992.

5 John Markoff, »Computer Mail Gaining a Market,« *New York Times*, 26. Dezember 1989.

6 Stephen C. Miller, »Networking: Now Software Giants Are Targeting E- mail,« *New York Times*, 31. Mai 1992.

7 Peter H. Lewis, »Personal Computers: The Good, the Bad and the Truly Ugly Faces of Electronic Mail,« *New York Times*, 6. September 1994.

8 Hier darf man nicht unterschätzen, wie wichtig die leichte Erlernbarkeit der E-Mail-Bedienung ist. Wie Gloria Mark es mir erklärte, fanden in den 1980er- und 1990er-Jahren, als Computernetzwerke weiter verbreitet wurden, viele wissenschaftliche Untersuchungen statt, wie man dieser Technologie zum Durchbruch verhelfen könnte, um die Zusammenarbeit am Arbeitsplatz zu erleichtern. Zahlreiche dieser Forschungsarbeiten konzentrierten sich auf kompliziertere Anwendungen für viele Nutzer, die für spezifische Arbeiten wie gemeinsames Redigieren einer bestimmten Art Dokument maßgeschneidert waren. Wie Mark erläuterte, setzte sich die E-Mail dort durch, wo diese hochspezialisierten Lösungen scheiterten. Die E-Mail ließ sich auf viele verschiedene Aufgaben anwenden. Die einmalige Investition in einen E-Mail-Server konnte das Zusammenwirken unterschiedlicher Aspekte des Alltagsgeschäfts erleichtern.

9 Die Geschichte und das Zitat stammt von dieser *Quora*-Seite: https://www.quora.com/What-was-it-like-to-work-in-an-office-before-the-birth-of-personal-computers-email-and-fax-machines. Aber ich habe Stone außerdem interviewt, um einige Punkte zu bestätigen und weitere Informationen zu erhalten.

10 Eine Analyse und Zusammenfassung von Brunners Argumenten, versehen mit einschlägigen Zitaten, findet sich in Lynn White Jr., *Medieval Technology and Social Change.* Oxford: Oxford University Press, 1966, S. 3.

11 Ebd., S. 5.

12 Ebd., S. 13.

13 Ebd.

14 Ebd., S. 2.

15 Wie Lynn White Jr. ausführt, wurden zu jener Zeit die Krieger der Franken samt ihrer Pferde begraben, obwohl sich Benediktinermönche gegen diese Praxis einsetzten. Entsprechend konnten moderne Archäologen Artefakte bergen, anhand derer sich nachvollziehen lässt, wie diese Pferde für den Kampf gerüstet waren. Darüber hinaus änderte sich auch die Sprache. Ging es darum, ein Pferd zu besteigen und abzusteigen, änderten sich die Begriffe von einer springenden Tätigkeit hin zu Verben, die eine eher steigende Tätigkeit beschrieben.

16 Neil Postman, *Amusing Ourselves to Death: Public Discourse in the Age of Show Business.* New York: Penguin, 1985, S. 51; dt. Übersetzung: *Wir amüsieren uns zu Tode: Urteilsbildung im Zeitalter der Unterhaltungsindustrie.* Frankfurt am Main: Fischer, 1988.

17 Näher auf diese Geschichte gehe ich im 1. Kapitel meines letzten Buches ein: Cal Newport, *Digitaler Minimalismus. Besser leben mit weniger Technologie.* München: Redline 2019.

18 Blake Thorne, »Asynchronous Communication Is the Future of Work,« *I Done This* (blog), 30. Juni 2020, http://blog.idonethis.com/asynchronous-communication/.

19 Radicati Group, Inc., *Email Statistics Report, 2015–2019.*

20 Michael J. Fischer, Nancy A. Lynch und Michael S. Paterson, »Impossibility of Distributed Consensus with One Faulty Process,« *Journal of the ACM, 32,* 2 (April 1985): S. 374–382.

21 An die interessierte Leserschaft: Die abstrakte Zusammenfassung dieses Unmöglichkeitsbeweises stellt sich folgendermaßen dar: Jeder Konsensalgorithmus muss an einem gewissen Punkt dafür sorgen, dass sich jedes beteiligte Gerät die bisher eingegangenen Nachrichten ansehen und dann entscheiden muss, ob er mit dem Prozess fortfährt oder ihn abbricht. Ungeachtet der Regel, die man für diese Entscheidung einsetzt, muss es eine Grenze zwischen Fortfahren und Abbrechen geben, wird diese durch eine einzige Nachricht verschoben, ändert sich die Entscheidung entsprechend. Der Beweis sorgt im Prinzip dafür, dass viele Geräte genau an diese Grenze gelangen, und genau in dem Moment abstürzen, in dem ein bestimmtes Gerät die Schlüsselnachricht verschickt. Das bedeutet, dass einige Apparate die Nachricht erhalten, die anderen nicht, was zu einem Entscheidungskonflikt führt. Wenn es erlaubt wäre, eine Münze zu werfen, und man sich mit einem Algorithmus zufrieden gibt, der das Problem mit hoher Wahrscheinlichkeit löst, dann ist es interessanterweise lösbar. Wenn man gleichermaßen eine vertretbare Unterbrechung annimmt, wie lange man ein Gerät beobachtet, bevor man mit Sicherheit feststellt, dass es abgestürzt ist, kann man das Problem ebenfalls lösen.

22 Ich nahm an der Feierlichkeit in Paris teil, wo Lamport der Preis verliehen wurde. Typisch Franzosen, trugen die Regierungsvertreter makellose Anzüge, während Lamport – ganz Informatiker – in Shorts und einem T-Shirt auf die Bühne trat.

23 Perlow, *Sleeping with Your Smartphone*, S. 2.

24 Ebd., S. 8.

25 Ebd., S. 5.

26 Rushkoff, *Present Shock*, S. 100.

27 Aviad Agam und Ran Barkai, »Elephant and Mammoth Hunting during the Paleolithic: A Review of the Relevant Archaeological, Ethnographic and Ethno-historical Records,« *Quaternary, 1,* 3 (Februar 2018): S. 1–28.

28 »Is Your Team Too Big? Too Small? What's the Right Number?,« *Knowledge@Wharton*, 14. Juni 2006, https://knowledge.wharton.upenn.edu/article/is-your-team-too-big-too-small-whats-the-right-number-2/. Dieser Artikel ist auch die Quelle für Ringelmanns Forschung, die im Folgenden erwähnt wird.

29 Informationen über Druckers frühe Jahre, auch über den Salon seiner Eltern, finden sich auf der Biografischen Seite des Drucker Institute: www.drucker.institute/perspective/about-peter-drucker/.

30 Dieser Beiname wird ihm von verschiedenen Stellen verliehen, eine davon ist Steve Denning, »The Best of Peter Drucker,« *Forbes*, 29. Juli 2014, www.forbes.com/sites/stevedenning/2014/07/29/the-best-of-peter-drucker.

31 Peter F. Drucker, *The Future of Industrial Man.* Rutgers, NJ: Transaction Publishers, 2011, S. 13; dt. Übersetzung: *Die Zukunft der Industriegesellschaft.* Düsseldorf: Econ, 1967.

32 Weitere Informationen über die Arbeit Druckers bei General Motors finden sich in folgender Darstellung: »How Drucker ›Invented‹ Management at GM,« *Drucker Society of Austria*, 2009, www.druckersociety.at/index.php/peterdruckerhome/biography/how-drucker-invented-management-at-general-motors.

33 Dieses Zitat stammt von der Seite des Drucker Instituts, aus der Chronik von Druckers Leben, www.drucker.institute/perspective/about-peter-drucker/. Außerdem wird es auch in dem Eintrag für den 14. April genannt in Peter F. Drucker, *The Daily Drucker: 366 Days of Insight and Motivation for Getting the Right Things Done.* New York: Harper Business, 2004.

34 Peter F. Drucker, *The Effective Executive: The Definitive Guide to Getting the Right Things Done*, rev. ed. New York: Harper Business, 2006, S. 4; dt. Übersetzung: *The Effective Executive: Effektivität und Handlungsfähigkeit in der Führungsrolle gewinnen.* München: Vahlen, 2014.

35 Peter F. Drucker, »Knowledge-Worker Productivity: The Biggest Challenge,« *California Management Review, 41*, 2 (Winter 1999): S. 79–94. Auszeichnung im Original.

36 Lloyd nutzte nicht die Phrase »Tragik der Allmende«. Diese Bezeichnung wurde später in einem mittlerweile bekannten Artikel verwandt, der dieses Szenario eingehend analysiert: Garrett Hardin, »The Tragedy of the Commons,« *Science, 162*, 3859 (Dezember 1968): S. 1243–1248.

Kapitel 4: Das Prinzip der Aufmerksamkeitsökonomie

1 Joshua B. Freeman, *Behemoth: A History of the Factory and the Making of the Modern World.* New York: W. W. Norton, 2019, S. 124.

2 Die Einzelheiten zur der Entwicklung des Fließbandes und die genauen Zahlen, die in diesem Abschnitt zitiert werden, stammen aus zwei hervorragenden Quellen: Freeman, *Behemoth*, S. 119–26 und Simon Winchester, *The Perfectionists: How Precision Engineers Created the Modern World.* New York: Harper, 2018, S. 159–166.

3 Wie Simon Winchester in *The Perfectionists* (siehe oben) betont, wurden zur selben Zeit, als das Model T populär wurde, die ultra-luxuriösen Modelle von Henry Royce, wie etwa der Rolls-Royce Silver Ghost von ausgebildeten Handwerkern tatsächlich per Hand hergestellt. Diese Fahrzeuge wurden als die Spitze der Feingerätetechnik angepriesen. Jedoch wurden in Wirklichkeit die Einzelteile des beschiedenen Model T mit viel mehr Präzision hergestellt. Die hohen Preise von Rolls-Royce ermöglichten es dem Hersteller, die nötigen Adjustierungen in Handarbeit vornehmen zu lassen, damit die Teile gut zusammenpassten.

4 Freeman, *Behemoth*, S. 123.

5 Wie Simon Winchester betont, hatten amerikanische Waffenfabriken schon Jahre zuvor Fließbänder für die Produktion eingeführt. Im Jahr 1913 hatten sich bereits die Hersteller von Nähmaschinen, Fahrrädern und der Schreibmaschine die Revolution austauschbarer Teile zunutze gemacht und mit schnell laufenden Fließbändern experimentiert. Jedoch nahm Ford für sich in Anspruch, dass ihn das Ausbeinen von Tierkadavern in den Chicagoer Schlachthäusern dazu inspiriert hatte. Dort hatte er gesehen, dass die Messer schwingenden Arbeiter an ihrem Platz stehen blieben, während die Tiere an ihnen an Ketten hängend vorbeizogen.

6 Lasse Rheingans, *Die 5-Stunden-Revolution.* Frankfurt am Main: Campus 2019.

7 Cal Newport, »5-Hour Workdays? 4-Day Workweeks? Yes, Please,« *New York Times*, 6. November 2019.

8 Peter F. Drucker, »Knowledge-Worker Productivity: The Biggest Challenge,« *California Management Review, 41*, 2 (Winter 1999): S. 79–94. Auszeichnungen im Original.

9 Drucker, »Knowledge-Worker Productivity.«

10 In Industriewirtschaften wurden die Arbeiter als eher entbehrlich betrachtet: eine Art gewöhnliche Kraft, die man dazu nutzte, um die Kapitalressourcen umzuschichten. Diese Denkart sorgte für die Entmenschlichung der Arbeitskraft. Wie ich zeigen werde, ist ein Vorteil der Wissensarbeit gegenüber der industriellen Alternativen, dass die Arbeiter inzwischen unentbehrlich sind, denn sie machen nun im Gegenteil den Kern des Wertes einer Organisation aus und stellen das Potenzial dar, viel menschengerechtere Arbeitsumgebungen zu schaffen.

11 Drucker, *The Effective Executive*, S. 4.

12 Winchester, *Perfectionists*, S. 160.

13 Peter F. Drucker, *Landmarks of Tomorrow: A Report on the New »Post- Modern« World.* New York: Harper Colophon, 1965, S. 31; dt. Übersetzung: *Das Fundament für Morgen.* Düsseldorf: Econ, 1958.

14 James T. McCay, *The Management of Time.* Englewood Cliffs, NJ: Prentice-Hall, 1959, S. ix.

15 Freeman, *Behemoth*, S. 126.

16 Ebd., S. 127.

17 Diese Details sowie die Verbindung von *Moderne Zeiten* und Fords Fabrik stammen aus David E. Nye, *Americas Assembly Line.* Cambridge, MA: MIT Press, 2013, S. 97.

18 Um den jüngeren Lesern, die vor der Zeit dieses Services geboren worden sind, zu erklären, worum es sich handelt: Bei einem telefonischen Antwortdienst übernahm ein Mensch die Aufgabe eines Anrufbeantworters oder einer Voicemail. Brauchte man beispielsweise einen Arzt nach Geschäftsschluss, wurde man mit dem Antwortdienst der Arztpraxis verbunden, wo jemand den Anruf annahm und die Informationen einem diensthabenden Arzt weiterleitete. Es ist viel günstiger, dieses Serviceangebot für viele Patienten bzw. Kunden einzurichten, als ihnen eine besondere Telefonnummer für 24 Stunden am Tag zu nennen.

19 Sam Carpenter, *Work the System: The Simple Mechanics of Making More and Working Less,* 3rd ed. Austin, TX: Greenleaf Book Group Press, 2011, Kapitel 2. Da ich nur die elektronische Version des Buches auf meinem Kindle habe, kann ich leider nicht die genauen Seitenzahlen für die Zitate nennen.

20 Carpenter, *Work the System*, Kapitel 3.

21 Carpenter, *Work the System*, Kapitel 4.

22 Das Zitat über das Einkommen und die Angabe, die Nummer eins unter 1.500 Firmen in der Branche zu sein, stammen von der offiziellen Website des Buches *Work the System*: Sam Carpenter, »Synopsis – For Your Business: Breaking Loose,« 1. Juli 2015, www.workthesystem.com/book/synopsis.

23 Diese Version der automatischen Antwort stammt von Tim Ferris' Seite: https://tim.blog/autoresponse/.

24 Adam Grant, »In the Company of Givers and Takers,« *Harvard Business Review*, April 2013, https://hbr.org/2013/04/in-the-company-of-givers-and-takers.

Kapitel 5: Das Prozess-Prinzip

1 Hier ist eine interessante Nebenbemerkung für alle Fans von David Allens Methode aus *Wie ich die Dinge geregelt kriege*: Die Hängeregistratur, die tragende Säule von Allens modernem System, erweist sich als Standardmethode in dieser Produktivitätsdiskussion, die schon ca. 100 Jahre her ist.

2 Joseph Husband, »What a New System of Management Did for Us,« hrsg. v. John S. Runnells, *System: The Magazine of Business, 29*, 4 (April 1916).

3 Andrew S. Grove, *High Output Management.* New York: Vintage, 2015, S. 33; dt. Übersetzung: *High Output Management. Von der Fähigkeit, Unternehmen erfolgreich zu führen.* München: Vahlen, 2020.

4 https://agilemanifesto.org/iso/de/manifesto.html, abgerufen: 13. Februar 2021.

5 Kent Beck et al., »Manifesto for Agile Software Development,« 2001, agilemanifesto.org.

6 Modus Cooperandi, https://moduscooperandi.com, abgerufen: 22. September 2020.

7 *Thrive,* the official blog of Personal Kanban, http://personalkanban.com/pk/.

8 Alexie Zheglov und Gerry Kirk, »Lean Coffee or an Introduction to Personal Kanban,« *Agile Tour Toronto 2012 session*, YouTube video, 1:40, https://youtu.be/aOrfRhcD6ms.

9 Bradley Miller, »Personal Kanban Scheduling Board,« 4. März 2018, *YouTube* video, 7:46, https://youtu.be/tTdbcoTIljQ.

10 Vor langer Zeit musste ich feststellen, dass ein ausgeklügeltes System für die Vergabe von Noten, wie beispielsweise eine Aufgabe auf einer Skala von 1 bis 15 zu bewerten, die Mühe nicht wert war, sondern eine durchgehende Benotung eigentlich nur erschwerte. Daher bin ich zu einem dreiteiligen System gekommen (richtig plus, richtig und null). Damit können meine Tutoren und ich durchgängig bewerten, in welchem Maß der Studierende das betreffende Konzept jeweils verstanden hat.

11 Haben meine Tutoren einen Bachelorabschluss, durchlaufen sie einen weiteren Schritt: In einem extra angesetzten 30-minütigen Meeting schauen wir uns gemeinsam die Aufgaben an und bringen die Benotungskriterien auf den neuesten Stand. Haben sie bereits einen Masterabschluss, dann vertraue ich darauf, dass sie das eigenständig hinbekommen und spare mir diese halbe Stunde. Als die Uni in Georgetown wegen der Covid-19-Krise geschlossen war, setzten wir eine Software namens Canvas ein, um die Abwicklung mit den Aufgaben virtuell durchführen zu können. Die Studenten reichten Scans ihrer Aufgaben ein und die Tutoren benoteten diese online. Der ganze Prozess ließ sich leicht auf die digitale Schiene umsetzen.

12 Rory Vaden, »The 30x Rule: How Great Managers Multiply Performance,« *American Management Association*, 3. Februar 2015, https://playbook.amanet.org/30x-rule-great-managers-multiply-performance/.

Kapitel 6: Das Protokoll-Prinzip

1 Während ich meine Masterarbeit am MIT im Fachbereich Elektrotechnik und Informatik (dem Bereich, den Shannon mit seiner Arbeit 1937 aus dem Nichts erfand) schrieb, erfuhren ich und die anderen Studenten von Shannons spektakulären Leistungen als Student. Allerdings bin ich mir unsicher, ob uns das motivieren oder entmutigen sollte.

2 Ich empfehle die faszinierende Biografie von Jimmy Soni und Rob Goodman aus dem Jahr 2017, die das Leben von Claude Shannon umfassend darstellt. Aus ihr stammen viele Informationen der folgenden Zusammenfassung: *A Mind at Play: How Claude Shannon Invented the Information Age.* New York: Simon & Schuster, 2017.

3 Informationstheoretiker würden in diesem Fall eher den Begriff *Code* statt *Protokoll* verwenden, doch zugunsten der Eindeutigkeit in dieser Diskussion werden ich im Folgenden *Protokoll* nutzen – im Sinne einer Reihe von Kommunikationsregeln, auf die man sich vorab einigt. Letzteres umgeht die Assoziation, die die Menschen meist mit dem Wort *Code* verbinden.

4 Obwohl Samuel Morse keinen mathematischen Bezugsrahmen für die Quantifizierung seiner Idee hatte, belegte er den kürzest möglichen Code, einen einzelnen Punkt mit dem Buchstaben »e«, der am häufigsten im Englischen vorkommt. Damit begründete er sein berühmtes Kommunikationsprotokoll, das Morsealphabet.

5 Vor Shannon versuchten Kommunikationsingenieure mit den Interferenzen von Kanälen, wie Telegrafen- oder Telefondrähten, umzugehen, indem sie dafür sorgten, dass das Signal stärker als das Rauschen war. Shannon bewies, wie leistungsstark ein digitaler Ansatz war, bei dem man ein einzelnes Bit durch mehrere Bits kodiert. Möglich wurde dies mithilfe eines intelligenten Codes, der die Rekonstruktion der Originalbotschaft erlaubte, selbst wenn viele Bits durch das Übertragungsrauschen unlesbar geworden waren. Genauso arbeiten heutzutage alle digitalen Kommunikations- und Speichermedien.

6 Weitere Informationen über die Investitionen in x.ai gibt Kyle Wiggers »X.ai's AI Meeting Scheduler Now Costs $8 per Month« in *VentureBeat*, 10. Oktober 2018, https://venturebeat.com/2018/10/10/x-ai-introduces-calendar-view-and-new-plans-starting-at-8-per-month/ (abgerufen: 27. Dezember 2020). Den Betrag über 26 Millionen US-Dollars teilte mir Mortensen in einem persönlichen Gespräch mit. Wie der Artikel darlegt, stellte er schließlich fest, dass die Tatsache, dass Amy mit Sprache kommunizierte, eigentlich gar nicht so wichtig war. Die aktuelle Version des Produkts bietet nun strukturiertere Benutzeroberflächen für die Terminplanung an.

7 Leslie A. Perlow, Constance Noonan Hadley und Eunice Eun, »Stop the Meeting Madness,« *Harvard Business Review*, Juli–August 2017, https://hbr.org/2017/07/stop-the-meeting-madness.

8 Um noch einmal auf meine Teilzeit-Assistentinnen und -Assistenten einzugehen: Zurzeit beschäftige ich dafür niemand Festes. Hin und wieder hole ich mir sie in besonders hektischen Phasen dazu, etwa wenn von mir ein neues Buch erscheint. Diese Vorgehensweise wäre vor der Einführung des onlinebasierten und ortsunabhängigen Arbeitens unmöglich gewesen.

9 Cal Newport, »A Modest Proposal: Eliminate Email,« *Harvard Business Review*, 18. Februar 2016, https://hbr.org/ 2016/02/a-modest-proposal-eliminate-email.

10 Jason Fried und David Heinemeier Hansson, *It Doesn't Have to Be Crazy at Work*. New York: Harper Business, 2018; dt. Übersetzung: *Schluss mit dem Wahnsinn im Büro. Wege zu einer entspannten Arbeitskultur*. München: Vahlen, 2019.

11 Ebd., S. 56.

12 Ebd., S. 57.

13 Scott Kirsner, »I'm Joining the Open Office Hours Movement, 24. November,« *Boston.com*, 20. November 2009, http://archive.boston.com/business/technology/innoeco/2009/11/im_joining_the_open_office_hours.html.

14 Cal Newport, *So Good They Can't Ignore You: Why Skills Trump Passion in the Quest for Work You Love*. New York: Business Plus, 2012, S. 73; dt. Übersetzung: *Die Traumjoblüge. Warum Leidenschaft die Karriere killt*. Frankfurt am Main: Campus, 2013.

15 Der ursprüngliche Name lautete Princeton Internet Solutions, bis Michael und ich feststellten, dass die Abkürzung PIS eher suboptimal war.

16 Tom Foster, »Tim Ferriss's 4-Hour Reality Check,« *Inc.*, 2. April 2013, www.inc.com/magazine/201304/tom-foster/tim- ferriss-four-hour-reality-check.html.

17 Aus folgenden Quellen stammen die unterschiedlichen Aspekte der Entwicklung von E-Mails: Samuel Gibbs, »How Did Email Grow from Messages between Academics to a Global Epidemic?,« *The Guardian*, 7. März 2016, www.theguardian.com/technology/2016/mar/07/email-ray- tomlinson-history; Ray Tomlinson, »Frequently Asked Questions,« http://openmap.bbn.com/~tomlinso/ray/firstemailframe.html.

18 C. L. Max Nikias, »Why All My Emails Are the Lengths of Texts,« *Wall Street Journal*, 19. September 2017, https://www.wsj.com/articles/why-all -my-emails-are-the-lengths-of-texts-1505829919. Dabei sollte man bedenken, dass Nikias 2018, also ein Jahr nach Erscheinen der Kolumne, von seinem Amt als USC-Präsident zurücktrat. Wie darauf folgende Berichte zeigten, hatte der öffentliche Erfolg seiner Präsidentschaft zur Folge, dass das Vertrauen zwischen Nikias und den Lehrkräften sank, zerrüttet war und Unzufriedenheit herrschte. Man darf wohl annehmen, dass sein Rauswurf nichts mit seinen E-Mail-Gepflogenheiten zu tun hatte, denn an großen Universitäten haben die Professoren keinen direkten E-Mail-Zugang zu den Präsidenten. Wir können also von seiner Taktik lernen, wie man trotz überquellendem E-Mail-Eingang produktiv bleibt.

19 Mike Davidson, »A Low-Fi Solution to E-Mail Overload: Sentenc.es,« *MikeIndustries.com*, 17. Juli 2007, https://mikeindustries.com/blog/archive /2007/07/fight-mail-overload-with-sentences.

20 Michael Hicks und Jeffrey S. Foster, »Adapting Scrum to Managing a Research Group« (Department of Computer Science Technical Report #CS-TR-4966, University of Maryland, College Park), 18. September 2010, https://drum.lib.umd.edu/handle/1903/10743.

Kapitel 7: Das Spezialisierungs-Prinzip

1 Edward Tenner, *Why Things Bite Back: Technology and the Revenge of Unintended Consequences*. New York: Vintage, 1997, S. 238–239; dt. Übersetzung: *Die Tücken der Technik: Wenn Fortschritt sich rächt*. Frankfurt am Main: Fischer, 2018.

2 Tenner, *Why Things Bite Back*, S. 240.

3 Peter G. Sassone, »Survey Finds Low Office Productivity Linked to Staffing Imbalances,« *National Productivity Review*, *11*, 2 (Spring 1992): S. 147–148. Diese Studie zitiert Tenner ebenfalls in seinem Buch *Die Tücken der Technik: Wenn Fortschritt sich rächt* (s. letzten zwei Endnoten). So bin ich auch auf diese Studie gestoßen.

4 Cal Newport, »Is Email Making Professors Stupid?,« *Chronicle of Higher Education*, 12. Februar 2019, www.chronicle.com/interactives/is-email-making-professors- stupid.

5 Greg McKeown, *Essentialism: The Disciplined Pursuit of Less.* New York: Crown Business, 2014, S. 1–5; dt. Übersetzung: *Essentialismus: Die konsequente Suche nach Weniger. Ein neuer Minimalismus erobert die Welt.* Kandern: Narayana, 2018.

6 Den Lesern meines Buches *Konzentriert arbeiten* kommt dieses Phänomen vielleicht bekannt vor. Ich habe es den Whiteboard-Effekt genannt. Wenn man mit anderen in einer kleinen Gruppe an einem schwierigen Problem arbeitet, wird die allgemeine Konzentration dadurch intensiviert, dass man denselben Screen oder dasselbe Board vor sich hat, statt alleine vor sich hinzuarbeiten. Cal Newport, *Konzentriert arbeiten: Regeln für eine Welt voller Ablenkungen.* München: Redline, 2017.

7 Anne Lamott, »Time Lost and Found,« *Sunset*, 5. April 2010, www.sunset.com/travel/anne-lamott-how-to-find-time.

8 Pat Flynn, »SPI 115: 9000 Unread Emails to Inbox Zero: My Executive Assistant Shares How We Did It (and How You Can Too!),« 28. June 2014, *Smart Passive Income Podcast with Pat Flynn*, 35:22, www.smartpassiveincome.com/podcasts/email-management/.

9 Laura Vanderkam, »Can You Really Spend Just 20 Hours a Week on Core Production?,« LauraVanderkam.com, 15. Oktober 2015, https://lauravanderkam.com/2015/10/can-you-really-spend-just-20-hours-a-week-on-core-production/.

10 Mehr Informationen zum Thema Scrum-Sprints und der Zeitablauf dieser Methode finden sich bei Ken Schwaber und Jeff Sutherland, *The Scrum Guide: The Definitive Guide to Scrum: The Rules of the Game*, November 2017, www.scrumguides.org/docs/scrumguide/v2017/2017-scrum-guide-US.pdf.

11 Der zeitliche Ablauf und die Details zu Google Ventures stammen von seiner Website www.gv.com/.

12 Meine Zusammenfassung basiert auf Jake Knapps Buch mit John Zeratsky und Braden Kowitz, *Sprint: Wie man in nur fünf Tagen neue Ideen testet und Probleme löst.* München: Redline, 2016.

13 Bruce Janz, »Is Email Making Professors Stupid? That's Not the Issue,« Department of Philosophy, University of Central Florida, 12. Februar 2019, https://faculty.cah.ucf.edu/bbjanz/is-email-making-professors-stupid-thats-not-the-issue/.

14 Laura Vanderkam empfiehlt selbstständigen Wissensarbeitern, zunächst einmal herauszufinden, wie viel Zeit sie für verschiedene Aktivitäten aufwenden müssen. Dann können sie rückwärts rechnen und entsprechend ihre Ziele erreichen, indem sie sich selbst ein Zeitbudget setzen. Laura Vanderkam, »How to Craft a Perfect, Productive 40-Hour Workweek,« *Fast Company*, 13. Oktober 2015, https://www.fastcompany.com/3052051/how-to-craft-a-perfect-productive-40-hour-work-week.

15 Linda Babcock, Maria P. Recalde und Lise Vesterlund, »Why Women Volunteer for Tasks That Don't Lead to Promotions,« *Harvard Business Review*, 16. Juli 2018, https://hbr.org/2018/07/why-women-volunteer-for-tasks-that-dont-lead-to-promotions.

16 Als ich dieses Kapitel verfasste, fing die University of Georgetown an, so etwas wie eine beeindruckende unsichtbare Benutzeroberfläche umzusetzen. Die Zielsetzung war, die Professoren bei einer effektiveren Forschung zu unterstützen. Die Universität beruft »Forschungskoordinatoren« für jedes größere Forschungsfeld ein. Wenn ein Dozent eine Frage bezüglich der Verwaltung seiner Tätigkeit hat (beispielsweise das Stellen von Förderanträgen), kann er einfach auf den Koordinator zukommen. Dieser wiederum findet die geeigneten Abteilungen, um die nötigen Informationen und die jeweilige Frage beantwortet zu bekommen.

Fazit – Mondlandung im 21. Jahrhundert

1 Neil Postman, »Five Things We Need to Know about Technological Change«, Vortrag am 28. März 1998 in Denver, CO, https://web.cs.ucdavis.edu/~rogaway/classes/188/materials/postman.pdf.